Jean-Baptiste Giraud



# Pourquoi les bananes sont-elles courbées ?

+ 250 réponses
à des questions
surprenantes.

**Direction éditoriale** : Stéphane Chabenat

**Éditrices** : Servanne Morin
et Charlotte Sperber

**Conception couverture** : Olo.éditions

**Mise en pages** : Pinkart

Les éditions **de l'Opportun**

16 rue Dupetit-Thouars

75003 PARIS

**www.editionsopportun.com**

# Avant-propos

L'idée de ce livre est enfantine ! Qui mieux que les enfants ose, en effet, poser des questions évidentes, désarmantes, étonnantes…, mais dont les réponses ne sont pas forcément aussi simples à délivrer ? Devenu adulte, l'enfant qui sommeille en chacun d'entre nous continue de se poser des questions parfois jugées stupides mais pourtant essentielles… enfin souvent ! Pourquoi les zèbres ont-ils des rayures ? Pourquoi la colle colle-t-elle ? Pourquoi le ciel est-il bleu, ou gris ? Pourquoi pleure-t-on en épluchant un oignon ? Pourquoi le miroir inverse-t-il l'image de gauche à droite, mais pas de haut en bas ? Pourquoi pense-t-on que le 13 porte malheur ? Pourquoi bâille-t-on ? La liste est longue, d'où l'idée de créer ce dictionnaire de nos interrogations sérieuses… ou pas !

Ce livre a pour unique vocation de devenir une trousse de secours du savoir populaire, à ouvrir à la moindre interrogation. Avec des mots simples, il répond clairement à plus de 300 questions sur notre vie quotidienne, notre histoire, les sciences, la nature, les animaux, les nouvelles technologies, mais aussi sur notre magnifique langue française. Tout y passe ! Il n'y a aucune question bête et aucune honte à ne pas connaître la réponse. Comme le dit le célèbre proverbe chinois : « Celui qui pose une question risque de passer pour un sot, celui qui n'en pose pas est sûr de le rester. »

Bonne lecture !

# A

## comme...

## Comment les abeilles font-elles du miel ?

Trésor amassé et secrètement gardé, garant des rêves les plus fous : certains cachent des euros sous leur matelas, au cas où… Folie ? Pas tant que cela, puisque les abeilles font comme eux ! Les abeilles stockent le plus possible de nourriture, car l'hiver, elles ne sortent pas. Or il faut bien qu'elles se nourrissent. Eh oui, ces charmantes petites bêtes qui piquent ne se démènent pas toute la journée pour le plaisir de régaler les enfants au petit déjeuner ou de soulager votre gorge après un coup de froid. Elles fabriquent du miel pour subsister et nourrir toute la colonie. Égoïste, Maya l'abeille ?

Organisée surtout, et bosseuse. Rappelez-vous les exposés laborieusement réalisés en cours de sciences naturelles. On voyait la reine des abeilles diriger ses ouvrières et veiller sur elles. Du travail à la chaîne avant l'heure, *all life long*. Bénévole en plus, où l'on ne gagne que le droit de se nourrir, et parfois de mourir pour protéger la ruche et la reine ! Elles ne portent pas le nom d'« ouvrières » pour rien.

Sur les cinquante mille abeilles que compte en moyenne une ruche, toutes ne sont pas dédiées à la production du miel. Mais toutes tendent vers ce seul et unique but. À chaque âge sa spécialité. Enfants, elles nourrissent les petites larves. Ados, elles construisent les alvéoles de cire pour que d'autres abeilles puissent y déposer le nectar des fleurs. Plus tard, elles transforment le nectar en miel, tassent le pollen, ventilent et nettoient la ruche. Puis elles deviennent gardiennes, pour éviter que n'importe qui – en l'occurrence, un insecte ou la main gantée d'un homme – ne rentre dans la ruche. Quand elles sont enfin adultes – on n'est jamais qu'aux environs du 21e jour de leur courte vie –, elles partent butiner. Elles peuvent faire des pointes de vitesse à vingt kilomètres à l'heure. Ça n'a l'air de rien, mais c'est la partie la plus difficile et la plus fatigante du job d'abeille. Pour remplir son jabot – son « estomac à miel » – de nectar, Maya doit butiner une centaine de fleurs. Elle doit aussi ramener du pollen à la ruche, en se repérant par rapport au soleil. Et si jamais elle se perd, malgré ses gros yeux, c'est la mort à la clé. Enfin, les vieilles abeilles nettoient et réparent. Elles jouent un peu les gardiennes du temple sucré.

Revenons à l'abeille adulte. Arrivée dans la ruche, elle donne le nectar laborieusement récolté à une autre abeille en lui bécotant la trompe. Celle-ci passe le précieux liquide à une voisine, puis à une autre, jusqu'à la dernière, qui le dépose dans une alvéole. Ça en fait du monde, au passage ! Ce jus contient à ce moment-là quatre-vingts pour cent d'eau. D'autres abeilles pointent alors leur dard avec un objectif en tête, faire évaporer toute cette eau pour que le liquide soit plus sucré. Elles battent tout simplement des ailes au-dessus des alvéoles, pour ventiler. Puis elles referment l'alvéole avec de la cire afin de le maintenir à l'abri. Magique ! C'est à ce moment-là que le nectar devient gelée royale, avant de se transformer en miel.

L'une des règles d'or pour arriver à produire du bon miel, c'est la hiérarchie. La ruche ressemble à une usine à miel où chacun a son job, sans vraiment pouvoir lorgner sur celui de la voisine : le chef, comme en Angleterre, c'est la reine. Mais contrairement à Queen Elizabeth II, la chef abeille est beaucoup plus grosse que les autres, et elle pond, elle pond, elle pond ! Toute sa vie ou presque. En tout cas, de janvier à octobre non-stop. Quasiment un œuf toutes les quarante secondes, soit plus de deux millions d'œufs tout au long de sa vie. Pour prendre des forces, elle ne se nourrit que de gelée royale (nous y voilà), que les « petites » abeilles, qui ont entre cinq et quatorze jours, fabriquent grâce à leurs glandes salivaires. Du coup, elle vit au moins dix fois plus longtemps que les ouvrières, soit cinq ans en moyenne.

Et les mâles dans tout ça ? Plus gros que les femelles, ils ne sont que quelques centaines pour plusieurs milliers d'ouvrières. Le rêve, diront ces messieurs ! Pas vraiment. Ils ont peut-être l'honneur et le privilège de faire bzz avec la reine, mais… ils meurent après. À part faire des bébés, ils ne sont pas vraiment utiles à la ruche puisqu'ils ne fabriquent pas de miel et ne partent pas butiner, le dard au vent. Pas bien utile, le Willie, copain de Maya.

Bien entendu, le miel peut être fabriqué dans une ruche artificielle, chez un apiculteur. Si c'est fait de manière intensive, avec des traitements chimiques et des antibiotiques pour éviter les maladies, la ruche peut produire quatre à cinq fois plus que dans son milieu naturel. Mais l'inconvénient sur le miel sauvage, c'est que la récolte se fait à chaud, ce qui détruit de nombreuses propriétés du miel, produit vivant.

Enfin, pour ceux qui n'ont pas vu le film d'animation *Bee Movie*, je réponds tout de même à la question posée dans son scénario : le monde peut-il s'arrêter de vivre sans abeilles, sachant que celles-ci souffrent d'épidémies en pagaille de par le monde en ce moment, quand elles ne sont pas victimes des OGM ? La réponse est assurément oui. Sans abeilles, nombre d'espèces végétales ne se reproduiraient que mal, voire très peu. Et il faudrait quasiment que tous les humains s'arrêtent de faire autre chose pour polliniser à leur place. Pensez-y la prochaine fois que vous envisagerez d'écraser une pauvre petite abeille entre vos mains ou sous votre pied...

## Pourquoi dit-on « l'addition est salée » ?

Pendant des siècles, l'un des principaux impôts prélevés a été l'impôt sur le sel : la gabelle. Privilège seigneurial puis royal, son prix est réglementé, et bien sûr largement supérieur à sa valeur réelle. Il permet de remplir les caisses du comté, du duché, du royaume. Le sel fut donc longtemps synonyme d'impôt, et lorsque l'impôt s'alourdit – une petite guerre à financer ? –, forcément, on trouve que la note est salée... La note, la facture, l'addition : quand elles nous semblent exagérées, on pense à une injustice, comme les sujets du roi lorsque l'impôt sur le sel était augmenté...

## Pourquoi dit-on « adieu » pour au revoir ?

Ce n'est pas une faute. « Adieu » ne signifie pas forcément que l'on ne se reverra jamais. Autrefois, « adieu » était d'ailleurs préféré à « au revoir », car il rendait hommage à Dieu. Dans un pays à forte tradition chrétienne, cela n'a rien d'étonnant. En Allemagne, encore aujourd'hui, dans certaines régions, on se dit bonjour d'un « *Grüss Gott* », ce qui veut dire « Je salue Dieu ». Désormais, « adieu » est réservé aux séparations exceptionnelles et potentiellement définitives : on confie l'autre à Dieu, on s'en remet au jour où l'on se retrouvera, devant Dieu.

## Pourquoi l'Aga Khan est-il si riche ?

Sauf à être un lecteur assidu de *Point de vue* ou de *Paris Match*, l'Aga Khan et la Bégum ne sont sans doute pour vous, comme pour l'immense majorité des Français, que des personnalités de la jet-set, dont on ne sait pas grand-chose si ce n'est qu'elles riment avec grandes soirées, bijoux et champagne.

Pourtant, l'Aga Khan est aux yeux de certains aussi important que le Pape, puisqu'il occupe comme lui une fonction de chef religieux. Imam des ismaïlis, au statut de chef d'État mais sans patrie et *de facto* sans capitale, Karim, l'actuel Aga Khan, IVe du nom, est riche comme Crésus. Car tous les vingt ans, ses millions de fidèles disséminés de par le monde lui doivent en hommage son poids… en or et en pierres précieuses !

Cette fortune lui permet de s'engager dans des missions quasi humanitaires: l'Aga Khan Development Network investit ainsi dans les pays les plus pauvres, aussi bien dans l'agriculture que dans l'industrie, l'éducation ou la santé.

Des joyaux, il en est aussi beaucoup question lorsque l'on parle de la Bégum et de ses fameux bijoux. La Bégum est l'épouse de l'Aga Khan. La dernière en date, Gabriele Inaara Aga Khan, d'origine allemande, est héritière d'une famille de riches industriels. Elle vit séparée de l'Aga Khan auquel elle a fort heureusement donné un fils héritier. La Bégum continue à remplir ses bons offices dans de nombreuses institutions caritatives.

Avant Gabriele Inaara, certaines Bégums furent célèbres comme Yvette Blanche Labrousse, épouse de l'Aga Khan III, fille d'un chauffeur de tramway et d'une couturière, mais aussi… Miss France 1930, ceci expliquant l'intérêt de l'Aga Khan d'alors pour Yvette. Comme Gabriele Inaara, elle se convertit à l'islam.

La Bégum a inspiré de nombreuses histoires, dont les fameux *Cinq Cents Millions de la Bégum* de Jules Verne, parus en 1879, où un Français et un Allemand héritent de sa fortune et construisent avec cet argent deux villes: l'une, écologique avant l'heure, l'autre, cité de l'acier, gigantesque usine à canons. Inutile de vous dire qui est le gentil et qui est le méchant, huit ans après la perte de l'Alsace et de la Lorraine…

## Comment l'airbag sort-il à temps pour nous protéger ?

« Où se cache donc ce maudit coussin gonflable de sécurité ? » Inutile de vouloir donner de grands coups de frein pour faire sortir l'airbag de sa cachette. Outre le caractère évidemment dangereux de la manœuvre, cela serait totalement vain. L'airbag n'est pas dupe ! Il sait faire la différence entre vos tentatives de freinage et un véritable accident : il ne sort de sa boîte qu'en cas de choc frontal, et seulement si la vitesse du véhicule est supérieure à vingt ou trente kilomètres à l'heure, selon les réglages. Son fonctionnement est très simple : lors du choc frontal (l'airbag ne se dérange pas en cas de choc latéral, sauf s'il est latéral, caché dans les portières ou les fauteuils), un accéléromètre repère le mouvement brusque et imprévu. Détectant qu'un accident vient d'avoir lieu, il ordonne au boîtier électronique de déclencher la mise à feu d'une cartouche de propergol. Vous avez déjà entendu ce nom quelque part ? Normal, c'est l'un des carburants utilisés pour les fusées, rien que ça. À cet instant, nous sommes... vingt-huit millièmes de seconde après le choc. Le couvercle qui recouvre l'airbag s'ouvre sous la pression du sac qui commence à se remplir. Vous, pendant ce temps-là, n'avez encore évidemment même pas pris conscience de ce qui est en train d'arriver. Votre corps commence à bouger quarante millièmes de seconde après le début de l'accident. Quinze millièmes de seconde plus tard, le sac est entièrement gonflé. Cinq millièmes de seconde plus tard, votre poitrine touche l'airbag, et dix millièmes plus tard, la tête atterrit dans le haut du sac. Au lieu de vous écraser sur le volant si vous n'êtes pas attaché, ou d'être durement secoué par la tension de votre ceinture si vous avez fait le geste qui sauve, votre visage verra sa course freinée par le sac de toile.

Ce qui ne veut pas dire que l'airbag ne va pas aussi vous secouer. On peut sortir d'un tête-à-tête avec lui affublé d'un œil au beurre noir, ou de brûlures légères provoquées par le frottement du sac avec votre visage. On parle même de cas d'énucléation. Il existe d'ailleurs des associations d'automobilistes qui revendiquent le droit de pouvoir désactiver l'airbag côté conducteur, sachant que de plus en plus de modèles de voitures permettent de désactiver l'airbag passager à l'aide d'une simple clef, pour permettre le transport de bébés en place avant. Car si l'airbag se mettait en marche avec un siège bébé placé devant lui, celui-ci serait violemment projeté en avant par le choc avec le sac, provoquant l'effet inverse de celui recherché. N'empêche que l'airbag sauve des vies, et des milliers. Ce n'est pas un hasard si le nombre de morts sur nos routes est passé de treize mille par an dans les années soixante-dix à un peu plus de cinq mille aujourd'hui. La ceinture, les sécurités passives à bord des voitures (structures extérieures déformables pour absorber les chocs, habitacle indéformable pour constituer une cellule de survie) et l'airbag y sont pour beaucoup.

Dernière question, dernière rumeur: peut-on étouffer dans un airbag, comme Gaston

Lagaffe dans l'un de ses gags mémorables ? Heureusement non. Deux secondes après avoir amorti le choc, celui-ci commence à se dégonfler. Mais que cela ne vous donne pas pour autant envie de tester si j'ai dit vrai !

## Pourquoi les aiguilles d'une montre tournent-elles de gauche à droite ?

Voilà de ces questions que j'aime et déteste à la fois, car elles peuvent avoir plusieurs réponses, toutes aussi logiques et acceptables. La plus évidente fait référence au cadran solaire. Dans l'hémisphère Nord, là où les Égyptiens l'inventèrent en 1500 avant J.-C., c'est le plus ancien cadran connu. À l'époque, d'ailleurs, ce n'est pas un cadran, mais un bâton planté dans le sol. Mais problème : bâton ou style planté sur un mur, l'ombre s'y déplace de droite à gauche. En sens inverse des aiguilles d'une montre ! Oui, mais le soleil, lui, se déplace bien dans le ciel de gauche à droite, tout au moins dans l'hémisphère Nord. La messe est dite, fermez le ban, réponse logique, les aiguilles suivent le sens du soleil.

Mais il y a d'autres explications...

Les premières horloges mécaniques apparaissent au XIVe siècle. À l'époque, le mécanisme particulièrement peu précis provoque des décalages qui atteignent parfois près d'une heure par jour. Et les aiguilles ? Maldonne ! Il n'y en a tout simplement pas. Ces horloges sont destinées à sonner les heures pour les moines, non à afficher l'heure.

Arrivent les aiguilles en France, ou en Angleterre, on ne sait pas trop. Elles tournent de gauche à droite, ce qui plaiderait d'ailleurs pour une naissance en France plutôt que dans un pays où l'on roule à gauche et les trains à droite. Bref. Les aiguilles tournent de gauche à droite aux dires de certains pour une bonne et simple raison : le premier horloger devait être droitier ! Si, pour un droitier, les poignées de porte s'ouvrent naturellement en tournant le bouton de gauche à droite, les aiguilles doivent également tourner dans ce sens. *Quod erat demonstrandum.*

Il existe encore une dernière raison, d'ailleurs connexe à la précédente : les aiguilles tournent ainsi parce que... l'on écrit de gauche à droite, du moins en Occident, là où horloges et montres ont été inventées. Ce qui amène une autre question : pourquoi certains peuples écrivent-ils de gauche à droite, d'autres, de droite à gauche, et d'autres encore de haut en bas ? Réponse un peu plus loin dans cet ouvrage...

## Pourquoi l'air chaud monte-t-il ?

C'est l'histoire du kilo de plumes et du kilo de plomb jetés simultanément de la fenêtre du sixième étage. Lequel arrive en premier en bas ? Non, ils n'arrivent pas en même temps parce qu'ils pèsent autant l'un que l'autre, c'est une bêtise de cours de récré ! Le kilo de plumes occupe naturellement un volume bien supérieur au kilo de plomb. Aussi la surface de contact du kilo de plumes avec l'air et, par conséquent, la résistance qu'il rencontre pendant sa chute sont-elles plus importantes que pour le kilo de plomb.

Un gros coussin d'un kilo tout en plumes arrivera nettement moins vite en bas de l'immeuble que le petit poids en plomb. Pour l'air chaud et l'air froid : même chose. Considérons que l'air chaud est fait de plumes, et l'air froid, de plomb. Le premier est en effet moins dense que le second, et donc… plus léger. *De facto*, il monte, pour se placer au-dessus de l'air froid, plus lourd. Si l'air chaud semble plus léger, c'est parce que dans un volume donné, par exemple, un mètre cube d'air chaud, on trouve moins de molécules d'azote (78 % de l'air), d'oxygène (21 %) et de gaz rares (1 %) que dans un mètre cube d'air froid, car les molécules y sont plus agitées ! C'est pour cette même raison qu'un ballon de baudruche, ou encore un bateau pneumatique, se tendent à en craquer en plein soleil, et se ratatinent quand il fait bien frais, la nuit… alors qu'ils sont fermés hermétiquement. L'air chaud, expansionniste, contient moins de molécules dans un volume donné que le même air froid…

## Pourquoi sommes-nous les seuls êtres vivants à cuire nos aliments ?

Parce que nous sommes les seuls à avoir domestiqué le feu ! Merci *Homo erectus* et *Homo habilis*, respectivement il y a 400 000 ans, et 70 000 ans. Le premier l'a domestiqué et le second l'a allumé, même si l'on pense que, *Homo erectus* avait aussi appris à le créer, bien que l'on n'en ait pas la preuve. *Homo erectus* a appris à utiliser le feu pour durcir la pointe de ses flèches et autres épieux, mais aussi pour cuire ses aliments ou, mieux encore, les fumer pour les conserver. Cette capacité de l'homme à cuire ses aliments et à les conserver est l'un des éléments fondamentaux expliquant son évolution jusqu'à l'homme moderne.

## Pourquoi porte-t-on l'alliance à l'annulaire gauche ?

Vous avez déjà dû remarquer, si vous êtes observateur, que tout le monde ne porte pas son alliance au même doigt. Question de choix ? Coutume ? Règle religieuse ? Quand les Indiens la portent au pouce, les Hébreux la portent à l'index et nos plus proches voisins, les Allemands et les Hollandais, à la main droite. Pourquoi nous, les Français, la passons-nous à l'annulaire gauche ? Drôle de question, dont la réponse remonte aux plus vieilles traditions. Enfin, pas tout à fait. On retrouve les premières traces de cette coutume en Grèce antique. À cette époque, autour du IIIe siècle avant J.-C., des médecins pensaient qu'une veine reliait directement l'annulaire, appelé le troisième doigt (en comptant à partir de l'index) au cœur. Il était donc normal de symboliser l'union d'un couple par cette veine de l'amour, appelée « Vena Amoris », en y passant une alliance. De même, beaucoup de nos parades nuptiales viennent de ce temps-là. Les mariées de nos jours aiment les grandes cérémonies, avec un beau bouquet, une belle robe, des demoiselles d'honneur... Tout cela remonte bel et bien aux rites païens des Grecs ! Par exemple, le voile était destiné à soustraire le visage de la mariée aux esprits maléfiques, toujours attirés par le bonheur des autres... C'est pour cette raison que les demoiselles d'honneur portaient la même robe que la mariée : ainsi les mauvais esprits ne pouvaient pas différencier la vraie mariée des autres. Mais revenons à nos alliances. Après les Grecs, les Romains ont gardé la tradition, transmise par la suite aux Gaulois, nos ancêtres. De fil en aiguille, elle s'est incrustée dans les cérémonies religieuses. Après la prononciation des vœux, le marié présentait la bague à sa future femme. Il commençait à partir de l'index, en prononçant *« au nom du Père »*, puis il passait au majeur en déclarant *« au nom du Fils »* et concluait par *« au nom du Saint-Esprit, amen »*, en s'arrêtant sur l'annulaire, auquel il glissait la fameuse bague. Mais pourquoi donc les pays de langue germanique (Allemagne, Pologne, Suisse) ne font-ils pas comme nous ? Ont-ils suivi un rite commun propre aux pays de l'Est ? Porter son alliance à tel ou tel doigt, serait-ce une habitude liée à la religion ou à la région d'où l'on vient ? Ce n'est pas tant la question de l'alliance qui se pose alors.

Mais plutôt la question de savoir ce que l'on fait avec chaque main. Il y en a pour tous les goûts, car chacun a ses bonnes raisons de la porter à tel ou tel doigt, main gauche ou main droite. Les catholiques la mettent généralement à droite, la Bible affirmant que « le côté droit est le bon côté qui porte chance ». De même, dans la religion musulmane, la main droite est utilisée pour les choses propres et la gauche pour les choses sales : impossible dès lors de porter son alliance à la main gauche ! En Espagne, les Catalans se distinguent du reste du pays en la portant à l'annulaire gauche. Et à une époque, en France, les hommes devaient porter leur alliance à la main la plus fréquemment utilisée, afin de ne pas oublier qu'ils étaient mariés…

Ainsi, l'annulaire est le doigt de l'anneau. En revanche, l'auriculaire, le plus petit, doit son nom au mot « oreille » : le seul capable d'y entrer pour se gratter. De même, « majeur » signifie « grand », ou « le plus grand », comme « index » en latin signifie « celui qui montre, indique, dénonce ». On retrouve dans d'autres pays des noms parfois amusants, comme au Brésil : l'auriculaire est le « tout petit » (*mindinho*), l'annulaire est « son voisin » (*seu vizinho*), le majeur est le « père de tous » (*pai de todos*), l'index le « troue-gâteaux » (*fura-bolos*) et le pouce le « tue-poux » (*mata-piolhos*). Alors, placer sa nouvelle bague sur le « tue-poux » ou sur le « troue-gâteaux » signifie-t-il la même chose ? Je vous vois déjà examiner vos mains. Faites comme bon vous semble !

## Pourquoi dit-on allô ?

Allô la Terre, ici la Lune !

Ça paraît idiot de dire « allô », comme un nom de code, et c'est peut-être pour cela que beaucoup disent « oui ? ». Ou entrent directement en matière : « Société bidule truc, j'écoute ? »

Et puis avec la reconnaissance du numéro sur notre portable, aujourd'hui, on sait tout de suite qui nous téléphone. Le nom de la personne s'inscrit automatiquement sur l'écran du précieux mobile, et on peut même attribuer une sonnerie spécifique pour les personnes qui nous appellent régulièrement. Quelqu'un que vous n'aimez pas vous dérange en pleine réunion, hop ! Son appel est filtré... Ahhh, la technologie moderne !... Quand votre cher et tendre vous téléphone, vous avez une sonnerie reconnaissable entre toutes, ce qui fait qu'à la première sonnerie vous répondez automatiquement, car vous savez que c'est lui (elle). « Bonjour mon (a) chéri(e)... »

Et pourtant, on ne connaît pas les numéros de tous ceux qui nous appelleront dans les dix prochaines années, et on est bien forcés de dire de temps en temps « allô ? ».

C'est un mot passe-partout, comme le O.K. qui vient de l'abréviation de...

...

Sans perdre le fil de notre histoire, le « allô » signifie évidemment, quand on décroche le combiné, qu'on est disponible, attentif à ce que notre interlocuteur veut nous dire. La conversation est ouverte par ce mot magique.

Oui, mais pourquoi dire « allô » ? Ce mot mystérieux qu'on utilise seulement pour répondre au téléphone ?

Amis poètes, bonsoir, vous vouliez de la poésie, en voici en voilà.

Il y a bien longtemps, dans des contrées lointaines... enfin, pas si lointaines que ça, puisqu'il s'agit de nos voisins anglais... Les marins anglais, donc, puisqu'il s'agit d'eux plus précisément, dans le brouillard, d'un bateau à l'autre, se lançaient des « hallow » en guise de salutation.

Un mode de communication marin qui est adopté et même francisé à la fin du XIX^e siècle pour devenir le « allô » que l'on connaît bien.

C'est après 1880 seulement qu'on trouve la forme écrite de « hello », alors que le mot est devenu la salutation la plus utilisée au téléphone aux États-Unis. Une légende nous dit que c'est Thomas Edison, célèbre inventeur du télégraphe et du phonographe, qui fut le premier à avoir utilisé le « hello » au téléphone, ne sachant que dire. Selon ses biographes, c'est à partir de ce moment que tous utilisèrent le mot célèbre d'aujourd'hui.

Dans d'autres pays, le « allô » n'est pas systématiquement entonné.

Si la Russie et l'Inde nous imitent et reprennent le « allô » ou « hello », nos voisins espagnols ont préféré le digame : « dites-moi » ; tandis que les Italiens utilisent un « Pronto » énergique, « prêts » à commencer une longue conversation, fidèles à leur réputation de bavards !

Mais il y a une histoire qui risque d'être intéressante à entendre, c'est celle du « allô » japonais, qui se dit « Moshi Moshi »...

## Quel est l'animal le plus gros et le plus grand de la création ?

Si vous avez des enfants, questionnez-les : il est fort probable qu'ils sachent répondre sans se tromper ! À ce petit jeu-là, j'ai tout entendu dans les dîners (curieusement, on m'invite beaucoup, à se demander si je ne suis pas devenu une sorte d'amuseur public sans le vouloir). Le champion toutes catégories, ou plutôt catégorie poids lourds, est l'éléphant. Il ressort quasiment à toutes les sauces, pardon, à tous les plats. Sauf que du haut de ses quatre mètres, seulement, et encore pour les plus grands éléphants d'Afrique, et fort de ses cinq, maximum six tonnes pour les plus gros spécimens sur la balance, c'est vraiment jouer petit…

Non, pour gagner à ce jeu-là, il faut au moins oser la baleine. La plus grosse jamais capturée mais aussi pesée (c'est qu'il faut du courage, pour la tirer sur la balance) faisait 190 tonnes, même si ce record du monde est sujet à caution : forcément, l'auteur de la prise réalisée le 20 mars 1947 était… un baleinier soviétique. En pleine guerre froide, on peut toujours se dire que tous les moyens étaient bons pour se faire mousser. D'après les popov, la bête mesurait 27,6 mètres de long (ce qui, pour le coup, est loin d'être un record), mais était affublée d'une langue de, tenez-vous bien, 4 300 kg, et d'un cœur de 700 kg ! L'équivalent d'une petite voiture. « Rodrigue, as-tu du cœur ? Non, je n'ai que de la baleine »… Et voilà comment des générations de collégiens et de joueurs de cartes auraient pu revisiter leurs classiques, s'ils avaient eu connaissance de cette histoire. La plus grande baleine, quant à elle, aurait été attrapée en 1909, toujours par des Russes, mais cette fois-ci encore sujets du tsar : on imagine aisément qu'ils ont dû trouver plus facile de la mesurer (33,58 mètres) pour se vanter de leur prise, plutôt que de la découper en Apéricube pour la peser sur une balance! On ne sait donc pas combien ce spécimen pesait...

Maintenant, la baleine standard, si l'on peut dire, mesure entre 20 et 30 mètres. Son poids normal n'est pas censé dépasser les 130 tonnes, ce qui est tout de même assez impressionnant. En taille, il n'y a guère qu'en ville que l'on peut se rendre compte de l'immensité de la « chose » : une baleine échouée avenue de la Grande-Armée, à Paris, dépasserait des toits, car sa hauteur équivaut à celle d'un immeuble de dix étages, soit quatre de plus qu'un immeuble haussmannien typique! En lui ouvrant la gueule (qui peut ingurgiter jusqu'à quatre tonnes de crevettes par jour, attention l'haleine...), vous pourriez organiser une soirée dansante dans son palais: on tient à cinquante sans problème sur la langue de Monstro.

Et les enfants dans tout cela, qu'auraient-ils répondu? Les dinosaures, bien sûr! Je suis toujours fasciné par cette propension qu'ont les enfants à se passionner pour des bestioles qui ont tout de même disparu de la surface de la Terre voici trois cents millions d'années, et dont on ne sait finalement pas énormément de choses: la plupart des données les concernant sont le fruit de déductions et d'extrapolations partant des squelettes sortis de terre depuis à peine cent cinquante ans. Je sais bien que, sur la même période, les progrès humains furent considérables, mais à l'échelle des dinosaures, c'est bien peu de chose pour savoir toute la vérité sur leur histoire. Cependant, les marchands du temple ne s'y sont pas trompés.

Des livres aux peluches, en passant par les films et les nombreuses maquettes à monter ou jouets animés, difficile de ne pas trouver des traces de dinosaures dans une chambre de garçon normalement constitué ! Mais bref, donc, me voici avec mon dinosaure sur les bras. Champion ? Oui et non ! S'il est incontestable, eu égard aux squelettes – justement – exhumés de certains spécimens, les dinosaures les plus grands, comme *Sauropodus argentinosaurus* (découverts en Argentine, comme leur nom l'indique), mesuraient bien cinquante mètres. Presque deux fois la baleine ! Sauf qu'à ce compte-là beaucoup se demandent comment de tels animaux, absolument gigantesques, pouvaient arriver à lutter contre l'attraction terrestre. Pour présenter les choses autrement, vu leur taille, leur poids devait être considérable et les rendre assez peu agiles, quand la baleine, elle, peut atteindre des vitesses de quinze nœuds et faire des bonds hors de l'eau de dix mètres de haut. *Sauropodus Argentinosaurus*, lui, sur terre, avait un sacré fardeau à porter : faute d'en avoir retrouvé un en état de marche, on suppose qu'il pesait entre 80 et 120 tonnes, quand même. Conséquence : le plus lourd animal de la création semble être définitivement la baleine. Quant au plus grand, si les dinosaures jouent…, ils emportent la mise.

## Pourquoi les animaux de la jungle ont-ils des fourrures malgré la chaleur ?

La fourrure, les hommes en portaient à la préhistoire, pour se tenir chaud dans les cavernes, avant d'aller chasser le mammouth. Aujourd'hui, pour certains, porter de la fourrure est devenu un luxe. De ce point de vue, on peut se demander si les animaux de la jungle, qui n'en ont *a priori* pas besoin compte tenu de la chaleur qui règne dans la savane, conservent leur fourrure uniquement pour le style, quand l'évolution aurait dû leur commander de s'en débarrasser.

Prenez le lion, par exemple. Avec une telle crinière, il doit avoir rudement chaud ; à quoi lui sert-elle sinon à se prendre stupidement dans les branchages et avoir des mèches dans les yeux à longueur de journée ? Sans vous parler des nœuds… Mais un lion sans fourrure, c'est un lion sans prestige ! Elle est le symbole même de sa puissance, de son pouvoir sur les lionnes. Quand ces dernières choisissent le mâle avec lequel elles vont s'accoupler, elles regardent d'abord la crinière. Et ce n'est pas une blague. Lors d'une nouvelle rencontre, tandis que certaines femmes vont d'abord regarder les yeux des hommes, leur sourire ou… leur postérieur (17 % d'après une étude américaine), c'est selon, les félines de la savane, elles, vont se concentrer dans un premier temps sur la fourrure. De quoi donner du fil à retordre à messieurs les lions. Aussi, ne vous êtes-vous jamais demandé pourquoi ce sont les lionnes qui chassent ? Ces mâles sont bien trop coquets, voyons. Prendre le risque d'encrasser leur belle fourrure foisonnante ? Jamais !

Mais tous les animaux ne sont pas aussi soucieux de leur apparence. Avant toute chose, la fourrure, ce sont des poils, et les poils jouent un rôle protecteur (au même titre que les cils, les sourcils chez l'homme, pour préserver ses yeux des poussières, et même les poils du pubis qui servent à amortir les chocs). Comment ? Grâce à la kératine, une protéine que l'on retrouve sur l'épiderme des animaux. Une substance imperméable à l'eau agissant aussi comme bouclier face aux insectes. Enlever leur fourrure aux bêtes, c'est tout simplement les déshabiller. Imaginez-vous une minute nu dans la jungle au milieu des marécages et des lianes (Tarzan n'est pas un exemple à suivre), trempé par les pluies tropicales, couvert de pustules, entouré de mouches, de moustiques, de fourmis (qui piquent bien sûr), d'araignées, et de serpents ; pas très ragoûtant, mieux vaut un bon treillis ! De même, imaginez une lionne, un léopard, une panthère ou un gorille, nu(e), sans pelage, rien. Imaginez-le (la) surtout chasser. Une tache rose comme ça, dans la savane ocre ou dans les feuillages verts ? Ça ferait un peu… tache, c'est le cas de le dire. Car voilà une autre fonction de la fourrure : le camouflage. La couleur et les dessins du pelage jouent énormément en faveur de ces prédateurs. De même leurs vibrisses (comprenez leurs moustaches), croyez-le ou non, sont utiles pour leur équilibre et leur information sensorielle. En gros, enlevez leur fourrure aux animaux de la jungle et ils deviennent des moins que rien, des incapables, aussi bien pour leur survie dans ce milieu hostile que pour leur réussite personnelle. On se souvient du lion… Comme dans notre société où elle est devenue un luxe (parfois controversé), la fourrure est un signe de réussite sociale et de pouvoir. Les magistrats en portent sur leurs robes ; l'*ordre de la Toison d'or* des ducs de Bourgogne est un autre exemple. Poilu, dans la jungle où règne la loi du plus fort, c'est donc plutôt un atout.

## Pourquoi flotte-t-on en état d'apesanteur ?

Nous connaissons tous ces images d'astronautes (pour les Américains), de cosmonautes (pour les Russes) ou de spationautes (pour les Français) flottant librement dans l'air de leur navette ou de leur station spatiale, jouant avec des objets hétéroclites, quand ils n'essaient pas de boire du jus d'orange en boule. Dans l'espace, l'apesanteur règne, en l'absence d'attraction terrestre. Ou plutôt l'impesanteur, terme préféré par les scientifiques, pour ne pas le confondre avec « la pesanteur », son contraire ! Mais pourtant, l'apesanteur, ou l'impesanteur, est un phénomène trompeur : vous croyez que nos hommes (et nos femmes, l'homme étant le terme général qui les embrasse) flottent, mais en fait ils tombent ! L'état d'impesanteur est identique au saut du haut d'un plongeoir. Ou à la position inconfortable du passager d'un ascenseur qui se décrocherait, tombant à la même vitesse tous les deux. Loin d'être immobiles, les astronautes-cosmonautes-spationautes évoluent donc en réalité à une vitesse inconcevable pour l'esprit, celle de leur engin spatial !

Reprenons depuis le début. Pour quitter l'attraction terrestre, les hommes de l'espace et leurs drôles de machines volantes ont subi une impulsion initiale, celle de leur fusée, qui leur a prodigué une vitesse horizontale suffisante pour qu'ils « tombent » autour de la Terre sans perdre d'altitude, le long d'une trajectoire fermée. On dit qu'ils gravitent autour de la Terre. Quand une navette est lancée, les astronautes se retrouvent en train de flotter au bout de huit minutes et demie seulement après avoir quitté la Terre !

Or, autour de la Terre, les spationautes évoluent tous à la même vitesse, 28000 kilomètres à l'heure, d'où une immobilité relative entre le vaisseau et ses occupants, à l'origine de leur lévitation apparente.

Erreur classique par ailleurs, l'impesanteur n'a rien à voir et n'est pas due au vide spatial qui ne règne pas à bord des vaisseaux et satellites en orbite. Sinon, les hommes embarqués ne pourraient pas respirer !

L'impesanteur intrigue car elle a des conséquences étonnantes. Le poids est de fait inexistant, nulle balance ne pouvant mesurer une pression qui ne s'exprime pas, mais la masse, elle, reste constante. Résultat, pour vérifier que nos astronautes-cosmonautes-spationautes n'abusent pas trop des délicieux plats lyophilisés – les spationautes français partent toujours avec des plats préparés par des grands chefs – à défaut de pouvoir utiliser une balance, on les secoue. Alors qu'ils sont attachés à une machine qui va leur donner une impulsion, on mesure l'inertie de leur corps, permettant de déduire leur masse, et donc leur poids.

Un bon dîner, ça mérite un cigare. Simple hypothèse, car il est évidemment interdit de fumer à bord des vaisseaux spatiaux, pour plein de raisons évidentes que je ne vous ferai pas l'affront d'expliquer ici. Mais bon, hypothèse, vous sortez une allumette, la craquez et… bide : elle fait long feu ! C'est l'une des questions déstabilisantes posées aux étudiants qui veulent intégrer une des prestigieuses universités anglo-saxonnes d'Oxford ou Cambridge. Que se passe-t-il quand… En fait, l'allumette a besoin d'oxygène pour se consumer. Or dans un vaisseau spatial, en l'absence de pesanteur, il n'y a pas d'air chaud qui monte et qui aspire l'air froid par en dessous. Faute de mouvement d'air, puisqu'il n'y a pas de pesanteur, donc pas de molécules d'air plus légères ou plus lourdes, l'oxygène n'est pas renouvelé et, très vite, la flamme s'éteint.

Pour ceux qui en ont les moyens et rêvent d'entrer en lévitation sans aller dans l'espace, c'est envisageable. Comment? Deux possibilités: la première, vous rendre à la Cité des Étoiles non loin de Moscou, en Russie. Dans ce centre d'entraînement pour cosmonautes, il est possible de monter dans un avion spécialement équipé pour simuler des vols en impesanteur. Une fois à 8000 mètres d'altitude, l'avion entame une série de chutes vertigineuses pendant 20 secondes à chaque fois. Vous vous retrouverez alors la tête en bas et les pieds en l'air sans vous faire mal, en flottant! La France possède également un appareil de ce type, baptisé Zéro G et basé à Toulouse, mais il n'est pas accessible au public, même fortuné.

Deuxième solution, passer par Virgin Galactic, l'entreprise de Richard Branson, le multimilliardaire patron de Virgin. Il propose, en effet, de voler à plus de cent kilomètres d'altitude à bord d'avions spatiaux pouvant emporter sept passagers, pour la modique somme de deux cent mille dollars la place. Premiers vols vers 2012, paiement exigé d'avance.

Faute de moyens financiers conséquents, il existe bien des tours et des puits à chute libre de quelques centaines de mètres, qui permettent d'obtenir de 3 à 10 secondes de micropesanteur. Mais inutile de prendre un ticket, ces tours et puits ne sont conçus que pour les objets, pas pour les hommes, vous feriez un lamentable splash en arrivant en bas. Aussi vous faudra-t-il encore attendre un peu pour pouvoir voir la Terre depuis le hublot d'une navette spatiale, et faire le tour du monde en quatre-vingt-dix minutes, avec à la clé plusieurs levers et couchers de soleil par jour.

## Pourquoi Apple s'appelle « Apple » (pomme) ?

*Apple* entretient un flou artistique autour de l'origine de son nom. Cela fait partie du mythe de la marque. Voici néanmoins plusieurs explications jamais démenties, jamais confirmées officiellement non plus : Steve Wozniak, le co-inventeur de l'*Apple II* avec Steve Jobs, mangeait une pomme au moment où ils durent déposer un nom pour leur firme. Un représentant d'*Apple* aurait dit un jour que la pomme bariolée était le symbole du désir et du savoir dans lequel on mord. Steve Jobs aurait déclaré de son côté que la pomme est le fruit parfait, car il est nutritif, beau et résistant. On dit encore que le choix d'une pomme était une forme d'hommage à Alan Turing, le père de l'informatique qui, persécuté à cause de son homosexualité, se suicida en croquant une pomme empoisonnée comme dans *Blanche-Neige* ! La pomme serait bariolée, comme le drapeau brandi dans les Gay Pride !

## Comment les araignées tissent-elles leur toile ?

Parmi vos amis, vous avez des médecins, avocats, consultants, commerciaux, chefs d'entreprise, des fonctionnaires, des chômeurs – « je suis entre deux postes, je vais faire un bilan de compétences ! » – ou encore des rentiers... Mais des pilotes de Formule 1, des cosmonautes (russes), astronautes (américains) ou des spationautes (français), beaucoup moins, voire pas du tout. Moi, si, j'ai eu l'honneur de croiser nos deux spationautes Claudie et Jean-Philippe Haigneré à plusieurs reprises. On s'écrit même, avec Claudie. Enfin, elle m'a envoyé un adorable petit mot quand je lui ai dédicacé mon dernier bouquin : ça fait toujours plaisir venant d'une femme aussi dynamique, qui a réussi tant de choses dans sa vie.

Mais bon bref, ce n'est pas le sujet. Des pilotes de F1 ou de navette spatiale, point dans votre carnet d'adresses, comme vous n'y trouverez point non plus... d'arachnologiste.

Imaginez la scène, à dîner, un soir, à l'heure des présentations : « Et toi, tu fais quoi ? » Le silence glacial s'installe : je suis arachnologiste ! Ça impressionne. Sans compter que l'expert en araignées a du pain sur la planche, pardon des pattes sur la paillasse, avec pas moins de 40 000 espèces répertoriées à ce jour à connaître et à étudier. Vous imaginez le cauchemar, surtout s'il ramène du travail à la maison le soir ou le week-end ?

Pourtant, c'est bien regrettable que vous n'ayez pas d'arachnologiste dans vos amis, car vous pourriez avoir des discussions pas-sion-nantes à table : est-ce que les araignées font de bons plats de résistance comme dans *Indiana Jones* ? Y a-t-il des araignées mangeuses d'homme ? En combien de temps une morsure d'araignée venimeuse tue-t-elle ? Si une araignée rentre dans une narine ou dans une oreille, jusqu'où peut-elle aller ? Bref, que du bonheur !

Mais à défaut d'en avoir un sous la main, il est une question qui épatera vos convives si vous jouez, vous, à l'arachnologiste : comment les araignées tissent-elles leur toile ? Comment une si petite bestiole est-elle capable de concevoir une structure aussi complexe, aussi parfaite que la toile d'araignée ?

D'abord, il faut savoir que sur les 40 000 espèces d'araignées connues, seule une dizaine joue du fil de soie. D'autres, par exemple, creusent des trous pour piéger leurs proies ou encore mordent et paralysent avec leur venin des animaux parfois dix fois plus gros qu'elles avant de les boulotter : c'est le cas de la sympathique mygale…

Côté intendance, l'usine à fil de soie située dans l'arrière-train de la gentille petite bête à huit pattes ne produit pas une, mais six variétés de fils, une pour chaque usage. Lui faut-il se déplacer ? Un fil non collant sort de l'usine. Jouer à l'acrobate, dans le vent, pour aller accrocher la toile ? Un fil de sécurité, plus résistant que les autres, entre en production. La toile elle-même est bien sûr constituée d'un fil collant dit de capture, quand d'autres servent à fabriquer le cocon emprisonnant la proie. Il existe même un fil pour se fabriquer un abri, lorsque l'araignée attend, patiemment, qu'un insecte vienne se faire piéger.

Pour tisser la toile, Dame arachnide commence par dessiner un Y, en faisant s'envoler un fil qui ira s'accrocher au petit bonheur la chance, ou encore en se laissant pendre au bout de celui-ci pour trouver un point d'appui. Ensuite, c'est en cercles concentriques que l'araignée construira sa nasse, ajoutant de nouveaux rayons pour renforcer la structure. Temps de travail moyen, une demi-journée à une journée, sauvagement anéanti en deux secondes par votre balai dans les coins du plafond.

Le plus fou, c'est la taille du fil de soie, que l'on voit pourtant distinctement, en particulier, il est vrai, lorsqu'il devient un peu poussiéreux, ou couvert de rosée. Ce qui sort du fondement de l'araignée fait la taille d'un micron, autrement dit d'un millième de millimètre. Quand on se dit que l'animal, en produira plusieurs centaines de mètres dans sa vie… On est bien content de ne pas être tous dotés des mêmes pouvoirs que Spiderman !

## Pourquoi certains arbres ne perdent-ils pas toutes leurs feuilles en hiver ?

Ce sont parfois les choses les plus évidentes, en apparence, qui m'inspirent des questions. Ainsi, la curiosité de ma femme, un soir de fin novembre, rentrant en voiture d'un dîner :

"Pourquoi ces arbres ont-ils encore leurs feuilles ?" Une date à laquelle normalement se termine le ramassage des feuilles mortes. La preuve en est les allées des grandes avenues de Versailles où nous vivons, et où les feuilles, mortes s'entend, ont totalement disparu à la veille de l'hiver.

Mais en observant plus finement, en levant le nez, la remarque est d'autant plus pertinente qu'effectivement certains arbres sont totalement décatis et d'autres, partiellement, avec d'un côté une branche feuillue et de l'autre des branches nues, parfois même des branches entièrement vertes.

Heureusement, nous sommes le soir. Et la réponse, si je puis dire, est à ce moment-là paradoxalement, lumineuse. Les lampadaires! Bien entendu... Les branches encore feuillues en cette fin novembre, à la porte de l'hiver, sont celles qui sont exposées à la lumière de l'éclairage urbain, qui, sur une grande artère, est particulièrement efficace et puissant.

Sans vous refaire un cours de sciences naturelles du collège ou du lycée, les arbres à feuilles caduques, donc à feuilles qui tombent, par opposition aux arbres à feuilles permanentes comme le sapin (sauf quand on le coupe pour en faire un sapin de Noël) se servent du soleil pour opérer la photosynthèse. Alimentées en eau, les feuilles frappées par les rayons de lumière fabriquent des sucres qui donnent la sève. Certaines sèves sont tellement sucrées qu'elles en deviennent des sirops, après raffinage, comme le sirop d'érable cher à nos cousins québécois.

Au passage, soyons admiratifs : la nature nous épatera toujours ! Imaginez qu'un chêne adulte extrait du sol où sont plantées ses racines plus de 200 litres d'eau par jour, et ce, jusqu'au sommet, qui culmine souvent à 30, voire 40 mètres ! Plus étonnant encore, l'eau, qui circule dans un réseau de canaux en tout point semblable à celui de l'homme, file à 5, voire 6 ou 7 mètres à l'heure !

Mais revenons à nos feuilles mortes pas encore mortes. Non content d'avoir un super réseau de communication pour transporter sa sève, réseau qui peut faire plusieurs dizaines de kilomètres par arbre, l'arbre a également une horloge interne. Eh oui ! Quand les jours raccourcissent, son petit calendrier personnel se souvient que l'hiver va pointer son nez, et qu'il sera temps de faire tomber les feuilles. Pourquoi ? Parce que, lorsque les jours raccourcissent, la photosynthèse devient inefficace. Et qui dit inefficace dit énergie dépensée inutilement : à quoi bon pomper de l'eau pour l'envoyer dans des feuilles qui ne la transformeront pas en sève ? Et pire, pourquoi prendre le risque de… geler ? Eh oui, ces plantes qui gèlent sont victimes de leur manque de prévoyance. Sauf accident, comme un redoux après une saison qui ressemble à l'hiver, ou encore en cas d'hiver brutal, les plantes sont armées pour affronter les grands froids.

C'est ici que les détails du début de cette histoire trouvent toute leur importance. Ce sont donc les branches situées directement sous les lampadaires de l'éclairage public qui ont maintenu en vie ces feuilles en leur procurant la lumière nécessaire à la photosynthèse, entre dix à douze heures par nuit. Bien entendu, l'éclairage artificiel ne suffirait pas à lui seul à maintenir ces feuilles en place, mais additionné aux quelques heures de soleil qui subsistent, même en hiver, voici un arbre qui ne sait plus où donner de la feuille. Et maintenant, allez-vous me dire, pourquoi tous les arbres n'ont-ils pas des feuilles persistantes, comme les sapins ? Tout simplement parce que la feuille de sapin, l'aiguille, est de très loin la structure la plus optimisée qui soit pour perdre le minimum d'eau et prendre le moins de risques possible par grand froid. Sa sève aussi n'a rien à voir avec celle de certains arbres à feuilles caduques. Épaisse et riche en sucres, elle résiste à des températures extrêmes qui achèveraient n'importe quel chêne.

## Pourquoi les symboles de l'euro et du dollar sont-ils barrés ?

Ça va mal sur les marchés financiers. La bataille entre l'euro et le dollar n'en finit plus de défrayer la chronique. On se demande qui va l'emporter !

La guerre des monnaies peut certes s'achever par la mort de l'une d'elles. L'Histoire le démontre, malgré l'adage « La mauvaise monnaie chasse la bonne », qui veut qu'en cas de crise les pièces d'or et d'argent finissent dans des coffres, quand le papier-monnaie, sans valeur intrinsèque, circule à vau-l'eau. La monnaie déchue est aussitôt remplacée par une autre, souvent celle du vainqueur d'ailleurs, jusqu'à en prendre le nom : il existe ainsi des dizaines de dollars différents dans le monde !

Chose amusante pourtant, le dollar n'est pas né aux États-Unis. Il tire son origine d'une autre monnaie, apparue en… Bohême, dans le village de Sankt Joachimsthal à la fin du Moyen Âge : le *Joachimsthaler* est rapidement abrégé en *thaler*. La monnaie tirée d'une mine d'argent particulièrement productive se répand dans tout l'Empire austro-hongrois, mais aussi dans de nombreux États libres allemands. On utilisait encore des *thalers* du XVIIIe siècle il y a peu dans certaines monarchies yéménites ! Le *thaler* voyage donc, et avant de conquérir le Moyen-Orient, c'est en Amérique du Sud qu'il émigre, dans la poche des aventuriers. Il y devient le *dòlar*. Le dollar américain n'est donc pas le père des autres, mais un fils qui a réussi… Le premier dollar nord-américain apparaît en 1690 au Massachussetts, mais il ne devient *US dollar* qu'à l'Indépendance.

Pourquoi le dollar est-il représenté par un S barré et non par un D, ce qui perturbe beaucoup les enfants et en particulier mon aîné, lui qui commence tout juste à lire des *Picsou* ? Le dollar est symbolisé par un S tout simplement parce qu'il n'a rien à voir avec le nom de la monnaie, mais avec les États-Unis, *United States* en anglais… Les premiers billets imprimés par la Federal Bank portaient en effet cette mention en gros, avec un U pour United et un S pour States, lettres toutes deux calligraphiées de manière très originale : le U chevauchait le S, à tel point que, dès l'origine, le bas de la lettre U se confondait déjà avec la jambe du S.

Après, comme tous les symboles ou logos, le US superposé s'est de plus en plus stylisé, jusqu'à ce que les deux barres du U se rapprochent pour ne finalement plus représenter qu'un seul trait.

Quant à l'euro, inutile de chercher. Si le E fait évidemment référence au nom de la monnaie qui évoque lui-même l'Europe, les deux traits qui le barrent n'ont rien à voir avec le mot Union, d'autant plus qu'ils sont horizontaux et non verticaux. Une barre seule aurait tout simplement pu faire confondre le symbole de la monnaie € avec la lettre E de certaines polices de caractères, tandis qu'avec deux barres, plus de doute ! Jusqu'à ce qu'elles fusionnent éventuellement, un jour...

## Comment l'aspirine vient-elle à bout du mal de tête ?

Cent vingt milliards de cachets. Par an. Dans le monde. C'est l'un des produits les plus vendus sur la planète, si ce n'est le plus vendu. L'acide acétylsalicylique, inventé par le jeune chimiste français Charles-Frédéric Gerhardt en 1853 (en fait, ils sont plusieurs sur le coup au XIXe siècle, mais Gerhardt est le premier à déposer un brevet), est le médicament par excellence. On l'utilise presque pour tout, et les chercheurs lui découvrent de nouvelles vertus thérapeutiques tous les jours. Le paracétamol, son concurrent, dispose des mêmes vertus analgésiques (antidouleur) et antipyrétiques (baisse de la fièvre), mais sans action anti-inflammatoire, et sans les effets secondaires sur le plan gastrique. À forte dose, l'aspirine dérange. Le paracétamol, lui, s'attaque au foie.

En attendant, ça cogne, et dur. Bobo la tête. Mais aussi bobo au doigt coincé dans la porte, ou au dos bloqué le matin. L'aspirine s'attaque au mécanisme de signalisation de la douleur, où qu'elle se trouve, et ne sert donc pas qu'aux migraines. En version ultra-simple, l'aspirine empêche la production de prostaglandine, hormone produite par la partie de votre anatomie qui souffre. Les prostaglandines, en chatouillant vos terminaisons nerveuses, signalent à votre cerveau l'existence d'un problème en un point du corps, et c'est là que vos ennuis commencent. L'acide acétylsalicylique, contrairement aux idées reçues, ne vient pas se balader dans votre tête pour y bloquer le signal de la douleur. Il s'attaque aux messagers eux-mêmes, les prostaglandines, en en bloquant la fabrication.

Maintenant, évidemment, vous vous demandez pourquoi l'aspirine ou le paracétamol ne sont pas efficaces à tous les coups et pour tous les coups. Si la douleur est trop forte, impossible d'empêcher votre corps endolori de produire des prostaglandines. Et augmenter la dose d'aspirine et de paracétamol est impossible, souvenez-vous de ce qui est marqué sur la boîte. Maximum un gramme toutes les quatre à six heures, sinon, l'aspirine devient toxique. Pour le paracétamol, c'est encore plus grave. Les cas de surdosage sont nombreux, et les effets secondaires dramatiques, avec parfois comme conséquence la mort.

Mais en attendant, vite, vite, une aspirine. Ne traînez pas : les premiers effets de cette molécule miracle se font sentir en moins de vingt minutes. Quel soulagement !

## Pourquoi y a-t-il des aurores boréales ?

Tout le monde n'est peut-être pas allé au Canada, au Groenland ou au pôle Sud et n'a peut-être pas déjà vu de ses propres yeux une aurore polaire. Enfin, aurore boréale dans l'hémisphère Nord et aurore australe dans l'hémisphère Sud. Vous savez, ces grands-voiles lumineux et colorés qui apparaissent dans le ciel nocturne, comme des spirales ou des cercles étincelants, verts, rouges ou bleus. Aujourd'hui, nous savons bien qu'il s'agit de spectacles naturels rares et magnifiques. Mais le phénomène n'est pas récent. Pline l'Ancien, un écrivain et naturaliste romain à l'origine d'une encyclopédie intitulée *Histoire naturelle* (œuvre de 37 volumes) l'avait ainsi décrit : « On a vu pendant la nuit, sous le consulat de C. Caecilius et de Cn. Papirius (an de Rome 641), et d'autres fois encore, une lumière se répandre dans le ciel, de sorte qu'une espèce de jour remplaçait les ténèbres. » Mais si Pline l'Ancien vivait à Rome, en Italie, comment a-t-il pu voir une aurore boréale ou australe, qui comme leur nom l'indique, n'apparaissent que près des pôles... Nord ou Sud ? À certaines dates, l'arc auroral s'est étendu vers des zones situées au plus proche de l'équateur : en 1859, il est descendu jusqu'à Honolulu et, en 1909, jusqu'à Singapour ! Mais qu'est-ce que ces aurores boréales, et comment sont-elles créées ? Seul le Soleil est responsable de cette histoire. Avec l'aide du champ magnétique de la Terre, qui agit comme un immense aimant. Lors de tempêtes solaires, le Soleil éjecte un vent chaud dans la galaxie, une sorte de plasma contenant des atomes à charge électrique, appelés ions, circulant librement dans l'espace. Le champ magnétique de la Terre attire ces particules ionisées vers ses deux pôles, où elles rencontrent les atomes d'oxygène et d'azote, devenant subitement lumineux : ce sont les fameuses aurores polaires ! L'azote colore le ciel en rouge et en bleu ; l'oxygène en rouge et en vert. La taille et la forme de l'aurore boréale, quant à elles, varient selon la force du vent solaire. Plus il est puissant, plus elle est grande. Le phénomène a donné bien du fil à retordre aux savants du monde entier. Mais le terme « aurore boréale » n'est apparu qu'au XVIIe siècle, alors que Galilée tentait de trouver une explication scientifique au phénomène, après avoir remarqué des « taches solaires dans le ciel », sans toutefois trouver de réponse. Il aura fallu attendre 1839 et Sir Edward Sabine, un astronome britannique, pour voir le premier observatoire magnétique installé à l'université de Toronto, et la véritable explication trouvée. Toutes ces taches de couleur accrochées dans le ciel comme des guirlandes, ça donne envie de prendre un billet pour l'Alaska et de partir à l'aventure dans les étendues de neige sur un traîneau en bois ! Enfin… Si vous préférez le soleil, vous pouvez toujours aller à Bali…

## Pourquoi les autoroutes sont-elles payantes, sauf en Bretagne ?

C'est vrai que cela peut paraître bizarre. Si vous regardez une carte de France, vous remarquerez que les autoroutes ne sont pas de la même couleur à l'ouest du pays. Normal : ce ne sont pas des autoroutes, mais des voies rapides ! Lorsque la France a commencé à se couvrir d'autoroutes payantes – afin de financer leur construction –, les élus bretons se sont élevés contre ce nouvel impôt en arguant que… Anne de Bretagne (née en 1477 et morte en 1516), lorsqu'elle épousa le roi de France Louis XII, avait exigé que jamais son duché ne fût frappé des mêmes impôts que ceux du reste du royaume, en particulier les octrois, les péages d'alors. Sur le reste du territoire français donc, les autoroutes sont payantes, alors que certaines, comme l'autoroute A6, sont financées depuis longtemps. Le péage pourrait donc être supprimé, ou du moins son montant réduit. Mais l'État et les concessionnaires qui ont pris les autoroutes en gestion ont décidé que les péages prélevés sur les autoroutes amorties serviraient à financer de nouvelles autoroutes, et tant pis si certaines attirent parfois moitié moins d'automobilistes que prévu, rendant leur raison d'être plus que douteuse.

## Ou se trouve la plus large avenue du monde ?

Vous n'y êtes pas, mais alors pas du tout. Non, ce n'est pas la Ve Avenue. Les Américains ont beau frimer sur beaucoup de choses, la Grosse Pomme n'est pas première en tout ! Pour les raisons que l'on sait, ce n'est pas non plus à New York que se trouvent les plus hauts gratte-ciel au monde. Le Burj Dubaï culmine désormais à plus de sept cents mètres, au-dessus de la capitale des Émirats arabes unis, Dubaï évidemment. Les Champs-Élysées, alors ? Non plus ! Ils ne font que quelque misérables soixante-dix mètres de large. C'est l'avenue Foch qui caracole en tête, en tout cas pour la capitale, avec ses cent vingt-cinq mètres d'un hôtel particulier à l'autre. Mais ce n'est rien à côté de l'avenue 9 de Julio, à Buenos Aires, dont la largeur moyenne est de cent quarante mètres, avec une pointe à deux cent cinquante. Sauf que, sauf que… c'est de la triche. L'avenue 9 de Julio n'est ni plus ni moins qu'un alignement d'immeubles, face à face, séparés par deux voies rapides de deux fois six voies. Rien de bien séduisant, pas de quoi en faire une attraction touristique. De même, l'avenue Foch, avec ses terre-pleins de sable sans âme ne mérite pas non plus que l'on s'y attarde.

Non, je vais vous dire, moi, quelle est, historiquement, la plus large avenue du monde : c'est l'avenue de Paris, à Versailles, celle qui se trouve pile poil en face du château. Quatre-vingt-treize mètres séparent les petites et les grandes écuries, situées de part et d'autre de la place d'Armes, face à la grille Royale. Mais surtout, l'avenue de Paris affiche plus de trois cents ans au compteur, ce qu'aucune autre concurrente ne peut égaler. Imaginez Louis XIV, dont la chambre se trouvait dans l'axe de cette avenue, se lever le matin (on parlait alors du « Petit Lever », avec au bas mot cinquante personnes dans la chambre du roi) et mettre le nez à la fenêtre, admirant cette immense avenue, conduisant à son tout nouveau tout beau château (même s'il ne le connaît jamais terminé). « Le roi, c'est moi. » Mais surtout, cette avenue, ces avenues, puisqu'elle est jouxtée de deux autres axes majeurs formant un trident, c'est moi qui l'ai voulue. Aujourd'hui, elle s'appelle avenue de Paris, mais à l'époque, bien évidemment, il s'agissait de l'avenue Royale. Et puis, admettez, entre les petits soixante-dix mètres des Champs-Élysées, qui donnent certes sur l'Obélisque et l'Arc de triomphe, et les quatre-vingt-treize mètres de l'avenue de Paris, conduisant au plus grand et plus beau château du monde, il n'y a pas photo ! *And the winner is…*

## Est-ce que les aveugles rêvent en images ?

Même sans côtoyer au quotidien des personnes aveugles ou sourdes, cette question vous est assurément venue à l'esprit un jour ou l'autre. Forcément, rien de vital, juste de la curiosité, saupoudrée d'un brin d'empathie. Les rêves suscitent d'ailleurs bien d'autres questions connexes : comment pensent et rêvent les bébés qui ne savent pas encore parler ? Dans quelle langue rêve-t-on (et pense-t-on), quand on en parle plusieurs couramment, ou encore quand on vit au quotidien dans un autre pays que son pays natal ?

Toutes ces questions ont un début de réponse commune : nos pensées et nos rêves, avant de « s'afficher » ou de « s'imprimer » dans notre esprit sous forme de mots, sont d'abord des sons, des images, mais aussi des odeurs, des goûts ou des sensations tactiles. D'où viennent-ils ? De nos souvenirs, bien sûr ! Notre cerveau, tel un magnétoscope, enregistre à longueur de journée ce que nous voyons, entendons, sentons et touchons. Oups, et bien sûr, ce que nous goûtons. On dit d'ailleurs que les vrais gourmets profitent deux fois de leur dîner. D'abord à table, et ensuite dans leur lit, quand ils en rêvent ! Conséquence, pour pouvoir rêver en images, il faut en avoir enregistré dans la journée, ou en tout cas dans sa vie. *De facto*, les aveugles de naissance ne rêvent pas en images. Mais comme leurs autres sens sont surdéveloppés pour compenser l'absence de la vue, leurs rêves sont remplis de sons, d'odeurs, et surtout de sensations tactiles. Pour ceux qui ont perdu la vue plus tard, le scénario est différent. En théorie, ils rêveront en images toute leur vie. Seulement, leurs souvenirs s'estompant avec le temps, ces rêves « en vidéo » s'éloigneraient lentement de la réalité, en particulier pour ce qui touche aux couleurs. Une autre variable entre en ligne de compte : l'âge auquel l'aveugle a perdu la vue. On dit que c'est autour de sept ans que les choses basculent. Avant, les souvenirs en images disparaîtront au fil du temps, en une dizaine d'années tout au plus. Après, ils persisteront toute la vie. Jusqu'à preuve du contraire...

## Pourquoi les avions laissent-ils des marques dans le ciel ?

Contrairement à l'idée dominante, ce ne sont pas les gaz d'échappement des moteurs qui sont à l'origine des traînées blanches que laissent les avions derrière eux. Enfin, pas à la manière d'une voiture ou d'un feu de cheminée ! Ces nuages blancs sont des nuages de vapeur d'eau, comme les nuages naturels. En entrant dans le moteur de l'avion, l'air est en effet brutalement réchauffé et, avec lui, l'eau qu'il contient. En ressortant, au contact de l'air froid des hautes altitudes, la vapeur ainsi fabriquée se transforme aussitôt en glace : on appelle cela la condensation, mot souvent utilisé à tort pour décrire la liquéfaction, qui désigne, elle, le passage de l'état gazeux à l'état liquide.

## Pourquoi les avions volent-ils si haut ?

À cela, plusieurs éléments de réponses. D'abord, le trafic aérien : ça n'en a pas l'air – sauf certains soirs, par exemple au-dessus du lac Léman, où tous les avions d'Europe semblent s'être donné rendez-vous pour se croiser dans le ciel (c'est un carrefour important est/ouest, nord/sud) –, mais le trafic aérien est assez encombré. Ensuite, les couloirs aériens. Chaque avion a son couloir, qui mesure 500 mètres de haut, tant et si bien qu'il n'y a pas une place énorme entre le sol et 10 000 mètres, l'altitude de croisière des avions. Et enfin, à 10 000 mètres, il y a moins d'air, donc moins de résistance au vol de l'avion. La poussée des réacteurs étant suffisante pour porter l'avion, malgré une raréfaction de l'air sur lequel les ailes s'appuient, les avions ont tout à gagner à voler plus haut : on économise jusqu'à 30 % de carburant en volant à 10 000 mètres plutôt qu'à 3 000 par exemple. Vous noterez au passage que j'ai parlé de réacteurs car, en effet, les avions à hélices, eux, moins puissants, ne peuvent pas monter aussi haut que les avions à réaction.

## Pourquoi le vol Paris-New York est-il plus long que le New York-Paris ?

C'est à cause des jet-streams, des courants aériens permanents qui ont été baptisés ainsi justement parce qu'ils portent, ou au contraire freinent les «jets», les avions à réaction. Ces vents circulent essentiellement dans le sens ouest-est, en raison de la rotation terrestre qui donne une impulsion générale aux grands vents qui font le tour de la Terre à haute altitude. Dans le sens Paris-New York, un avion volant à 10000 mètres d'altitude se retrouvera donc le plus souvent avec le vent dans le nez, même s'il cherche à trouver la hauteur où ces vents, permanents, le gêneront le moins. Ils peuvent souffler en effet jusqu'à 200 kilomètres/heure et ralentir d'autant l'avion ! La vitesse relative de l'appareil sera toujours de 850 à 900 kilomètres à l'heure, à laquelle il faudra soustraire la vitesse du vent de face pour obtenir sa vitesse réelle, de 700-750 kilomètres/heure, rallongeant la durée du vol de quelques dizaines de minutes. Parfois, il faut plus d'une heure et demie supplémentaire pour rallier la côte Ouest des États-Unis depuis la France. En revanche, en sens inverse, les pilotes sont bien évidemment friands des jet-streams, qui leur permettent d'économiser du carburant tout en allant plus vite ! Au retour, vous pourrez voir sur les écrans de bord que votre avion vole jusqu'à 1050 kilomètres/heure, porté par les vents d'altitude.

# B

## comme...

## Pourquoi dit-on le B.A.BA ?

C'est un retour en enfance que je vous propose, dans ces classes qui sentaient bon la craie et l'encre ne manquant pas de maculer vos doigts, et bien souvent votre table voire pantalon et chemise, chaque fois que votre « plume » fuyait, c'est-à-dire assez souvent. « De mon temps », on appelait ça la 12e, ou la 11e, je ne sais plus, désormais devenus CP et CE1. Qu'y apprend-on ? À écrire et à lire. Aujourd'hui, la méthode globale fait des ravages, mais quelques enseignants résistants persévèrent avec la méthode monosyllabique, qui a si bien marché dans le passé, le fameux... B.A.BA. Apprendre à lire passait autrefois par la maîtrise des syllabes, qui commençait invariablement par le B associé au A, qui donnait : BA. Apprendre le B.A.BA de quelque chose, c'est donc commencer par le début, le fondamental, la leçon numéro un.

## Pourquoi dit-on bâbord et tribord ?

« C'est à bâbord, qu'on gueule, qu'on gueule, c'est à bâbord, qu'on gueule le plus fort ! » Essayez donc dans un mariage : si une table répond « C'est à tribord », vous avez gagné, l'ambiance sera au rendez-vous, mais la mariée risque de vous faire la tronche...

Sous une tente de cocktail ou dans la salle de réception d'un château, peu importe que vous soyez à droite ou à gauche de la table des mariés pour lancer ce banc. Au pire, vous serez toujours à droite ou à gauche de quelqu'un ou de quelque chose.

Mais à bord d'un bateau, c'est une autre histoire. Vous voici sur le *Queen Elizabeth II.* Envie d'un apéritif avant le dîner? « Rendez-vous au bar du pont numéro 3, à gauche », dites-vous à votre moitié. Quand au bout d'un quart d'heure, vous en aurez assez d'attendre, vous irez la chercher à tribord, et la trouverez perdue, à la recherche de ce satané bar qui ne s'y trouve pas. C'est à cela que bâbord et tribord servent à bord d'un bateau: à distinguer de manière certaine ce qui est à gauche de ce qui est à droite, en prenant pour référence le sens (normal) de la marche du navire. Même si celui-ci bat machine arrière, bâbord désignera toujours la partie du navire située à gauche de la proue (l'avant du navire), et tribord, à droite. Pour vous en souvenir, il existe un moyen mnémotechnique très simple, le mot « batterie ». Bâ-bord est à gauche, et tri-bord, à droite.

Maintenant, vous êtes en droit de vous demander d'où viennent ces mots barbares. Vous avez mis pile le doigt dessus. C'est en effet aux Vikings, grands marins devant l'Éternel, que l'on doit ce vocabulaire. Sans vous faire un cours de viking, en gros, ces mots faisaient référence à des parties du navire situées respectivement à gauche et à droite du navire, *backbord,* et *stribord,* toujours en fonction du sens de la marche. Importés dans différentes langues, le néerlandais, l'islandais (descendants des Vikings) l'alémanique, l'anglais, ils donnèrent les termes de marine français (et bien d'autres) que nous connaissons aujourd'hui. Quant à l'accent circonflexe qui trône sur le mot « bâbord », et qui normalement remplace un « s » qui n'a jamais existé, on le doit au flou orthographique des XVIIe et XVIIIe siècles. Dans certains documents, bâbord est en effet écrit bas-bord, en rupture avec ses origines étymologiques !

## Pourquoi bâille-t-on ?

Aïe. Mon chef de service me regarde, me parle, sollicite mon attention, et moi, je ne pense qu'à une chose, bâiller. En m'étirant si possible. Je sens monter en moi ce bâillement, c'est plus fort que tout, il arrive, je détourne le regard et... je bâille ! Discrètement, mais à la contraction de ma mâchoire et à mes yeux humides, mon boss pige. *« Je vous ennuie ? – Heu... pas du tout ! »* Tu parles !

Mais est-ce qu'on est vraiment responsable de son bâillement ? Pas sûr. C'est un réflexe irrépressible. Bien sûr, il survient surtout en cas de fatigue et d'ennui. Une réunion qui se prolonge, un copain ou une copine qui vous raconte sa vie en long et en large, sans en oublier les travers. Ou pire, un dîner chez vos beaux-parents. Ou un tête-à-tête tardif avec votre « target ». Vous rêvez d'elle ou de lui depuis des lustres, elle ou il est en face de vous, sa main nonchalamment posée à proximité de la vôtre, et là, vous réprimez bon gré mal gré un horrible bâillement venu du plus profond de vos entrailles. Comment remonter la pente après cet affront ?

En général, un bâillement dure de cinq à dix secondes. Il se déroule en trois actes. J'inspire longuement, je reste en apnée une seconde, et j'expire rapidement. Selon une étude américaine, 23 % des sondés bâillent plus de vingt fois par jour. C'est beaucoup. Ils s'ennuieraient plus que nous, chez l'Oncle Sam ?

Depuis Hippocrate, on croyait que le bâillement servait à chasser le mauvais air des poumons, ou encore à mieux oxygéner le cerveau, et qu'il permettait ainsi d'évacuer la fièvre. Faux, la preuve : si l'on vous fait respirer de l'oxygène pur, vous bâillerez tout autant qu'en ne respirant que l'air ambiant. En 2007, les frères psychologues Gallup émettent l'idée que bâiller augmente la circulation sanguine et refroidit le cerveau. En somme, le bâillement ne serait pas une invitation au sommeil, mais un moyen de lutter contre lui. On attend une étude démontrant l'inverse.

Si on résume, aucune théorie précise n'explique tangiblement le pourquoi du comment du bâillement. La science est au travail. Les cobayes se pressent par milliers dans les laboratoires. Bâillement, je te tiens.

En attendant une réponse définitive, qui sera aussitôt contredite, le bâillement s'explique ainsi : vraisemblablement, la fatigue, l'ennui ou le manque de sommeil entraînent des modifications du tonus des muscles des mâchoires et de la nuque. Le système nerveux le perçoit très bien. La dopamine, qui est un neurotransmetteur, intervient alors. Elle entraîne la production d'ocytocine, une hormone qui elle-même va activer l'un des nombreux agents de transmission des messages nerveux présents dans le cerveau. L'agent déclenche le bâillement en jouant sur les récepteurs des muscles du larynx, du visage et de la mâchoire.

La dopamine est donc indispensable au déclenchement du processus. C'est pour cela que les patients atteints de la maladie de Parkinson ne bâillent quasiment jamais, le groupe de neurones qui la fabrique étant dégénérescent.

Revenons à notre tête-à-tête romantico-gastronomique. Si par malheur, monsieur ou madame a deviné que vous avez osé bâiller, rassurez-le, rassurez-là ! Dites-lui qu'on peut aussi bâiller quand on a faim, puisque le bâillement n'est jamais qu'un signal envoyé par le corps pour avertir d'un possible changement d'état de vigilance.

Et puis, même le fœtus baille dans le ventre de sa mère, à partir du troisième mois de grossesse ! S'il il ou elle reste dubitatif (ve), prétextez que vous êtes sujet à l'épilepsie, une maladie du système nerveux qui peut faire bâiller jusqu'à quatre fois par minute... Pour étayer votre défense, invoquez aussi le fait que ce réflexe existe chez tous les animaux vertébrés, cachalots, souris, ours. En revanche, on n'a jamais pris en flagrant délit de bâillement une girafe ni un insecte.

En désespoir de cause, montrez-lui du doigt discrètement votre voisin de table qui multiplie depuis le début de la soirée les décrochages disgracieux et intempestifs de mâchoire. Car le bâillement est contagieux! Vous n'y êtes donc pour rien. « *Un bon bâilleur en fait bâiller sept»*, dit le dicton. Or comme vous êtes particulièrement sensible aux émotions des autres, la contagion vous guette. Si vous avez une capacité à l'empathie, vos lobes frontaux, responsables des capacités d'imitation, ne vont pas tarder à s'activer. Et rassurez-vous, le nombre quotidien de bâillements diminue au cours de la vie.

Mais tout de même, faites un effort, le bâillement a beau être irrépressible, il peut se moduler. Donc, inutile de vous étirer, de laisser échapper un «ouahhhhh» de bien-être, ni d'ouvrir grand la mâchoire: vous risquez de surcroît une luxation, vrai de vrai.

Et quand vous lui aurez donné toutes ces explications, si elle ou il ne bâille pas à son tour, c'est que c'est dans la poche!

## Pourquoi n'entendons-nous pas les baleines chanter?

Les sons utilisés par les baleines pour communiquer sont des infrasons. Ils ont la caractéristique de se propager très loin dans l'eau, comme les ultrasons d'ailleurs. L'oreille humaine entend des sons allant de 2000 à 20000 hertz. Les baleines discutent sous les 20 hertz, quand les dauphins, par exemple, bavardent plutôt au-dessus des 20000 hertz. Et pourquoi entendons-nous quand même des baleines chanter, ou les dauphins couiner? Pour les baleines, parce que leur «chant» est traité de telle sorte qu'il peut être entendu par l'oreille humaine, en le faisant monter dans les hertz.

Les dauphins, eux, font quelques incursions dans la gamme haute des fréquences que nous parvenons à percevoir, mais les personnes au-dessus d'un certain âge, dès la cinquantaine, n'entendent pas Flipper, contrairement aux enfants, qui ont une oreille au spectre auditif plus développé.

## Pourquoi les bananes sont-elles tordues ?

Y en a-t-il vraiment qui se sont interrogés là-dessus ? Parce que je vous entends déjà me dire « pour rentrer dans les pelures », « pour faire parler les bavards » ou encore « pour que vous posiez la question ».

Bon, et bien justement, je la pose, la question. Allez décortiquer les 670 variétés de bananes existant dans les 130 pays qui les cultivent, elles sont toutes tordues. Et jaunes. Enfin, vous me direz, parfois elles sont vertes. Ou noires !

Bien sûr, au départ, la banane est verte comme tous les fruits et légumes ; cette couleur est due à sa teneur en amidon (20 %), un glucide de réserve pour les végétaux permettant de leur apporter les nutriments et l'énergie nécessaires pour leur survie, en cas de coup dur. Mais la banane change de teinte en mûrissant : l'amidon se transforme en sucre, et la couleur passe ainsi du vert au jaune. Et le noir, alors ? Oui, souvenez-vous, ces bananes que vous avez achetées il y a deux jours. Elles noircissent déjà dans leur panier en osier, tout le monde les pense pourries, et plus personne ne veut les manger !

Rassurez-vous, vos bananes ne moisissent pas… Elles supportent juste mal le froid. Normal, pour un fruit tropical familiarisé à la chaleur et à la lumière ! Au contact du froid, la membrane entourant les cellules de la banane se détache, libérant ainsi des enzymes (protéines qui accélèrent les réactions chimiques) dans l'air. L'une d'entre elle, la polyphénoloxydase, réagit avec le tanin présent dans les peaux de bananes, entraînant une formation soudaine de composés bruns, autrement dit, ces taches noirâtres sur vos fruits. Kesako, le tanin ? Cette molécule précipite les protéines de votre salive, vous donnant la sensation d'un manque d'eau et d'une bouche très sèche. D'ailleurs, quand on mange par mégarde l'un de ces petits fils qui se détachent de la peau, avec la banane, c'est exactement la sensation que l'on a. Ce composé chimique est très utilisé dans la fabrication du vin et des cuirs, parce qu'il protège les peaux de leur décomposition organique. Forcément, quand ce dernier entre en réaction chimique avec notre enzyme, le noircissement de la banane est inévitable.

Le mieux pour échapper à ce genre de métamorphose incontrôlée est de conserver vos bananes à une chaleur supérieure à 10 °C, suspendues en grappe avec un crochet. Et c'est précisément à ce moment-là que vous vous poserez la question, à force de les voir vous narguer: pourquoi ne sont-elles pas droites, plutôt que courbées ? Tout simplement parce que c'est la forme idéale pour pousser sur le bananier, qui, contrairement aux idées reçues, n'est pas un arbre mais une plante. Ses fruits (on compte pas moins de 200 bananes par bananier) ne pendouillent pas tranquillement chacun de leur côté au bout des branches, comme le font les pommes ou les poires. À plus de six mètres de haut, les bananes poussent regroupées entre elles en « régimes » empilés les uns sur les autres. Avec la loi de la gravitation, elles se développent donc d'abord vers le bas, en poussant vers la terre, avant de chercher la lumière vers le haut, c'est pourquoi elles s'arrondissent en direction du ciel, créant une forme recourbée. Très adeptes de la gymnastique, les bananes ! Pas étonnant alors qu'elles soient justement le fruit de référence des sportifs. Vous n'avez jamais remarqué ? Roland-Garros, les J.O., le Tour de France : pendant l'effort, entre deux sets, deux épreuves, deux montées, les tennismen, athlètes et autres cyclistes mangent des bananes. Le fruit idéal pour vous donner un bon coup de fouet. Eh oui, la banane est une grande source d'énergie, qui contient plus de vitamines et de minéraux que n'importe quel autre fruit. Et le potassium qu'elle contient est très bon pour réduire votre tension artérielle. Il paraîtrait même que la banane nous rend plus heureux, grâce au tryptophane (ne riez pas) qu'elle contient, jouant un rôle relaxant. Il paraîtrait même aussi qu'elle aide le corps à récupérer des effets de manque de nicotine chez ceux qui souhaitent arrêter de fumer. Allez, tous à la gym… heu, pardon, tous au régime… banane !

## Pourquoi Barbie s'appelle-t-elle Barbie ?

Il se vend une Barbie toutes les douze secondes dans le monde… Une petite fille, en Occident du moins, possède en moyenne dix poupées Barbie. En tout, depuis la première Barbie en 1959, il s'en est vendu plus d'un milliard... Mais cela ne nous dit pas pourquoi Barbie s'appelle Barbie ! Comme souvent, il faut chercher du côté de la famille du créateur. Ruth Handler, la fondatrice de Mattel, la maison qui fabrique ces poupées, n'a pas cherché loin l'idée : c'est sa fille Barbara qui inspirera le nom de la poupée qu'elle venait d'inventer, Barbie étant le diminutif de Barbara.

## Pourquoi « basket-ball » et « handball » ne se prononcent-ils pas de la même manière ?

Parce que le premier est un jeu inventé aux États-Unis, où le mot *ball* se prononce « bol ». En revanche, le handball, qui ressemble pourtant à un mot anglais, est en fait allemand ! « *Hand* » désigne la main, comme « *hand* » en anglais, et « *Ball* » désigne la balle, comme « *ball* »... Sauf qu'en allemand, « *ball* » se dit... « *bal* ».

## Pourquoi met-on de l'eau dans les batteries ?

Vous souvenez-vous de vos cours de physique, en classe de seconde ? Les expériences d'électrolyse ? Non ? Vous deviez dormir au fond... Reprenons la leçon : une bassine d'eau, deux électrodes, un courant électrique. De l'hydrogène sort d'un côté, de l'oxygène sort de l'autre. L'hydrogène, c'est ce gaz auquel le professeur mettait le feu avec une allumette. Boum ! Ça y est, vous vous souvenez, vous êtes réveillé ? Dans cette expérience, l'eau est indispensable, puisque sous l'effet de l'électricité, les atomes d'hydrogène et d'oxygène (l'eau, c'est $H_2O$) se séparent. Eh bien, dans une batterie, c'est l'inverse, enfin, tout comme. L'eau de la batterie est chargée d'énergie, en fait, des électrons, qui vont transiter entre les éléments de plomb, ou de cuivre, selon la technologie utilisée, jusqu'aux électrodes, et fournir du... courant électrique. « Transiter », « courant », le choix du vocabulaire n'est pas neutre. À cette eau est toujours rajouté de l'acide, afin d'augmenter le nombre d'électrons en liberté dans la batterie, ce qui contribue à améliorer ses capacités de stockage. En résumé, sans eau dans la batterie, pas de batterie... sauf dans les batteries sèches, mais c'est une autre histoire !

## Pourquoi bébé pleure-t-il le soir ?

Vous pouvez sourire : moi qui écris ces lignes, j'ai... six enfants. Si, si ! Autant dire que des bébés qui pleurent le soir, j'en ai entendu. Le dernier, trois semaines, est d'ailleurs en train de chouiner dans le babyphone. Pourtant, cela n'a rien d'anormal. Pour bébé, pleurer le soir, quelques minutes ou quatre heures, c'est le seul moyen de décharger le stress accumulé au cours de sa journée de nouveau petit d'homme. Imaginez : quelques semaines auparavant, j'étais bien au chaud dans ma petite piscine, et me voici dehors, sans protection, j'ai froid, j'ai chaud, le ventre me tiraille, je dois faire des rots, j'entends de drôles de bruits, on m'habille et me déshabille sans arrêt… En résumé, les petits bébés pleurent le soir, et c'est normal, il faut juste faire preuve d'un peu de patience !

## Pourquoi bébé commence-t-il souvent par dire « papa » et « maman » ?

Bébé entend dans le ventre de maman, nous en sommes sûrs. Mais ce que l'on découvre aujourd'hui, c'est qu'une fois dehors, non seulement il entend, mais il associe très tôt des mots à des objets, ou à des personnes. S'il pouvait prononcer « *balle* », « *chat* », « *biberon* » ou « *papa* », il le ferait très tôt. Seulement voilà, tous les neurones ne sont pas encore à leur poste. Dans les premières semaines, les mouvements de bébé sont erratiques, c'est-à-dire non contrôlés. Le premier succès de bébé ? Faire un sourire volontaire. Ensuite, attraper le hochet qu'on lui tend. Plus tard, se retourner, puis s'asseoir, puis ramper, se lever, et enfin marcher. Côté langage, c'est la même chose. Aux « *areuh* » vont succéder des syllabes. On se souvient longtemps des vocalises d'un petit, qui s'entraîne à prononcer des « *A-a-a-a-a* » à répétition, parfois pendant une heure avant de s'endormir… ou le matin quand il est réveillé… ou en pleine nuit ! Les autres phonèmes suivront. Des « *be-be-be* ». Et bientôt, des « *pa-pa-pa* ». Et encore des « *ma-ma-ma* ». « *Papa* » et « *mama* » font en fait partie de ces premières syllabes que bébé apprend à répéter, car ce sont les plus simples à reproduire, au milieu de tout ce qu'il entend, et ce sont celles qu'il entend le plus souvent. Et puisque ses parents s'extasient chaque fois qu'il les prononce, autant continuer !

## Pourquoi les bébés ont-ils souvent les yeux bleus ?

L'auteur de ces lignes peut vous en dire quelque chose avec six enfants au compteur ! Autant dire qu'il en a vu, des yeux de nourrissons, les siens et ceux des autres, et c'est vrai : ils sont toujours bleus, parfois bleu-gris. Pourtant, ils ont tous désormais les yeux marron, ou noirs pour l'un d'entre eux. Mais là n'est pas la question. La couleur des yeux est déterminée par l'iris, et l'iris, comme la peau ou les cheveux, peut être coloré par la mélanine, celle-là même qui donne des grains de beauté, nous fait bronzer en été, mais aussi donne les cheveux bruns, châtains ou noirs, et donc, les yeux d'autres couleurs que le bleu. Précision : le bleu n'est pas une couleur. Comme le ciel ou l'eau, les yeux bleus sont dus à l'absence de coloration du cristallin qui, en diffusant la lumière ambiante dans l'humeur aqueuse, prend cette coloration. Lorsque le bébé grandit, la mélanine commence à s'activer en lui. Ainsi, un bébé né blond ne le restera pas forcément. Il en est de même avec les yeux, qui, de bleus, prendront en quelques mois leur couleur définitive si la mélanine se décide à coloniser l'iris.

## Comment pensent les bébés ?

Avec tous ces éléments, vous commencez à y voir plus clair quant à la façon de penser de bébé.

Ses rêves et ses petits cauchemars sont remplis d'images, de sons, d'odeurs, de goûts et de sensations. La nuit, il se repasse (comme nous) le film de sa journée, pour apprendre, apprendre et encore apprendre. Surprise, les dernières études laissent penser que bébé, même s'il ne parle pas encore, comprend et connaît plusieurs centaines de mots dès l'âge de un an. À tel point que l'on déconseille aujourd'hui de lui parler… bébé! Arrêtez de doubler les syllabes: cela lui ferait perdre du temps dans son apprentissage de la langue. Certains surdoués n'attendent d'ailleurs pas qu'on leur fournisse un vocabulaire, une syntaxe et une grammaire pour communiquer. Les frères Bogdanov, les présentateurs de l'émission-culte *Temps X*, mais aussi savants émérites, sont réputés avoir parlé une langue créée de toutes pièces par eux, pour eux, alors qu'ils étaient encore dans leurs berceaux respectifs. «Passe-moi le jouet, tu dors, ferme-la», bref, une langue.

Pour finir, vous vous demandez dans quelle langue pense la Française mariée à un président américain, ou la Russe à un agriculteur berrichon. Là encore, il n'y a pas de réponse catégorique. Pour penser et rêver dans une autre langue que sa langue maternelle, il faut d'abord bien la maîtriser et la pratiquer au quotidien. Ensuite, il faut parfois un événement déclencheur pour «basculer de l'autre côté». Une émotion forte, heureuse ou malheureuse, et hop, vous voilà rêvant ou pensant dans une autre langue que la «vôtre». Certains prétendent qu'ils rêvent et pensent dans des langues différentes, en fonction du contenu de leurs rêves. On rêve d'amour en français, et de moteur d'avion en anglais ! D'autres, polyglottes, affirment se mettre à rêver et penser dans la langue du pays dans lequel ils se trouvent, au bout de quelques jours. D'autres encore mélangent les mots dans leurs pensées, en utilisant le vocabulaire qui leur convient le mieux pour leur « ordinateur interne ». Le summum ? Cette Française vivant aux États-Unis depuis de nombreuses années, qui pense et rêve en anglais, mais se réveille parfois le matin en se souvenant en français de son rêve dans lequel elle parlait avec un horrible accent anglais !

## Pourquoi le triangle des Bermudes est-il dangereux ?

Le triangle des Bermudes, situé au large de la Floride, n'est pas dangereux. C'est un mythe entretenu par un livre et quelques articles parus dans des revues américaines. En fait, nombre de disparitions d'avions ou de bateaux associées au triangle des Bermudes ont en fait eu lieu ailleurs. On a cru bon de leur inventer des passages à proximité du triangle des Bermudes pour justifier ces disparitions inexplicables... ou parfois tout simplement crapuleuses ! Piraterie, arnaque à l'assurance... En tout cas, les compagnies d'assurance n'interdisent pas aux avions et bateaux le passage par cette zone ni ne facturent de surprimes. L'histoire du triangle des Bermudes fait partie de ces légendes dites "légendes urbaines"...

## Pourquoi Bibendum est-il blanc alors que les pneus sont noirs ?

Oui, les pneus sont noirs. Mais il fut un temps où les pneus d'automobiles étaient beiges, la couleur du caoutchouc naturel tiré du latex ! Ou encore blancs, tout au moins en partie (sur les flancs), principalement parce que c'était plus élégant. Mais tout cela n'explique pas pourquoi Bibendum – dont la traduction latine signifie « boire », étant sous-entendu que les pneus Michelin boivent l'obstacle – est blanc. Aujourd'hui produit de consommation courante (six pneus sont remplacés toutes les secondes en France, deux cents millions par an, en Europe), le pneu était un produit de luxe, aux débuts de l'automobile. Certaines roulaient d'ailleurs encore avec des roues métalliques garnies de bandages, jusqu'à ce que le pneu gonflable, inventé par un vétérinaire écossais du nom de Dunlop, s'impose comme la solution incontournable. Et les produits de luxe, on en fait quoi ? On en prend soin, on les emballe… Les premiers pneus n'ont pas dérogé à cette règle : ils étaient emballés dans du papier de soie… blanc. Comme Bibendum, le bonhomme Michelin, né d'une pile de pneus, et dont l'un des frères Michelin affirma lors d'une exposition, en 1893, qu'il ne lui manquait que des bras pour avoir apparence humaine !

## Pourquoi un demi de bière ne fait-il pas un demi-litre ?

Attablé à la terrasse d'un café, je commande une girafe. À part les touristes qui sont assis à côté de moi, personne ne s'étonne de me voir servi de plusieurs litres de bière. Plus sobre, mon voisin commande lui un galopin : et voilà 12,5 centilitres de mousse qui arrivent sur sa table. Derrière nous, j'entends alors commander *« un demi ! »*. Et c'est un verre d'un quart de litre de bière qui arrive…

Tradition, tradition, quand tu nous tiens ! En Belgique, quand vous commandez au serveur un demi, je peux vous assurer qu'il vous apportera bien un demi-litre de bière ! En France, pour boire un demi-litre de bière, c'est un « distingué », un « baron », un « mini-chevalier », une « chope », une « pinte » voire un « sérieux » qu'il faut demander ! Subtile arc-en-ciel lexical. Explications : dans de nombreuses régions, il y a encore une soixantaine d'années, on utilisait « la chopine » comme unité de mesure, qui valait presque un demi-litre, et la chope, qui elle valait la moitié de la chopine, 25 centilitres donc. La chope est donc une demi-chopine, bref un demi. L'expression est restée.

Mais il existe aussi le demi-demi, appelé « le galopin ». Comme dit Jean-Paul Belmondo dans *Pierrot le Fou* : *« Je prends deux demis, comme cela, quand j'en ai bu un, il m'en reste la moitié. »*

Mais si vous aimez voyager, et que vous aimez accessoirement la bière, vous n'avez pas fini de souffrir, notamment outre-Rhin, du fait de l'exception allemande. Là-bas, la chope, qui vient de l'alsacien « schoppe » et qui signifie « grand verre à bière » se dit évidemment « Schoppen ». Or les Schoppen contiennent un demi-litre, sauf dans une partie du Bade-Wurtemberg et de Bavière, où elles en contiennent un litre !

Mais non, chérie, je t'assure que je n'ai rien bvû, j'étais zabec des copains, on a juste siroté deux trois petites chopes...

## Pourquoi l'émeraude est-elle verte, le rubis rouge, le saphir bleu et le diamant blanc ?

Les pierres précieuses fascinent les hommes. Les Perses pensaient même que la Terre reposait sur un gigantesque saphir dont les reflets coloraient le ciel... en bleu ! Sans doute alors, et pour les mêmes raisons, le rayon vert connu de tous les marins provient-il d'une gigantesque émeraude, immergée au fond des océans...

Vous ne vous étiez jamais posé la question de la couleur des pierres précieuses, au nombre de quatre : l'émeraude, le rubis, le saphir et le diamant ? Le plus simplement du monde, la couleur d'une pierre dépend de ce que celle-ci contient.

Ainsi, la teinte du saphir, extrait surtout au Cachemire et au Myanmar, l'ex-Birmanie, et censée procurer paix et prudence à la personne qui le porte, est provoquée par le mariage en son sein d'un oxyde de fer et de titane.

Le rubis, quant à lui, la pierre la plus rare avec le diamant, doit son éclat incendiaire au chrome. Le chrome, encore lui, qui, associé au vanadium, colore l'émeraude, censée protéger le mariage...

Ceci dit, la réalité est plus complexe. Car en fait, les pierres colorées n'existent pas en tant que telles. Le rubis n'est rouge qu'en raison de la lumière qui le traverse, et c'est l'observateur qui interprète cette couleur en fonction de la lumière ambiante. C'est donc grâce à des oscillations électromagnétiques d'une certaine longueur d'onde que cette couleur existe, comme d'ailleurs toutes les couleurs qui nous entourent. Tout cela nous conduit naturellement à parler du diamant, la pierre précieuse la plus pure, puisque sans apport métallique extérieur. Si toutes les longueurs d'onde de la lumière traversent la pierre sans rencontrer aucun obstacle, aucune impureté métallique, elle sera incolore, et donc, votre pierre sera du diamant. Si, à l'inverse, toute ou presque toute la lumière est absorbée, la pierre atteindra son degré de brillance minimum et sera donc noire, ou quasi !

Aussi, avant d'acheter un beau caillou pour des fiançailles, une naissance ou mille autres raisons, dont la première d'entre elles est de faire ou de se faire plaisir, pensez lumière... Le rubis est beau à la lumière du jour, splendide à la lumière électrique, mais noircira sous une lumière fluorescente. En fonction de la lumière utilisée, le rubis à votre doigt peut ainsi passer de l'écarlate « sang de pigeon », au « sang de taureau » ou encore au léger « framboise clair ». Rien à voir... Pour les professionnels de la joaillerie, la lumière utilisée pour comparer les pierres entre elles doit être identique à celle diffusée par un ciel dégagé au nord à la mi-journée, sous une latitude moyenne. À vos boussoles.

Mais attention, autre piège : vous pouvez aussi offrir une pierre précieuse à votre dulcinée et voir sa couleur évoluer au fil des années passées à ses côtés ! Et rien à voir avec la vaisselle faite à la main. Certes, vous ne verrez pas son diamant se colorer en vert, mais il arrive que la couleur ne soit pas stable dans le temps – surtout si la pierre est soumise à une source de chaleur. Elle changera de teinte, le plus souvent en pâlissant. Cependant, le risque existe surtout pour des pierres semi-précieuses comme le quartz rose et la kunzite, qui peuvent s'éclaircir à la lumière du soleil, jusqu'à se décolorer complètement.

Mais au fait, si on ne vous l'a jamais dit, il est (peut-être) encore temps : les pierres précieuses sont strictement interdites à la plage ! Répétez dix fois. Et pour cause. Que ce soit à Quiberon, Arcachon, Ré ou Saint-Tropez, le sable y est partout le même, ou en tout cas y produit partout les mêmes effets : il raie terriblement les beaux cailloux. Inutile de risquer un drame, sauf à vouloir abssssooolument une nouvelle bague : chérie, tu comprends, celle-là est toute pâlotte…

Ces jeux de lumière expliquent aussi que le saphir (oxyde de fer et de titane) n'est pas forcément bleu, contrairement à ce que l'on croit de prime abord. Il existe, en effet, des saphirs de toutes les couleurs : jaunes, oranges, ou même incolores, en fonction de la répartition des métaux dans la pierre. Mais forcément, la couleur bleue, de préférence pas trop sombre, étant la plus convoitée de toutes, les autres coûtent moins cher. On trouve aussi des saphirs rouges, mais ils s'appellent alors des... rubis ! Évidemment, puisque ces deux pierres précieuses appartiennent à la même famille. Le saphir est la variété bleue, et le rubis, la variété rouge, vous aviez compris, mais pas gagné un caillou pour autant.

Notez que le saphir (la pierre la moins chère avec l'émeraude) est plus répandu que sa jumelle. Il n'empêche qu'en 1988, le « Saphir Rockefeller », ni plus ni moins le plus cher du monde, s'est vendu aux enchères chez Sotheby's pour 2,8 millions de dollars ! Soit 45 600 dollars le carat, puisqu'il en comptait 62,02. Pas si banal que ça, le saphir...

Enfin, pour corser le tout, le diamant, dont la caractéristique principale est d'être incolore et transparent, fait lui-même aussi des surprises parfois : il en existe bien des roses, jaunes, marron, verts ou même bleus. Selon le code en vigueur, il oscille du blanc exceptionnel au blanc nuancé *via* le blanc extra, chaque qualificatif le rendant plus ou moins désirable, commercialement parlant... Nuances, vous avez dit nuances...

J'oubliais : vous ne pouvez pas refermer ce livre et les yeux sans savoir pourquoi les pierres précieuses se mesurent en carats, et non en grammes. Il faut pour cela revenir quelques siècles en arrière, et traverser la Méditerranée.

Le carat vient tout droit de l'arabe « quirat », qui désigne la graine du caroubier. Une graine maligne : quoi qu'il arrive, elle pèse toujours le même poids, servant d'outil de mesure de précision, bien malgré elle… sauf si l'on croit que le Créateur, dans son plan global, avait même pensé à des outils de mesure de précision cachés dans les gousses de caroubier. Son carat ou *quirat* pesait 0,2055 gramme jusqu'en 1912. Puis, dans un souci de simplification, le carat s'est mis à valoir 0,2 gramme. Aussi une pierre de cinq carats ne pèse-t-elle qu'un gramme.

Quant à la bague qui porte la pierre, évidemment en or, vous vous demandez aussi bien sûr pourquoi elle est dite « 24 carats », ou « 18 carats ». Rien à voir avec la choucroute : l'or pur fait 24 carats, l'or comportant 250 parties d'argent pour 750 de métal doré est dit 18 carats en référence au denier utilisé à La Mecque, la plate-forme d'alors d'échange de l'or et des pierres. Plate-forme qui était divisée en 24 parties appelées carats. La boucle est bouclée !

## Pourquoi n'arrive-t-on jamais à composter son billet de train du premier coup ?

Ne me dites pas que cela ne vous est jamais arrivé. Je dirai même plus, comme les Dupont et Dupond, cela a dû se produire des dizaines de fois, bien évidemment toujours au mauvais moment. En tout cas, moi, cela m'arrive tout le temps, presque à chaque déplacement en train. Je sors mon billet, après avoir cherché dans toutes mes poches où j'avais décidé de le ranger pour ne pas l'oublier, je l'enfile dans la fente de l'abominable automate... qui évidemment va me demander de retourner mon billet. Frustrant ! J'ai beau faire attention, présenter le côté du billet sans encoche, pensant que c'est la raison de mon échec, rien n'y fait. La froide mécanique n'en veut définitivement pas, jusqu'à la deuxième, voire bien souvent, jusqu'à la troisième tentative.

Longtemps, je me suis demandé quel esprit tordu avait décidé que les billets de train devaient être compostés d'un côté bien particulier. Il n'y en a, somme toute, que quatre, ce qui n'est pas non plus la mer à boire. Mais surtout, j'ai toujours été étonné qu'il ne soit pas indiqué, à même le billet, le fameux côté à présenter au composteur (et non au contrôleur, notez la nuance). Cela m'aurait fait gagner bien du temps et de l'énergie, et, avouons-le, évité bien des coups de stress : je fais en effet partie de cette catégorie de gens qui pensent que le train de 11 h 05 se prend à 11 h 05, et pas avant, en revanche parfois après. Le plus extraordinaire, c'est qu'il m'est en effet arrivé plusieurs fois d'atterrir à la gare tout essoufflé, plusieurs minutes après l'heure officielle du départ du train, pour le trouver encore à quai... Sans que cela ne m'étonne vraiment. Comme si une bonne étoile, ou plutôt un ange dépêché tout spécialement pour moi par saint Christophe, avait intercédé en ma faveur et bloqué la voie, retardé le contrôleur, ou débranché un équipement quelconque, retardant mon train. Dois-je avouer que, aussi bien assis dans mon métro, trépignant à chaque station, ou slalomant avec mon scooter entre les voitures sur le périphérique, je prie je ne sais qui, je ne sais quoi, pour retarder mon train ? Et le pire, c'est que ça marche...

Cependant, en retard ou pas, devoir se soumettre au bon vouloir d'une machine, alors que l'an 2000, chargé de promesses, est loin derrière nous, me révolte. « Tournez votre billet » m'insulte, et mon intelligence avec. Ce n'est pas à moi de tourner mon billet, cocotte, mais à toi d'apprendre à le lire dans tous les sens ! Où allons-nous si les machines se mettent à commander, franchement, je vous le demande.

Seulement voilà. Il y a un truc. Un gag pourrait-on dire. L'affreuse machine, contrairement à ce qu'elle affirme, est tout à fait capable d'ingérer mon billet, votre billet, dans tous les sens possibles, enfin, au moins dans les quatre immédiatement disponibles. Et ce sans faire de découpages dans ledit billet pour le présenter par la tranche, ce qui, avouons-le, aurait un intérêt limité, mais des conséquences assurément détestables sur le plan financier.

Oui, vous m'avez bien lu, le composteur est un menteur. Il n'a nullement besoin que vous lui retourniez votre billet. Il-souhaite-simplement-prendre-son temps-pour-le-lire ! De là à vous demander de le retourner, il y a un pas infranchissable mais pourtant allègrement sauté. Manifestement, un esprit taquin à la SNCF a choisi de faire dire aux composteurs « retournez votre billet », à la place de « introduisez lentement votre billet ». Et pas « s'il vous plaît » ni « merci », faut pas pousser. Vous pouvez faire le test, tout comme moi. En prenant son temps, enfin, votre temps, le composteur, docile, tamponnera allégrement les quatre côtés de votre titre de transport, quand bien même, quelques instants auparavant, il vous le rejetait au visage.

Voilà bien là un exemple de cynisme érigé en religion. Le composteur, forcément en contact toute la sainte journée avec des gens pressés et stressés, a décidé, lui, qu'il prendrait tout son temps pour lire leurs billets et les composter. Introduit trop vite dans ma fente ? Retourne ! Encore ? Reretourne ! On s'énerve, on s'excite, on prend le billet à deux mains, prêt à le faire avaler tout entier à l'affreuse machine, jusqu'à ce qu'elle daigne faire le « clac » salvateur.

Voilà une étude intéressante que l'on pourrait confier à l'un de ces chercheurs diplômés chaque année des IgNobel, ces Nobel de l'inutile. Pour ma part, je ne suis pas certain du tout que le chiffre obtenu laisserait indifférent. Si l'on s'intéresse aux seuls voyageurs du TGV, qui devraient avoir franchi le cap des 2 milliards en 2010, à raison d'un voyageur sur deux obligé d'introduire au moins deux fois son billet dans l'automate pour obtenir gain de cause, ça en fait, du temps perdu. En tout cas, moi, c'est décidé. Ces quelques mots, je vous les ai écrits du train, d'un train dans lequel je suis monté pour la première fois depuis longtemps sans billet. Devinez pourquoi ? Parce que l'affreux automate, cette fois, le distributeur de billets, refusait de prendre le 1 dans mon code de carte bancaire ! Que ce soit en appuyant doucement, ou comme une brute. Aussi, désormais, je ne me laisserai plus dicter ma conduite par les machines. Si ça ne marche pas du premier coup, je passerai mon chemin !

## À quoi servent les années bissextiles ?

Pourquoi les années 2008 et 2012 compteront-elles 366 jours au calendrier ? Parce que ce sont des années bissextiles. Comme 2016, 2020, 2024, 2028 et ainsi de suite tous les quatre ans jusqu'en… 2096 ! Car 2100, comme toutes les années qui terminent un siècle, est privée du trois cent soixante-sixième jour… Ce n'était pourtant pas le cas en l'an 2000, me direz-vous. Eh bien, figurez-vous que Grégoire XIII, dans sa grande sagesse, avait décidé que l'an 2000 serait une exception à la règle. Autrement dit, l'an 2000 aurait dû compter 366 jours, mais en 1582, un pape, entouré d'une armée de mathématiciens et d'astronomes, en a décidé pour nous autrement.

Imaginez seulement la scène : ces hommes d'Église, évêques, cardinaux, pape en tête (nous sommes en plein concile de Trente, qui réforme entre autres le calendrier julien) décidant de manière ferme et définitive que l'an 2000 ne sera pas bissextile. Décision qui quatre cent cinquante ans plus tard est effectivement appliquée !

Reprenons tout depuis le début. Soit Jules César. Enfin, les savants qui le conseillent, en l'an 45 avant J.-C. Le calendrier utilisé alors n'est pas parfait, il faut régulièrement le modifier pour qu'il colle à la réalité des saisons, problème que les Égyptiens avant eux connaissaient déjà. Forcément : l'année solaire compte 365,242199 jours, et l'année civile 365. En moins d'un siècle, le décalage atteint près d'un mois ! En Égypte, à la même époque, on moissonne pendant les mois d'hiver du calendrier… La situation est intenable, et Jules César en est bien conscient. Détail amusant, c'est un astronome égyptien, Sosigène, qui inspire à Jules César l'idée d'ajouter un jour tous les quatre ans. Le calendrier devient *julien* en hommage à l'empereur.

Seulement voilà : la correction apportée par Jules César et Sosigène n'est que presque parfaite. Il faudra seize siècles pour s'en rendre compte et corriger le tir à l'initiative du pape Grégoire XIII, et de l'astronome allemand Christoph Klau. Le 15 octobre 1582 succède ainsi au… 4 octobre de la même année ! Klau propose à Grégoire XIII la solution. Les années bissextiles de César corrigent bien le calendrier, mais méritent un ajustement : certaines dates doivent être privées du trois cent soixante-sixième jour. On choisit donc les fins de siècle, sauf l'an 2000 ! Et toutes les années séculaires qui suivront et dont le millésime se divise par 400 subiront le même sort. Grâce à cette méthode infaillible, sauf à ce que la Terre se mette brutalement à tourner plus ou moins vite autour du Soleil, il faudra plus de trois mille trois cent trente-trois ans pour que le calendrier ne se décale d'un jour plein, ce qui nous laisse un peu de temps pour voir venir. À noter que le calendrier julien n'a pas immédiatement cédé la place au calendrier grégorien dans tous les pays. Les catholiques adoptent la réforme immédiatement, mais pas les protestants, qui attendent 1700 pour l'Allemagne et les Pays-Bas, 1752 pour l'Angleterre anglicane, et plus longtemps, 1912 par exemple pour le Japon. Et les orthodoxes ? Ils ont fait leur mijaurée beaucoup plus longtemps, ce qui fait que la révolution russe d'Octobre a eu lieu en fait... en novembre ! L'histoire du passage du calendrier julien au grégorien a duré des siècles : le dernier pays à avoir adopté le calendrier grégorien est la Grèce (pays majoritairement orthodoxe), en 1923 !

## Pourquoi les blouses des médecins ou des scientifiques sont-elles blanches ?

Vous auriez tout aussi bien pu demander pourquoi celles des infirmières et des chirurgiens sont vertes ! Le blanc est symbole de propreté. Dans le monde médical, mais aussi dans un laboratoire de recherches, le blanc immaculé des blouses est un signal envoyé aux autres : je suis propre, je ne vous contaminerai pas ; ou : je ne compromettrai pas l'expérience. À l'opposé, le bleu de travail des plombiers, par exemple, est justement destiné à des tâches salissantes. Mais le blanc est aussi une couleur « facile » à laver. Salissante, certes, mais avec un peu d'eau de Javel, la plupart des taches partent. Les chirurgiens et les infirmières de bloc opératoire pourraient tout aussi bien être habillés en blanc pour les mêmes raisons. Sauf que, en pratique, cela ne marche pas : au bloc, on se salit à coup sûr, et *a priori*, avec du sang. Or, le sang sur des vêtements blancs, c'est assez « gore ». Le tablier du boucher aussi est blanc... Alors que le sang est plus discret sur des vêtements verts. Il vire au sombre, et l'on ne voit plus le rouge de l'hémoglobine. Il y a aussi une autre raison : les chirurgiens peuvent parfois passer des heures au bloc à opérer. Or, pendant ce laps de temps, ils vont fixer un « champ opératoire » dont la teinte dominante sera le rouge et ses variantes roses. L'œil, comme tout organe, se fatigue. À force de voir du rouge, il a du mal à distinguer les détails, car les capteurs du rouge, dans les yeux, s'essoufflent. Aussi, pour reposer sa vue, il suffit au chirurgien de fixer un vêtement ou un drap vert car, dans le vert, il n'y a pas de rouge du tout, en couleur additionnelle. Ces quelques secondes suffisent à reposer les récepteurs de la couleur rouge de notre chirurgien.

## D'où vient l'expression « toucher du bois » ?

Vendredi soir, vous serez bloqué dans les traditionnels embouteillages qui précèdent tout week-end. Pourvu qu'il nous réserve de beaux rayons de soleil, touchons du bois.

Et, touchons du bois, pourvu que tout le monde n'ait pas l'idée de rentrer en même temps dimanche soir, si le soleil est effectivement au rendez-vous !

Touchons du bois pour que les pandores restent dans leurs casernes plutôt que de nous radariser à 138 km/h, et touchons du bois pour qu'il n'y ait pas non plus d'accident sur la route... Facile, si vous roulez dans une grosse cylindrée ou même dans une «catégorie moyenne supérieure», avec le pack luxe et son intérieur ronce de noyer. Plus dur en Logan, dont il s'est vendu 40000 exemplaires en 2007 en France, quatre fois plus que prévu par Renault...

Mais là n'est pas le sujet: à quoi bon toucher du bois, qu'il soit précieux ou basique, pour se porter chance, puisque c'est bien là le sens de l'expression? C'est une vieille histoire, bien plus vieille que la galerie que l'on épate au jeu de paume. Dans le cas présent, cela remonte à nos ancêtres gaulois, qui tenaient des Romains l'habitude de toucher du bois pour se porter chance. Romains qui eux-mêmes avaient été influencés, comme pour beaucoup de choses, par les Grecs. Les Hellènes croyaient, comme chacun le sait, en des dieux logés dans les cieux, ce qui n'a en soi rien de bien original. Mais à la différence des tenants d'autres traditions et d'autres religions polythéistes comme monothéistes, ils étaient persuadés que les éléments, et en particulier les éclairs et la foudre, étaient la manifestation de l'irritation divine. Et dans le cas des Grecs, bien évidemment, du dieu des dieux, Zeus. Et le bois dans tout ça? Observateurs, ils avaient également remarqué que la foudre, Zeus donc, frappait en particulier les chênes, souvent plus gros et plus hauts que les autres arbres, à la ramure la plus large, donc plus «attractifs» pour les éclairs. Éclairs qui, rappelons-le, cherchent le chemin le plus court entre les nuages, où ils prennent forme, et la terre, dans laquelle le trop-plein d'énergie va se déverser. Au milieu, quand ce n'est pas vous seul debout au milieu d'un champ, c'est un arbre à défaut de pylône électrique, et souvent, un chêne. Mais alors, pourquoi toucher du bois? Tout bonnement parce que nos amis grecs, ne connaissant pas le chemin parcouru par la foudre, pensaient que l'éclair naissait dans le chêne et non l'inverse, et en avaient fait le siège social de la Zeus SARL. Toucher le chêne revenait à flatter le dieu pour qu'il ne s'irrite pas, pour lui être agréable. *De facto*, le chêne devient également sacré chez les Gaulois, et le gui que cueillent Panoramix et ses collègues de la Druide Corp, une plante divine.

Bien sûr, il y a d'autres explications. Les Perses et les Égyptiens aussi touchaient du bois. La religion pratiquée par les premiers, le mazdéisme, prétendait que le fait de toucher du bois permettait de se mettre sous la puissance protectrice d'Atar, le génie du feu. Pas loin des Grecs. Les Égyptiens, eux, pensaient que le bois diffusait un magnétisme bénéfique et protecteur.

On dit encore que pour les chrétiens, au Moyen Âge, l'on touchait du bois en souvenir de la croix sur laquelle Jésus-Christ avait été sacrifié. Toucher du bois ressemblait alors à une *forme de prière silencieuse.* À noter que l'expression *touchons du bois* existe dans la plupart des langues, avec des variantes, comme *taper sur du bois* aux États-Unis, en Grèce ou encore en Allemagne (trois fois) et en Serbie. Mais, chose curieuse, les Italiens, pourtant héritiers directs de la civilisation romaine, disent… *toucher du fer.*

De siècle en siècle jusqu'à nous, la tradition de toucher du bois s'est transmise, mais son origine s'est perdue.

Touchons du bois pour qu'elle traverse encore quelques siècles...

## Combien « pèse » un stère de bois ?

Il y a stère de bois et stère de bois. Je vous l'accorde, la question quand on habite en ville peut laisser un peu pantois. Même si vous faites partie de ces privilégiés qui ont une cheminée, une cheminée qui marche, et qu'en plus vous l'utilisez (ce qui est en théorie interdit dans les grandes villes comme Paris), vous n'achetez sans doute pas votre bois en stères, mais plutôt en petits filets dans les stations-service : de quoi tenir une ou deux soirées au coin du feu pour une dizaine d'euros. Mais justement, pour arriver à comprendre à quel point le prix de ces quelques bûches est prohibitif (vous payez le prix du service bien plus que celui du bois), vous serez tenté de comparer avec le prix au stère. Début 2008, il fallait compter 50 euros en moyenne pour un stère, un prix relativement stable dans le temps, sauf lorsqu'une grosse tempête comme celle de 1999 inonde le marché d'un bois dont personne ne veut, évidemment.

Un stère n'est ni plus ni moins qu'un volume c'est-à-dire un mètre cube de bois d'un mètre de haut sur un mètre de large et un mètre de long. Facile à visualiser, mais déjà pas à vérifier au moment de la livraison. Imaginez des bûches dont on aurait empilé tous les gros bouts du même côté :

la pile de bois vue de face sera forcément plus avantageuse que du côté pile. Pour une livraison de plusieurs stères, la différence fera… son poids.

Mais il y a plus pernicieux, bien que cela soit parfaitement légal. Vous l'avez sans doute remarqué, les cheminées ne font évidemment pas toutes la même largeur. À la commande, on parle alors de « coupe 50 », ou encore de « coupe 80 ». Et si vous habitez dans un château aux cheminées aussi impressionnantes que celles de Versailles, ce sont carrément des bûches de cinq mètres que réclame votre cheminée. Bref. Vous voilà avec vos bûches de cinquante centimètres de long. Vous les empilez, sortez votre mètre et… trouvez tout au plus quatre-vingts centimètres de haut sur un mètre de large ! Pourtant, inutile de crier au voleur : c'est tout à fait normal. Le stère est en effet calculé sur la base de bûches d'un mètre de large. Exiger des bûches plus courtes, c'est demander du travail en plus au bûcheron. Mécaniquement, pour des bûches de cinquante centimètres, deux fois plus. Aussi, lorsque l'on commande des bûches d'une taille inférieure à la taille étalon, le mètre, est-il admis dans le code forestier que le stère sera un peu moins haut que son équivalent en bûches d'un mètre. C'est plus simple que de faire des prix différents pour des stères de bois de coupes différentes. Rien à voir avec les petites combines de certains maraîchers, qui plongent par exemple les noix dans l'eau avant de les vendre, pour les alourdir à la pesée. C'est illégal et en plus les noix pourrissent à cause de cela. Si cela vous arrive, vous voilà prévenu ! Maintenant, un dernier

« truc ». Il y a stère et stère, non seulement en volume, mais aussi en qualité. Exigez le sec ou demi-sec, sinon, ça va fumer !

## Pourquoi le bois brûle-t-il ?

Ce n'est pas vraiment le bois qui brûle, mais les gaz qui s'en dégagent... On parle de pyrolyse, du grec « décomposition par le feu ». Vous l'avez remarqué, il est totalement impossible de démarrer un feu directement par les grosses bûches, même bien sèches. Il faut d'abord faire brûler des brindilles, puis des petites branches, puis des bûches de plus en plus grosses. Pourquoi ? Les petites brindilles ou les petites branches, soumises aux flammes qui se dégagent du papier ou du carton (ou de l'allume-feu pour les paresseux), vont s'échauffer, jusqu'à atteindre environ 200 °C. À ce moment-là, les 15 à 20 % d'eau encore contenus dans du bois sec, plus encore dans du bois mouillé, s'évaporent à toute vitesse. Avec cette vapeur d'eau se dégagent des gaz combustibles. Des bûches dans le foyer se dégagent des flammes, qui prennent naissance à quelques millimètres du bois : les gaz flambent. Si le feu est asphyxié, le bois « brûlé » donnera du charbon de bois. Sinon, il ne restera plus grand-chose, à savoir les cendres, dont le poids représente moins de 5 % du poids initial du bois...

## Pourquoi une bombe peut-elle « faire » 50 mégatonnes ?

J'avoue avoir moi-même lu, entendu, parlé de mégatonnes sans me poser la question. Non, une bombe de 50 mégatonnes ne pèse pas 50 mégatonnes. Il s'agit là de la puissance d'une bombe nucléaire, évaluée par rapport à la puissance d'un explosif classique, le TNT. Ainsi, une bombe nucléaire de 50 mégatonnes déploie l'énergie dévastatrice de… 50 millions de tonnes de TNT, autant dire que c'est l'arme absolue. Et une telle bombe a bel et bien existé ! Elle a été lancée par l'Union soviétique en 1961 sur un chapelet d'îles désertes, pour démontrer la puissance de l'URSS. Une bombe à trois étages, excusez du peu. Présentée ainsi, on visualise assez bien la folie humaine qui a conduit à la conception de tels engins de mort, dont le rôle stratégique reste controversé. Les drames d'Hiroshima et de Nagasaki auraient permis d'éviter l'enlisement de la guerre en un conflit traditionnel entre le Japon et les États-Unis, beaucoup plus coûteux en vies humaines. Mais n'est-ce pas toutefois l'apothéose du nihilisme, quand plusieurs dizaines de milliers de personnes (75 000 à Hiroshima) meurent simultanément ? D'un seul… clic ?

## Pourquoi cherchons-nous le bonheur ?

On peut se demander si l'homme cherche réellement le bonheur, à voir les conflits qui secouent la planète, en tous lieux et de tout temps… Le débat agite les philosophes depuis des siècles, et ce n'est pas en quelques lignes que vous trouverez la réponse ! Sachez simplement que la recherche du bonheur est, non pour les philosophes mais pour les scientifiques, génétique. Nous sommes programmés pour rechercher des sources de satisfaction libérant des hormones qui nous procurent des sensations agréables. Ces stimuli mis bout à bout ont le goût et l'apparence du bonheur ! Bref, la quête du bonheur est peut-être pour les philosophes sujet à débat, mais pour la science, pas de doute, c'est une affaire de molécules.

## Pourquoi les boutons ne s'attachent-ils pas du même côté pour les hommes et pour les femmes ?

Comme souvent pour ces questions insolites, nul ne peut affirmer détenir la vérité ultime, mais, néanmoins, les historiens ont leur petite idée sur le sujet. Si vous observez bien, le sens de boutonnage le plus pratique se trouve être... celui des femmes, du moins pour les droitiers, majoritaires depuis toujours dans la population. Si vous êtes un homme, portez la main à votre col de chemise : c'est votre main gauche qui chassera le bouton de sa boutonnière. Si vous êtes une femme, la main droite. Et donc ? Autrefois, les hommes portant l'épée à gauche avaient besoin de pouvoir déboutonner leur vêtement rapidement afin de dégager leur arme. Main droite occupée, reste la main gauche, d'où le sens du boutonnage. Et pour ces dames ? Outre le fait qu'elles ne portaient pas d'armes, elles étaient aussi bien souvent, du moins dans la haute société, aidées par des femmes de chambre pour s'habiller ! Femmes de chambre pour qui le boutonnage à droite était évidemment plus aisé...

## Pourquoi s'embrasse-t-on sur la bouche ?

Parce que... tout le monde le fait ! Enfin presque tout le monde. Plus de 90 % des êtres humains sur Terre s'embrassent sur la bouche. Pourquoi ? Pour communiquer, mot qui vient du latin *« cum unire »*, réunir ensemble. Le baiser sur la bouche est d'abord un moyen d'échanger des informations entre deux êtres humains qui cherchent à s'informer l'un sur l'autre. Signaux électriques, odeurs, goûts, hormones, le baiser est un échange, un transfert de données. Avouez que c'est tout de même mieux qu'un SMS ou un mail !

## Pourquoi y a-t-il des bouchons sur l'autoroute ?

En dehors des accidents, c'est vrai qu'il est difficile d'admettre que l'on puisse avancer en accordéon sur une route sans obstacles, simplement parce qu'il y a beaucoup de monde. Deux minutes plus tôt, ça roulait bien, nous voilà à l'arrêt, et dans deux minutes on repartira, c'est à n'y rien comprendre ! Je vous rassure, les scientifiques qui se sont penchés sur la question n'y comprennent pas grand-chose non plus. Simplement, ils peuvent nous dire que c'est un problème de mécanique des fluides. Prenez une voie rapide sur laquelle circulent 100 voitures à un instant T, sur un kilomètre. La vitesse moyenne sera de 70 km/h. Ajoutez une voiture qui entre par une bretelle : il y a 101 voitures sur un kilomètre de distance et la vitesse chute de... 30 km/h ! Alors même qu'il n'y a qu'un seul nouveau véhicule sur la route. En fait, quand il est entré dans le « système » en mouvement, ce véhicule a fait ralentir les véhicules situés derrière lui, au niveau de la bretelle. Ce ralentissement, loin de rester isolé, s'est répercuté comme une onde à la surface d'une mare, lorsque l'on jette un caillou dedans. Les premières voitures ont ainsi réduit leur vitesse de 10 km/h, puis les suivants, de 20, et les derniers, de 30, réduisant la vitesse de l'ensemble des automobilistes, un kilomètre en arrière, même ceux des autres files, puisqu'il y a toujours des voitures pour en changer et propager ainsi le ralentissement. C'est compliqué ? Oui, c'est justement pour cela que les spécialistes n'ont pas encore trouvé la solution pour éradiquer les bouchons !

## Pourquoi souffle-t-on des bougies à son anniversaire ?

Pour compter le nombre d'années écoulées ? Pour ce faire, on aurait aussi bien pu se contenter d'écrire la date de naissance sur le gâteau, ou encore de cacher autant de fèves que d'années (gare à vos dents au soixantième anniversaire !). Mais on préfère souffler des bougies. Il ne faut pourtant pas chercher très loin la réponse. Dans les édifices religieux, toutes confessions confondues, chandelles, cierges et bougies servent à incarner une pensée, une prière. Placer des bougies sur le gâteau sert donc à porter les vœux de celui dont on fête l'anniversaire, le rituel de souffler les bougies servant à formaliser ce vœu. Dans certains pays, toutefois, comme en

Allemagne, on place sur le gâteau une bougie supplémentaire, symbolisant la nouvelle année. Mais cette bougie, elle, doit rester allumée. C'est elle qui porte le vœu, comme à l'église ou au temple.

## Pourquoi dit-on de quelqu'un qu'il est le « bras droit » d'un autre ?

C'est vrai qu'aujourd'hui on peut se demander en quoi être le bras droit de quelqu'un est un poste enviable, ou en tout cas important, puisque nous utilisons nos deux bras et nos deux mains dans la plupart de nos tâches quotidiennes. Pourtant, au Moyen Âge, le bras droit, c'est d'abord... le bras armé. Le bras droit est donc celui qui fait ce qu'il faut faire en cas de danger, qui sait se battre. Mais le bras droit, c'est aussi celui qui communique en faisant un signe ou en donnant une poignée de main. En un mot, le bras droit joue un rôle essentiel !

## Pourquoi bronzons-nous ?

Et pourquoi attrapons-nous des coups de soleil qui font si mal, pouvons-nous ajouter ! Eh bien, dans les deux cas, c'est une réaction de défense de notre organisme face aux agressions du soleil, plus particulièrement des rayons ultraviolets, A et B. Ces rayons, que nous ne voyons pas, sont pourtant particulièrement dangereux. Ils s'attaquent aux cellules de l'épiderme. C'est contre leur action néfaste que la crème solaire nous protège... et le bronzage, aussi ! L'organisme soumis au bombardement d'UVA et d'UVB déclenche en effet la production de mélanine. C'est cette même mélanine qui, présente en abondance chez les habitants d'Afrique, leur donne la peau noire. Maintenant, l'organisme ne peut sécréter la mélanine instantanément, il lui faut plusieurs jours, d'où les coups de soleil, qui sont le résultat d'une inflammation de la peau.

## Pourquoi une panne d'ordinateur est-elle appelée « bug » ?

Il y a plusieurs versions à l'origine du mot « bug », qui veut dire « insecte » en anglais, mais la plus communément admise fait remonter son invention au temps des méga-ordinateurs. À l'époque, la puissance de calcul d'un ordinateur comme votre... iPhone (si si, c'est un ordinateur, qui tourne avec une version allégée de Mac OS X) occupait tout l'étage d'un immeuble ! En 1944, l'ordinateur américain Eniac – il s'agit en fait d'un calculateur, le mot ordinateur n'existait pas encore – utilise des centaines de relais électromécaniques et près de 20 000 lampes, de celles que l'on peut voir encore dans les vieux postes de radio. Un jour, celui-ci tombe en panne et oblige les ingénieurs à chercher au milieu de tous ces composants celui qui défaille... jusqu'à ce que l'un d'entre eux trouve un papillon de nuit grillé dans un relais, à l'origine du court-jus ! Le père de l'Eniac indiqua alors dans le carnet d'entretien du calculateur « premier insecte trouvé », ce qui en anglais s'écrivait littéralement « *first bug found* ». Son équipe et lui prirent ensuite l'habitude de parler de *bug* à chaque panne inexpliquée de l'Eniac.

# C

# comme...

## Pourquoi le café nous réveille-t-il le matin ?

Gomment ? Z'est l'heure ? Dur, le réveil. Sans café, point de salut. Si vous êtes de ceux-là, vous vous êtes souvent demandé pourquoi vous n'étiez bon à rien tant que vous n'aviez pas avalé le remède miracle, le stimulant magique. Merci la caféine !

Tout d'abord, le café, principal véhicule de la caféine (que l'on retrouve aussi dans le thé ou, aujourd'hui, dans les colas), n'est pas né d'hier. Le moka arabe, dont on trouve la trace dès le VIIIe siècle, est alors un médicament. Le café devient boisson nationale turque au XVIe siècle. Et, au XVIIe, on s'en dispute les tasses, rares, à la cour de Versailles.

La caféine est un psycho-stimulant qui accélère le rythme cardiaque seulement quelques minutes après son absorption. Qui dit accélération du rythme cardiaque, dit afflux sanguin, en particulier dans le cerveau. Ça réveille et augmente les facultés intellectuelles. De plus, la caféine bloque l'adénosine (information à placer à la machine à café), molécule qui régule l'activité cellulaire et augmente les niveaux de dopamine dans le cerveau de la même manière que les amphétamines.

Étant donné qu'une tasse de café allongé contient de 80 à 130 milligrammes de caféine, un café court de 100 à 130 milligrammes, et une pilule stimulante jusqu'à 200 mg, vous comprenez aisément que le café n'est pas qu'un plaisir mais avant tout une drogue! Trop de caféine peut provoquer des effets secondaires tels que l'insomnie (évidemment), mais avant tout stimuler la nervosité, l'excitation, voire provoquer un flush cutané (comme les jeunes filles qui deviennent toutes rouges en se déshabillant chez le médecin), augmenter le débit urinaire, ou encore provoquer des troubles gastro-intestinaux. Charmant!

Mais contrairement aux effets secondaires de l'alcool, ceux de la caféine sont de courte durée et n'affectent ni la concentration ni d'autres fonctions mentales supérieures. Nous voilà saufs. Une consommation déraisonnée peut néanmoins provoquer une dépendance.

Vous connaissez ces collègues scotchés à la machine, et pas que pour y bavarder. En dessous de dix gobelets par jour, ils ne se sentent pas bien. À ces doses, la pression artérielle augmente et les maux de tête apparaissent. Forcément, les récepteurs d'adénosine, devenus plus nombreux car stimulés par la caféine, demandent leur dose. Dans le même temps, le drogué au café ressent le manque de dopamine, qui peut générer un état dépressif et une nette diminution des performances cérébrales. Décidément…

Malgré cela, la caféine n'a pas que des mauvais côtés. Des études suggèrent que la consommation régulière et raisonnable de caféine pourrait diminuer le risque de maladie de Parkinson. D'autres études soutiennent même que la caféine aurait un rôle positif sur les fonctions respiratoires des prématurés. À quand du café dans les biberons et la berceuse « Bois ton café, c'est moi qui l'ai fait » ?

## Qui a décidé du point de départ de notre calendrier ?

Dans quelques mois Noël, et avec Noël, son lot de cadeaux. Noël, est-il utile de le rappeler, est pour les chrétiens la date à laquelle Jésus-Christ est né. Même si, jusqu'au IVe siècle, sa naissance était fixée au 6 janvier, et fut avancée au 25 décembre par le pape Libère pour enrayer le culte de Mithra, le dieu de la lumière dont la fête principale avait lieu au solstice d'hiver… le 25 décembre.

Se pose d'ailleurs toujours la question de l'origine du mot « Noël ». Provient-il de la contraction du gaulois « noio » (nouveau) avec « hel » (soleil) ? ou du latin *natalis* (natalité) ?

Mais pour l'année de naissance du Christ, c'est une autre histoire ! Car d'après les dernières estimations en date, l'erreur serait de quatre à six ans, au bas mot. La faute incombe à un moine du VIe siècle. Comme il n'avait ni calculatrice ni Internet, il ne pouvait pas être sûr de son coup : son erreur a été de replacer la naissance du Christ en l'an 753 après la fondation de Rome, date qu'il avait déjà dû extrapoler à partir d'autres événements. Or, d'après saint Matthieu, Jésus naquit sous le règne du roi Hérode. Comme l'affreux personnage (bourreau d'enfants) mourut en 750, nous voici déjà avec trois bonnes années dans la vue. Ajoutée aux autres approximations, la marge d'erreur se creuse. Et pour peu que saint

Matthieu se soit lui aussi trompé lorsqu'il rédigea son Évangile, attention les dégâts! Inutile de jeter Pierre, pardon, la pierre, à Matthieu: vous souvenez-vous de qui était Premier ministre ou président du Conseil quand vous êtes né?

## Pourquoi les *Canadair* s'appellent-ils ainsi?

Si vous parlez de *Canadair* dans d'autres parties du monde, en Afrique ou en Asie, pour désigner les avions pompiers, on vous regardera bizarrement, même au Canada! Les *Canadair*, dont le véritable nom est CL-215, sont les avions bombardiers d'eau chargés de la lutte contre les incendies. Leur premier vol date de... 1967. En Europe, ces hydravions ont pris le nom de la société qui les fabrique, *Canadair*, installée au Canada, et qui produit bien d'autres appareils civils ou militaires. Entreprise aujourd'hui devenue filiale de... *Bombardier*, sans qu'il y ait de rapport avec les avions des pompiers de l'air, «bombardiers d'eau»...

## Pourquoi les CD audio font-ils 74 minutes maximum?

Le CD semble une invention récente et, pourtant, il a fêté ses 30 ans en 2010. Inventé par *Philips* et *Sony*, qui cherchaient un remplaçant à la bonne vieille cassette audio, qui durait traditionnellement 60 minutes. Certes, des K7 vierges de 90 et 120 minutes existaient aussi, mais leurs bandes devaient être plus fines, afin de tenir dans le boîtier, et donc plus fragiles. Ainsi, rares étaient les enregistrements commerciaux sur ces formats. Le patron de *Sony* d'alors, Norio Ohga, mélomane confirmé, redoutait par-dessus tout que la *9e symphonie* de Beethoven risque de ne pas tenir sur les CD audio. Jouée par Karajan, le maître des maîtres, elle dure 66 minutes ! Les ingénieurs de *Philips* se plièrent au caprice de leur partenaire japonais, et planchèrent sur une durée du CD de plus de 60 minutes. Par précaution, ils cherchèrent la version la plus longue de la *9e symphonie* : 74 minutes. Le CD audio était né. Aujourd'hui, les CD audio enregistrables contiennent même 80 minutes, simplement parce que les graveurs permettent d'enregistrer jusqu'au bord extrême du disque, longtemps gardé comme « zone de sécurité ». Si le disque vierge est de mauvaise qualité, ce sera toutefois source d'erreurs de gravure ou de lecture.

## Comment ça marche, les cellules souches ?

Comme dans les films ! Grâce à la recherche sur les cellules souches, demain, dans quelques années peut-être, vous pourrez faire du jardinage, vous couper la main et voir celle-ci se régénérer... Vous souvenez-vous de la brebis Dolly ? Elle était le premier clone de mammifère obtenu à partir d'une cellule d'animal adulte. À quoi bon ? Pas seulement pour faire avancer la science et aller dans le mur, mais surtout pour trouver de nouveaux traitements pour certaines maladies, ce qui n'est pas négligeable.

Aujourd'hui, où en sommes-nous, puisque la fameuse brebis est morte ? Figurez-vous que le professeur qui avait cloné Dolly, Ian Wilmut, a déclaré il y a peu de temps qu'il abandonnait le clonage, pour se consacrer à la recherche sur les cellules souches... l'avenir de la science !

Et pour cause. Les cellules souches représentent un espoir pour le traitement des maladies du sang, de la leucémie, de la maladie de Parkinson, de la maladie d'Alzheimer... Bref, les cellules souches vont changer le monde ! Vous n'étiez pas au courant ? Il est peut-être temps de se remettre à niveau. En commençant par le commencement. Je vous épargne Adam et Ève. D'abord, les cellules souches sont des cellules « mères » parce qu'à l'origine de toutes nos cellules. Chaque organe possède les siennes. Notre nez, notre main trouvent à leur source une cellule souche !

Les cellules souches vont réparer nos cellules abîmées, comme un pansement. Et où se trouvent-elles ? Il en existe deux sortes. Les premières, les cellules souches embryonnaires ou fœtales, sont extraites de l'embryon ou du fœtus (logique). Comment les obtient-on ? Soit à partir des fœtus avortés, soit à partir des embryons dits « surnuméraires » c'est-à-dire en complément. Ce sont des embryons conçus dans le cadre de l'assistance médicale à la procréation puis abandonnés à la recherche. On dit qu'ils n'ont pas de projet parental, c'est-à-dire que leurs parents n'ont rien prévu pour eux. Ces embryons décongelés sont ramenés à la vie quelques jours avant d'être détruits pour qu'on prélève sur eux les cellules. On pourrait aussi obtenir ces cellules souches à partir des embryons obtenus par clonage.

Alors, quand est-ce qu'on les prélève et à quel stade de la vie ? On peut prélever les cellules souches dès la conception, elles sont capables de reproduire l'intégralité de l'embryon ainsi que le placenta et le cordon ombilical ! C'est magique... Ce sont des cellules souches totipotentes. Hop, tout de suite, vous sortez ça dans un dîner, ça en jette ! Et surtout, les chercheurs s'intéressent beaucoup à ces cellules car si on les met en culture, elles sont immortelles ! L'hypothèse a été émise qu'en extrayant ces cellules de l'embryon on pourrait fabriquer n'importe quel organe humain et venir à bout de toutes les maladies... Puis à partir du septième jour de la vie de l'embryon, on peut prélever des cellules souches pluripotentes. Elles sont capables de reproduire toutes les cellules de l'un des trois feuillets embryonnaires. Qu'est-ce qu'un feuillet ? Aucun rapport avec les copies doubles que l'on doit rendre lorsqu'on fait une dissertation. Sachez que l'embryon est constitué de trois feuillets, c'est-à-dire trois groupes de cellules qui formeront le corps humain. En gros, il y a un feuillet pour former la peau et les neurones, un feuillet pour le tube digestif, et un feuillet pour les muscles, les vaisseaux sanguins et Cie.

La différence avec nous autres, adultes, sortis du ventre de notre mère, c'est que nous sommes constitués de ces trois feuillets mais développés. Comme elles sont pluripotentes, on peut reproduire toutes les cellules d'un seul feuillet à partir des cellules souches. Chaque feuillet peut contenir plusieurs tissus. Le tissu de la peau par exemple, c'est un groupe de cellules qui sert à protéger le corps ; c'est une enveloppe, constituée de plusieurs couches. La peau, c'est super résistant ! Les cellules souches multipotentes, elles, sont capables de reproduire les cellules d'un même tissu, par exemple, toutes les cellules du tissu nerveux, pour donner les neurones. En parlant de neurones, vous me suivez toujours ?

Résumons-nous. Une cellule souche totipotente va se développer et se multiplier après pour devenir des cellules souches pluripotentes ; qui vont devenir, en se multipliant à leur tour, des cellules souches multipotentes ; qui vont devenir des cellules de chaque tissu (neurones, cellules de la peau, cellules du rein…).

Ce qui constituera un petit d'homme ! Puis en grandissant, nourri de beaucoup d'amour, un homme ou une femme comme vous… N'est-ce pas merveilleux ? Oui.

Mais vous allez voir que ce n'est pas terminé car pour avoir des cellules souches, si on peut les récupérer avant la naissance sur l'embryon ou le fœtus, on peut aussi en récupérer après la naissance… car il en reste encore en stock !!

C'est d'ailleurs à partir de ce stock que l'on peut reconstituer les cellules des tissus qui meurent. Quand ? Tous les jours, pardi ! Vous vous rongez les ongles, vous perdez vos cheveux, vous vous arrachez la peau, hop ! Toutes les trois semaines, vous avez une nouvelle combinaison cutanée grâce à ce stock. Comme le corps humain est une diva, au bout de trois semaines, votre corps est déjà blasé de sa combi qui passe à la poubelle !…

Où est ce stock ? Dans trois contenants qui sont des produits de la naissance : l'enfant, le placenta et le cordon ombilical.

On peut donc prélever des cellules souches dans ces trois contenants car on y trouve du sang. Le cordon ombilical et le placenta servent à faire le lien entre la mère et l'enfant. Aujourd'hui, le cordon ombilical, bien souvent, après l'avoir coupé, on le jette, car on n'a pas encore organisé en conséquence les soins. En fait, la France a pris du retard en matière de collecte et de stockage, et doit donc importer des cordons des États-Unis, de la Chine et du Japon.

L'avenir est dans le cordon !! Depuis le temps que l'on nous dit de couper le cordon, je vous dis stop ! Gardez-le, parce que son sang est une source très riche en cellules souches…

Mais attention, le cordon n'est pas un produit magique pouvant guérir chacun, comme un médicament qu'on achèterait à la pharmacie. Lorsque le sang du cordon est prélevé pour être injecté dans les vaisseaux d'un patient à guérir, les cellules du malade vont l'identifier et le rejeter (ou pas) en fonction de sa compatibilité.

Ou, pour être plus simple, toute substance étrangère qui rentre dans le corps humain doit passer à la douane. Papiers s'il vous plaît ! Le sang du cordon doit présenter des « papiers » compatibles ; d'ailleurs, quand vous donnez votre sang, il faut montrer ses papiers (le sang B + est compatible avec B +) et ainsi de suite.

## Pourquoi y aura-t-il beaucoup de centenaires en 2050 ?

L'espérance de vie a évolué de manière spectaculaire en quelques dizaines d'années. Vers 1900, en Occident, l'âge moyen du décès dépassait à peine quarante-cinq ans. En 1950, il avait atteint soixante-six ans. Dans les années soixante-dix, il dépassait pour la première fois les soixante-dix ans. Aujourd'hui, dans la plupart des pays occidentaux, on approche les soixante-quinze ans pour les hommes, quatre-vingts pour les femmes. Nous avons gagné ainsi une trentaine d'années de vie en moins d'un siècle. Cette progression fulgurante de l'espérance de vie est due principalement à la diminution de la mortalité infantile, qui aggravait artificiellement les chiffres. Mais elle révèle aussi une augmentation effective de la durée de la vie. Chaque année, en France, depuis les années 1990, nous gagnons trois mois de vie en plus, en moyenne. À cette cadence, l'immortalité n'est pas pour demain, mais la centaine d'années semble très proche. En 1950, la France comptait deux cents centenaires ; ils étaient 5000 en 1995, 10000 en 2000, 14000 en 2004… et les prévisions pour 2050 avancent le chiffre de 165000 (il est vrai que la plupart des centenaires meurent encore « jeunes », c'est-à-dire juste après avoir passé le cap des cent ans). Face à la mort, hommes et femmes demeurent inégaux. Vengeance ! Des années durant dans l'ombre des hommes, salaires, droits, reconnaissance sociale, dans les pays développés, les femmes vivent en moyenne quatre à huit ans de plus. Enfin, physiquement, la vieillesse arrive plus tard. C'est à la fois une question de biologie et de mentalité. Au XIXe siècle, la ménopause intervenait en moyenne vers l'âge de quarante-cinq ans. Aujourd'hui, elle arrive bien au-delà de la cinquantaine. À ce jeu de ceux qui vivent les plus vieux, le Japon est bien placé : le nombre de centenaires y était de 25 600 en 2005, mais ils devraient être près d'un million en 2050 !

## Pourquoi les cerfs ont-ils des bois ?

Comme il est mignon… Oh non, sa maman a été tuée, pauvre Bambi !!! Heureusement, le petit faon s'en sort avec les honneurs : il grandit entouré de tous ses amis et rencontre Féline. Comme toujours, Bambi et son « amie » vécurent heureux et eurent beaucoup d'enfants. *The end.*

Les dessins animés nous font pleurer, rire ou rêver, mais ça n'est pas grâce à eux que l'on devient un grand savant. Par exemple, quand Bambi prend de l'âge, des branches lui poussent sur la tête. Mais pourquoi les cerfs ont-ils des bois ?

Alors et d'une, Bambi n'a pas de cornes, mais donc, des « bois ». Et de deux, certaines explications scientifiques trop détaillées pourraient choquer les âmes sensibles. Ce cher Walt Disney ayant une vision du monde plutôt aseptisée, nous nous devons cependant de vous dévoiler toute la vérité. Les premiers bois de Bambi apparaissent lorsqu'il atteint sa maturité sexuelle, soit vers 9 mois. Au mois de mars, deux protubérances osseuses, scientifiquement appelés « pivots », apparaissent sur le crâne du faon. C'est de cette base que vont ensuite pousser les premiers bois.

Chaque année, leur croissance suit le même cycle : tels des bourgeons, ils apparaissent au printemps et tombent à la fin de l'hiver. La légende veut que le nombre de cors (comprenez le nombre de pointes) indique l'âge de la bête. Joli comme explication, mais totalement faux. La taille et l'importance de la ramure sont le reflet de la puissance et de la qualité de vie du cerf. Une sorte de carnet de santé… En résumé, plus il a de cors, plus le cerf est respecté. Celui dont la ramure se développe difficilement sera donc la risée de ses camarades. C'est bien connu, la vie est une jungle… Et puis, un peu comme les hommes qui se tassent passé un certain âge, la ramure d'un cerf peut perdre des cors, notamment au cours d'un combat, mais aussi s'amincir ou se déformer. Après cette « fonte », certains cors disparaissent et, avec eux, le nombre de pointes. On dit alors que le cerf « ravale ».

Mais en quoi sont faites ces grandes tiges ? Comme leur nom ne l'indique pas, les bois sont en réalité des os, constitués de calcium et de phosphore. Lors de leur apparition, ils se recouvrent d'un tissu joliment appelé « velours » et irrigué de nombreux vaisseaux sanguins, qui finit par mourir et tomber quand Bambi et ses cousins se frottent la tête contre les arbres. Mais toute bonne chose a une fin. Ce velours finit par se dessécher et tombe vers la fin de l'été.

Les bois se transforment alors en un tissu mort et restent à nu pendant toute la période de rut. C'est vrai qu'on imagine mal Bambi se lancer dans un monologue sans fin pour expliquer tout cela à Panpan, le petit lapin !

Mère nature ne faisant jamais les choses au hasard, les bois ont une multitude de fonctions. S'ils mesurent près de quatre-vingt-dix centimètres de haut, ça n'est pas pour rien ! Un petit creux ? Facile ! Bambi n'a qu'à secouer les branches d'un arbre pour en faire tomber glands, faines ou châtaignes ! Une démangeaison sur le dos ? Bambi jette la tête en arrière, et le tour est joué ! Quand on pense que nous, pauvres humains, sommes parfois obligés de demander à notre voisin s'il ne peut pas nous gratter le dos. Là, un peu plus en bas, à gauche…

Les bois sont aussi de véritables armes de combat. Lors des duels, les deux mâles lancent leurs bois en avant et s'entrechoquent. Mais attention aux accrochages. Parfois, les bois restent coincés entre eux et les deux héros meurent d'épuisement. Pas très hollywoodien, comme scénario. Reste une fonction très utile et pourtant moins connue. Si Bambi est un peu dur de la feuille, il pourra compter sur ses antennes. Oui, les bois sont également des amplificateurs de son !!!! En effet, les scientifiques George et Peter Bubenik ont découvert que la ramure des cerfs augmente leur capacité auditive. Armés de crânes de cerf, de fausses oreilles de cerf et d'un micro, les Bubenik ont mené l'enquête. Constat : lorsqu'un son parvient aux oreilles du cerf de façon latérale, le son est amplifié de 19 %. Cela prouverait donc que les bois agissent comme des antennes paraboliques et amplifient les ondes. Ils permettraient d'entendre à plus de trois kilomètres. Simple, non? Bambi en eût-il été doté, il aurait entendu venir les vilains chasseurs, et sa maman aurait pu être sauvée. Mais l'heure n'est plus aux supputations. Le petit faon devenu grand a eu droit à son *happy end*. Point final.

## Pourquoi avons-nous des cernes?

*«Oh là là, tu as vu ta tête? Et les cernes que tu as? On dirait que tu as fait la fête toute la nuit!»* D'abord, il y a cernes et cernes. Les moins embêtants sont ceux qu'on doit à la fatigue, à la fameuse «nuit de sommeil» qui manque et donne cette tête de déterré. Vous l'avez sans doute déjà remarqué, sinon, appuyez (doucement) sous vos yeux: à cet endroit, la peau semble toute fine, vous touchez presque directement les os de votre crâne. Tandis qu'en dessous, au haut des joues, c'est bien rebondi, gros et gras. Les cernes se logent à cet endroit, entre les paupières et le dessus des joues. La peau y est si fine qu'elle peut mesurer moins de deux millimètres d'épaisseur! Résultat, vous avez compris, cette peau diaphane laisse apparaître les veines en transparence et se former ainsi les cernes. Mais pourquoi, après avoir fait la fête, voit-on davantage ces veines? À cause du manque de repos, évidemment. Repos en position allongée qui permet au sang de circuler dans cette partie du corps. Si vous en manquez, les veines sous vos yeux se «bouchent» ou, en tout cas, le sang

y circule moins facilement. Il stagne et donne cette couleur rouge violacé… Maintenant, chez certaines personnes, même après un gros dodo, les cernes sont toujours là. C'est tout simplement parce que, physiologiquement, le sang circule mal à cet endroit, mais ce n'est pas un signe de maladie, rassurez-vous. Malheureusement, dans tous les cas de figure, les crèmes anticernes ne sont que peu efficaces ; le mieux, ce sont des compresses chaudes, comme chez le barbier ou l'esthéticienne.

## Pourquoi n'utilise-t-on pas la totalité de notre cerveau ?

Les scientifiques s'accordent pour dire que l'homme n'utilise que 10 à 20 % des capacités de son cerveau. Mieux : c'est vrai depuis que l'homme est homme, je veux dire par là, depuis qu'il fait partie de la famille des *Homo quelque chose* et n'est pas seulement un lointain ancêtre à quatre pattes. L'histoire démarre voici 400 000 ans, quand *Homo habilis* fabrique quelques outils et domestique le feu, vit de chasse et de cueillette. Sa boîte crânienne contient un cerveau de la taille de celui d'un adolescent d'aujourd'hui… qui se farcit quand même des équations à deux, voire trois inconnues ! Était-il moins intelligent, pensait-il moins ? Pas forcément. Simplement, ses ressources cognitives étaient mobilisées par d'autres problèmes que x + y = z : survivre. Si on vous lâchait dans le monde dans lequel vivait *Homo erectus*, en pleine période glaciaire (il faisait jusqu'à - 40 °C en hiver dans le sud de la France), vous ne survivriez pas plus de quinze heures. Ce n'est pas moi qui le dis, mais les paléontologues. À malin, malin et demi ! Maintenant, nous n'utilisons pas plus de 10 à 20 % des ressources de notre cerveau, d'accord. Pourtant, les scientifiques ont clairement identifié les zones qui travaillent, lorsque l'on parle une langue étrangère, que l'on scie un bout de bois ou regarde un film, et toutes, à tour de rôle, s'activent. En gros, on s'accorde à dire que nous avons un gros disque dur avec un gros processeur, et qu'il reste de la ressource disponible. D'ailleurs, lors d'un accident cérébral, d'une blessure au cerveau, plus d'un malade a récupéré des capacités détruites, parfois totalement, grâce aux parties inutilisées de son cerveau. Il n'empêche, même avec un gros cerveau, nous ne sommes pas capables de faire plus de deux choses à la fois. Essayez un peu pour voir !

## Pourquoi avons-nous la « chair de poule » ?

Votre petit(e) ami(e) vous a promis le grand frisson, le dernier cinéaste en vogue aussi, le grand huit dernier cri imaginé par les Américains vous parle de « frissons garantis ». N'empêche que vous ne tremblez pas comme une feuille – ça tremble, les feuilles –, vos poils restent sagement alignés les uns contre les autres sur votre peau. Bref, vous ne frissonnez pas du tout. Mais alors, pourquoi, lorsque vous attendez le métro en plein courant d'air, un soir d'hiver, vous tremblez sous votre manteau, les poils cette fois hérissés ? C'est horripilant. Impossible de contrôler ce grand frisson, furtif, compulsif, qui débarque inopinément. Que se passe-t-il ?

Eh bien, tout simplement, vos muscles se contractent. Vous frissonnez. Vos bulbes pileux s'offrent une petite érection. Vous avez la chair de poule. « *The creeps* », disent les Anglais. L'expression remonte au XVII$^{e}$ siècle : lorsque les poils se hérissent, notre peau ressemble à celle d'une volaille plumée. Seuls les glabres, les imberbes et autres chanceux chauves ne connaissent pas ces sensations. Qui sont en fait des « réflexes végétatifs », totalement involontaires, au même titre que le fait de devenir tout rouge ou tout pâle, de transpirer, ou d'avaler sa salive.

Dans le détail, imaginez un poil. Un petit poil, sur votre bras. Il est sage, il est beau, il est blond, ou roux, ou brun. Ou blanc… Peu importe. À sa base, sous la peau donc, se trouve un follicule. Autour de chaque follicule, un entrelacement de petits filets nerveux qui forment le muscle érecteur (ou arecteur) du poil. S'il se contracte, le follicule se redresse, la peau se soulève alors, et voilà, vous avez la chair de poule ! Pour beaucoup d'animaux, c'est le moyen de fabriquer de la chaleur et de se protéger contre le froid environnant. Pour vous aussi. Poilu ou non, vous êtes un animal comme un autre.

Quant au frisson, qui ne provoque pas forcément l'horripilation de vos poils, je vous disais que c'est une contraction musculaire. Mais rien à voir avec l'exhibition délibérée de vos pectoraux sur la plage, sous les yeux ébahis (ou compatissants !) de votre dulcinée. Là, ce sont les muscles de l'échine qui se contractent de manière soudaine, brève et anarchique.

Souvent, cette contraction s'accompagne d'un « brrr » glacé, comme si cette onomatopée avait le pouvoir magique de réchauffer votre enveloppe corporelle. C'est le cerveau, plus précisément l'hypothalamus, qui est à l'origine de ce réflexe. Dès que certains des deux cent mille petits capteurs répartis sur toute la peau l'alertent d'une baisse de la température, il envoie des messages aux muscles redresseurs des poils. Et hop ! Vous voilà ressemblant à un poulet plumé !

## Pourquoi certains champignons sont-ils vénéneux, et pas d'autres ?

Ça y est, il aura suffi d'un week-end passé au Mont-Saint-Michel pour que votre ami(e) ait l'envie soudaine de se mettre à la cuisine. C'est qu'il (elle) a découvert la Mère Poulard et ses délicieuses omelettes traditionnelles. Comme ça n'arrive pas souvent, vous acceptez de bon cœur de goûter à son festin : omelette aux cèpes, mmmhhh ! Un vrai délice. Bien crémeuse, les saveurs sont exquises... C'est à se demander si le chef ne lui a pas directement filé la recette. Allez, on ne se fait pas prier pour une deuxième part. Avec un petit verre de vin en accompagnement. Ah ! Vous allez bien dormir, hop, bien calé et le ventre tout gonflé. Mais... le lendemain, après avoir vomi toute la nuit, vous vous sentez ballonné, avec la nausée, le crâne endolori, allongé dans votre lit à deux heures de l'après-midi ; vous ne savez pas quoi maudire : le vin, les champignons, ou votre ami(e) ? Il (elle) ne les a pourtant pas cueillis lui (elle)-même, ces champignons ! Ils viennent du supermarché. Alors, pourquoi êtes-vous malade ? Comment se fait-il qu'il y ait des champignons vénéneux et d'autres pas ? Pur hasard, on tire à pile ou face comme dans *Alice au pays des merveilles* ? Croque le côté droit, ou le côté gauche, lui disait la chenille, l'un te fera grandir, l'autre rapetisser… « Allez, viens manger mon omelette aux cèpes, t'as une chance sur deux d'avoir une intoxication »… *A priori,* les cèpes ne sont pas vénéneux, non, ils comptent même parmi les meilleurs champignons comestibles (cèpes de Bordeaux) ! Mais, il ne faut pas oublier que, chaque année, les champignons comestibles, une centaine environ, occasionnent des intoxications bénignes, sans que la cause réelle soit pour autant définie. Dans d'autres cas, nous avons affaire à des champignons toxiques qui, eux, sont au nombre de 300, sur 3 000 espèces différentes répertoriées ! Et dans les pires cas, il y a les champignons mortels. Bizarrement, en Europe, on remarque que la plupart des intoxications surviennent entre août et octobre, une saison chaude puis humide, parfaitement propice au développement de ces espèces fongiques. C'est l'automne, on se balade en famille dans les bois, et puis… Oh ! Un champignon. Tiens ! Un deuxième. On commence la cueillette, et le soir, après avoir vérifié la toxicité dans un livre, on enfile le tablier de cuisine. Parce que manger un champignon vénéneux, c'est aussi avaler le poison qu'il fabrique et contient ! D'après les mycologues, personnes qui étudient les champignons, cette toxine nocive est fabriquée pour agir comme mécanisme d'autodéfense par certaines variétés qui poussent plus lentement que la majorité. C'est un mécanisme qui augmente leur chance de survie : en effet, en se développant lentement, il leur faut donc plus de temps avant de pouvoir se reproduire. L'amanite phalloïde, champignon mortel le plus connu, contient par exemple des amatoxines, des phallotoxines et des virotoxines. Mais pourquoi être malade aujourd'hui, avec des cèpes qui sont pourtant assurés non toxiques ? Il existe plusieurs niveaux d'intoxication. Si certaines sont violentes et douloureuses, il faut tout de suite appeler un médecin. Mais celle-ci n'est pas grave. Parfois, manger trop de champignons entraîne des nausées, des vomissements et des diarrhées, une soif intense, des maux de tête et une grande fatigue ! Oh, juste un (à deux) sale(s) petit(s) jour(s) à passer ; on se remet très vite. Il est aussi possible qu'un champignon toxique se glisse dans la production de champignons séchés vendus en grande surface. Ah, la gourmandise est un bien vilain défaut ! Même dans l'Antiquité, les hommes n'écoutaient pas les avertissements des sages sur les dangers des champignons, qu'ils appelaient à l'époque les « faiseurs de mort ». La plus célèbre de leur victime est d'ailleurs Bouddha, le fondateur de la religion bouddhiste, qui succomba en 480 avant J.-C. : empoisonné !

## Pourquoi le champagne ne fait-il pas de bulles ?

C'est un comble, mais les bulles dans le champagne sont une affaire de saleté.

Expliquons-nous. Dans votre bouteille, millésimée de préférence, se trouve enfermé un liquide assez précieux, dans lequel est dissous un gaz. Très exactement, douze grammes de gaz carbonique dans son état liquide. La pression est tellement forte qu'elle représente six atmosphères, soit la pression qu'un plongeur subit sous soixante mètres d'eau ! Voilà pourquoi les bouteilles de champagne sont plus épaisses et donc plus robustes que celles de vin. Il n'empêche que d'un coup de main habile il est aisé, avec un sabre ou même le pied d'une flûte, de sabrer le champagne. Je vous donne le truc : si vous observez de près votre bouteille, vous trouverez le fil de moulage de celle-ci. Si vous heurtez le bord du goulot avec un objet à l'endroit du fil, celui-ci se désolidarisera du reste de la bouteille. Normalement...

Au moment du débouchage, normal ou sabré, la pression chute d'un coup et une bonne partie du gaz carbonique présent dans la boisson s'échappe. Mais il en reste encore. C'est d'ailleurs ce qu'on lui demande en faisant le service. Que le vin pétille.

Seulement voilà. Pour qu'une flûte ou un verre permette au champagne de buller à l'intérieur, celui-ci doit être sale ! Légèrement, très légèrement, mais quand même un peu.

En effet, une fois versé dans votre « commodité du rafraîchissement et du plaisir de la "dégustation" », le noble breuvage sent que son gaz carbonique veut le quitter. Inexorablement. Or, pour que la réaction chimique, la transformation de liquide en gaz s'opère, il faut un « catalyseur » de cette réaction, qui prend le plus souvent la forme d'une micro-micro-poussière posée sur une paroi du verre. De celles qu'on ne voit évidemment pas à l'œil nu.

Conclusion, si vous voulez bien recevoir vos invités, ne briquez pas trop vos flûtes !

## Pourquoi le charbon pourrait-il redevenir à la mode ?

Inutile de vous refaire le couplet sur la crise de l'énergie. Le prix du pétrole atteint des records historiques, la demande énergétique des pays émergents, la Chine et l'Inde en tête, est chaque jour plus oppressante, et les réserves mondiales d'hydrocarbures sont depuis trente ans limitées à trente ans... Pour cause, de nouveaux gisements sont apparus, et d'autres jugés peu ou pas rentables le sont devenus brutalement, en raison de la hausse du prix du baril.

Seulement voilà, du pétrole, en France, on n'en a pas, mais on a des idées, comme dirait Michel Sardou. Et ces idées nous font penser que le charbon va revenir au grand galop. Déjà, en 2007, un député UMP envisageait de demander les autorisations pour faire rouvrir une mine à ciel ouvert, installée dans sa circonscription. D'autres pensent sérieusement que l'exploitation du charbon français, qui a donné du travail à près de 400 000 personnes à la grande époque des mines, pourrait redémarrer en France.

Nous n'en sommes pas encore là, mais il est certain que le charbon a encore de beaux jours devant lui. Tout simplement parce qu'il existe des gisements, un peu partout sur la planète, même dans les pays qui n'ont pas de pétrole aujourd'hui. Et surtout parce que le charbon permet de répondre à des besoins énergétiques que le pétrole ne doit pas, ou ne doit plus couvrir, ou encore ne peut pas, ou ne peut plus couvrir.

Malheureusement, si l'on connaît le bilan environnemental des hydrocarbures, déjà pas bien brillant, celui du charbon est encore pire. Les suies de sa combustion, et les gaz à effet de serre qu'il dégage sont pires que les applications du pétrole aujourd'hui.

Alors, dans les laboratoires, on travaille activement à transformer cette énergie sale en une énergie plus propre, peut-être l'une des plus propres qui soient. Des chercheurs espèrent pouvoir produire bientôt en grande quantité du charbon liquide, à partir bien entendu de charbon solide. À moindre prix. Voilà pourquoi le charbon a toutes les chances, solide ou liquide, d'être l'avenir du monde, en tout cas pendant quelques décennies encore.

## Pourquoi dit-on que les chats ont plusieurs vies ?

Vous vous en doutez, c'est une légende, une légende qui remonte loin, très loin, jusqu'à l'Égypte ancienne où le chat était un animal divinisé et respecté. Tuer un félin était puni de mort ! De nombreuses statues de dieux égyptiens ont un corps de chat. L'animal fut sans doute divinisé car il possède une exceptionnelle résistance aux malheurs. Interrogez vos amis et vos proches : tous ont déjà entendu parler d'un chat renversé par une voiture, les tripes à l'air, sauvé par le vétérinaire, ou même qui s'en est sorti tout seul, alors que tout le monde le tenait pour mort. Dur au mal et résistant à de nombreuses maladies, le chat fait un excellent compagnon pour l'homme, car il traverse les difficultés assez facilement semble-t-il, d'où l'idée qu'il aurait plusieurs vies. Et pourquoi neuf, comme on l'entend souvent ? Parce que le chiffre 9 était sacré chez les Égyptiens !

## Pourquoi le chauffage ne marche-t-il pas tout de suite dans une voiture ?

Beaucoup de conducteurs et leurs passagers s'impatientent dans l'habitacle gelé, en attendant de pouvoir désembuer les vitres et, bien sûr, se réchauffer. Mais contrairement aux radiateurs électriques de nos maisons qui chauffent dès qu'on les met en marche, le chauffage de la voiture utilise la chaleur du moteur. Et quand la voiture vient de démarrer, le moteur est à la même température que tout le reste dehors ! Il faut donc quelques minutes pour que le moteur, puis l'eau du circuit de refroidissement qui va alimenter les « radiateurs de courtoisie » dans l'habitacle augmentent en température... C'est aussi pour cette raison que les climatisations automatiques, dans les voitures récentes, ne mettent pas en marche la soufflerie tout de suite. Sinon, c'est le blizzard assuré !

## Pourquoi crève-t-on de chaud quand il fait 37 °C ?

Ou même moins... Tout simplement parce que notre corps est une sorte de grosse chaudière en activité permanente, programmée pour maintenir la température de notre corps à 37 °C dans des conditions climatiques normales. S'il fait trop froid, le radiateur ne suffit pas, et l'on a froid : c'est l'hypothermie, qui peut conduire à la mort, l'organisme humain ayant besoin que cette température de 37 °C soit maintenue pour que ses fonctions vitales fonctionnent. À l'inverse, s'il fait trop chaud, même « seulement » 37 °C, la chaudière humaine ne peut pas s'arrêter. Elle continue donc à chauffer l'organisme, qui baigne déjà dans une température ambiante de 37 °C, et ne perd donc pas, ou peu de chaleur. C'est la surchauffe qui déclenche la transpiration. Là encore, sans apport régulier en eau, la mort est inéluctable par déshydratation.

## Pourquoi les tailles des chaussures ne sont-elles pas indiquées en centimètres ?

Ce serait trop simple, forcément ! Une règle, je pose mon pied dessus, et voilà, je connais ma taille de chaussure... Eh non, le 45 ne fait pas 45 centimètres de long mais seulement 30. Ouf, vous n'avez pas de si grands pieds que ça (pour vous, mesdames, un 36 mesure par exemple 24 centimètres). Comment je sais tout ça ? Tout simplement parce que les tailles de nos chaussures (et des chaussettes) ne sont pas indiquées en centimètres, donc, mais en... points de Paris, une ancienne mesure qui vaut 0,66 centimètre. Tout cela resterait suffisamment simple, si l'envie ne vous prenait pas d'aller faire du ski, ou encore de vous acheter des chaussures anglaises. Patatras, tout s'effondre ! Pourquoi les chaussures de ski – mais aussi souvent de sport – affichent-elles encore d'autres dimensions ? Parce qu'elles adoptent pour le coup des mesures anglo-saxonnes ! Ainsi, le 45 vaut 12, quand le 36 vaut 3...

## Pourquoi les chevaux dorment-ils debout ?

Mais parce qu'ils ne peuvent tout simplement pas dormir couchés ! Ce n'est en fait pas vraiment exact : les chevaux sont tout à fait capables de dormir couchés, mais pendant un temps limité, car cette position n'est pas confortable pour eux. Et puis surtout, ils sont équipés pour dormir debout, alors pourquoi s'en priver ? Leurs jambes – et non leurs pattes – sont équipées d'un mécanisme d'auto blocage au niveau des rotules, leur permettant de tenir debout sans fatigue musculaire.

## Pourquoi les cheveux frisottent-ils quand il pleut ?

Rien ne sert de courir, il faut partir à point. Aussi, si vous avez oublié de regarder la météo avant de faire votre brushing, tant pis pour vous. Même avec un parapluie, vous savez que mettre les pieds dehors, sous ces trombes d'eau, c'est ruiner vos pauvres cheveux ! Avec la pluie, bonjour les frisottis, les mèches folles qui s'éparpillent, les boucles infernales...

Mais pourquoi vos cheveux frisottent-ils quand il pleut ? Pourquoi les vôtres, et pas ceux de cette brune aguichante sur le trottoir d'en face que tous les hommes regardent ? Même avec un bonnet, une capuche, un foulard, vous n'y échappez pas. Parce que les cheveux réagissent à la pluie et à l'humidité. Sortez impeccablement coiffé(e) sous la pluie, et vous aurez rapidement le visage encadré de frisettes et autres bouclettes façon caniche. De même que si vous mettez vos doigts dans une prise électrique (faut-il être fou), vos cheveux seront en pétard, tout hérissés à la *Dragon ball Z* ! Idem si vous utilisez une brosse à cheveux en plastique, vos cheveux seront à leur tour électrifiés, et à vous les mèches rebelles. Il n'y a pas de petites économies, mais il y en a des stupides, tout ça pour une bête brosse.

En résumé, c'est un phénomène scientifique que rien ne peut empêcher. La pluie rend les cheveux plus lourds, et l'humidité les fait s'allonger. Prenons des cheveux de 30 cm, soit des cheveux arrivant aux épaules : avec l'humidité, ils gagnent 6 millimètres. Ce n'est pas beaucoup, mais cela suffit à modifier votre coiffure. Ainsi, les cheveux naturellement bouclés vont friser davantage alors que les cheveux naturellement raides vont s'aplatir encore plus. Génial ! Mieux que le fer à lisser ou à friser ! Loufoque, tout ça ?

Pour la petite histoire, ce phénomène a donné naissance à l'hygromètre à cheveu, inventé en 1781 par le géologue suisse Horace Benedict de Saussure, très intéressé par la météorologie. Souvenez-vous, cet appareil qui servait à mesurer l'humidité pour prévoir ses sorties. Une petite bergère ravie sortait d'une maisonnette pour annoncer un temps ensoleillé, alors que pour les jours de pluie, c'était un homme en costume avec un parapluie ! Un instrument haut en couleur qui ne pouvait fonctionner sans un... cheveu ! C'est l'élément de base de l'hygromètre, qui en s'allongeant, prévient d'une hausse de l'humidité. Il fut utilisé jusqu'à ce que des technologies plus perfectionnées le rattrapent, dans les années soixante.

Oui, il fut urgent de le remplacer. Combien de fois avez-vous préparé en chantant votre pique-nique pour le week-end, parce que la bergère était de sortie ? Alors que deux heures plus tard, vous regardiez par la fenêtre la grisaille du ciel et les gouttes de pluie s'écraser sur vos vitres, tandis que la bergère fredonnait toujours avec ses moutons ? Au diable la bergère ! Si le mécanisme a connu une faille, il y a bien une explication : d'après certaines études – des experts n'avaient apparemment que ça à faire –, il est apparu que les cheveux blonds étaient plus sensibles aux variations d'humidité que les cheveux bruns. Quelle chance, diront certain(e)s !!

## Pourquoi ai-je des cheveux blancs ?

Alors là, je vous arrête tout de suite : je n'y suis absolument pour rien ! Les cheveux blancs, de manière quasi inéluctable, apparaissent chez l'homme et la femme passé le cap des 30-35 ans. D'abord quelques-uns, isolés, que l'on cherche encore ou que l'on fait semblant de ne pas voir. Puis on en découvre un peu plus, souvent groupés, que l'on est tenté de masquer avec une mèche. Pour enfin ne plus laisser de doute à personne quand ils s'installent et se « reproduisent », pour coloniser toute la chevelure. Les femmes hurlent, certains hommes y acquièrent un nouveau sex-appeal, très clooneysien…

Mais d'abord, halte aux mythes. La science affirme que les cheveux blancs ne peuvent pas apparaître du jour au lendemain à cause d'une grosse frayeur, ou d'un choc psychologique majeur. Ah bon ? Et Tante Yvonne alors, quand elle a perdu son mari à la guerre ? Et Benjamin, quand il est tombé dans une crevasse, on les a inventés, leurs cheveux blancs ? Oui et non, tout est une question de vitesse. Les proches et les victimes d'un blanchissement brutal des cheveux croient se souvenir que cela s'est fait du jour au lendemain. En fait, il aura fallu quelques jours pour les voir apparaître car, effectivement, le stress peut faire blanchir les cheveux… mais seulement ceux qui vont pousser, et non ceux qui sont déjà sortis du bulbe capillaire ! C'est en effet lui, le follicule, qui donne à nos cheveux leur couleur, en faisant appel aux mélanocytes. Plus les mélanocytes travaillent, produisent donc de mélanine, plus nos cheveux sont bruns. Si, en revanche, ils sont plutôt paresseux, nos cheveux seront… blonds ! Les cheveux blonds sont donc des bruns paresseux. Et les blancs ? Là, ce sont carrément des mélanocytes en grève complète. Plus de mélanine, plus de coloration des cheveux. Et comme ceux-ci sont physiquement très proches de nos ongles, naturellement incolores, et même en fait blancs (regardez le bout de vos ongles !), les cheveux blancs sont des cheveux bruts de fonderie.

Aussi, Tante Yvonne ou Benjamin, s'ils ont brutalement eu des cheveux blancs, à raison d'une vitesse de pousse des cheveux de 1 à 3 centimètres par mois, c'est en fait en quelques semaines que le phénomène s'est manifesté. Pourquoi ? Parce que le stress peut en effet provoquer des désordres hormonaux, dont les conséquences, entre autres, peuvent être un arrêt ou un ralentissement de la production de mélanine. Ce sont ces mêmes dérèglements hormonaux, mais cette fois étalés dans le temps et normaux, qui font apparaître progressivement des cheveux blancs sur nos crânes.

Est-ce réversible ? Eh bien, au risque de vous… réjouir, oui ! On commence à trouver des traitements capables de stimuler les mélanocytes, tant et si bien qu'ils se remettent au travail, et recolorent les cheveux. En revanche, fuyez un autre mythe, celui qui consiste à dire qu'en arrachant un cheveu blanc, ce sont deux qui pousseront à la place. Si c'était si simple, il n'y aurait plus de chauves !

## Pourquoi les chiens remuent-ils la queue quand ils sont contents ?

Comme bien des « Pourquoi ? », voilà une question à laquelle il est difficile de donner une réponse définitive, en tout cas à l'heure actuelle. Mouvement réflexe, stimulation des muscles des pattes qui agite simultanément la queue, voire mouvement destiné à… exciter le cerveau quand celui-ci est soumis à une sollicitation intense, on peut tout dire et surtout n'importe quoi sur le sujet.

Pourtant, des chercheurs se sont penchés sur la queue du chien –, si si, c'est très sérieux – à la recherche d'une réponse que l'on attend toujours. Ce que l'on sait pour l'instant, nous le devons à l'université de Trieste en Italie, où des chercheurs ont donc observé que les chiens remuent la queue plutôt vers la droite lorsqu'ils sont contents, et plutôt vers la gauche lorsqu'ils sont anxieux.

La prochaine fois que vous croisez un chien qui remue la queue, observez bien de quel côté elle penche !

## Pourquoi les chiens halètent-ils ?

Et pourquoi les chats tirent-ils la langue quand il fait chaud, pourrait-on se demander aussi... Les observateurs auront remarqué que chiens et chats sont tous poilus. Une tenue qui convient parfaitement aux saisons tièdes ou froides, mais pose un problème quand il fait 30 °C à l'ombre, ou plus. Là, chiens et chats commencent sérieusement à avoir chaud, mais impossible pour eux de transpirer pour se refroidir, comme le fait l'homme en pareil cas ! La Nature est bien faite : leur langue est en fait une sorte de radiateur, car c'est la seule partie de leur corps capable d'échanges thermiques rapides avec l'extérieur. En haletant, le chien fait exactement comme le ventilateur du moteur de votre voiture qui souffle sur le radiateur, et accélère le refroidissement du liquide qui y circule.

## Pourquoi les petits chiens aboient-ils sur les gros ?

La scène se passe en bas de chez vous. Comme tous les matins, à huit heures précises, vous descendez quatre à quatre les marches de votre immeuble pour aller chercher votre baguette et votre journal au coin de la rue. En chemin, vous faites la rencontre de votre voisine, Mme Michou. Comme tous les matins, Mme Michou n'a pas peur du ridicule. Serrée dans son peignoir, elle exhibe bigoudis sur la tête et caniche en laisse. Un peu plus loin, M. Dupont, qui lui aussi, comme tous les matins, vient chercher son pain, avec son chapeau sur la tête et, pour une fois, son berger allemand. La rencontre ne se fait pas attendre. Au premier échange de regard, les deux canidés montrent les crocs. Vous, affolé, pensez que le petit caniche va se faire avaler et ne peut que se carapater dans les jupes de sa maman. Et là, contre toute attente, vous voyez la petite bête se camper courageusement sur ses quatre pattes pour aboyer de toutes ses forces en direction de son adversaire ! Mme Michou est saisie d'émotion. Partagée entre un sentiment de grande fierté et de peur à l'endroit de son garde du corps. Le berger allemand qui avait commencé à aboyer se tait soudainement, et se met à geindre. C'est la victoire. Celle de David contre Goliath. Le colosse est vaincu par le microbe. Mais que s'est-il réellement passé entre ces deux-là ? Charisme du caniche ? Intimidation du berger allemand ? Quoi qu'il en soit, Mme Michou reprend son bébé tendrement et le félicite d'une tape de satisfaction sur la tête. Ce qu'elle ne sait pourtant pas, c'est que son fidèle compagnon n'a aucun mérite. Pour la simple et bonne raison qu'il n'a pas conscience de sa taille ! Pas plus que le berger allemand, du reste. Comme n'importe quel chien. Mais ça, vous vous garderez bien de le lui dire.

## La Chine va-t-elle dominer le monde ?

Il paraît que les Chinois s'éveillent. Ils dormaient, avant ? Pas vraiment. C'est nous qui croyions qu'ils somnolaient. Mais à force de faire des bonds en avant, l'empire du Milieu s'est carrément invité au centre du monde. Ça fascine et ça fait peur, il faut bien se l'avouer. Un peu comme le Japon dans les années soixante. On imagine déjà des hordes de Chinois débarquer à nos portes, chaussés de fausses Nike, habillés de faux jeans Levis. Car c'est bien connu, ils contrefaçonnent à tout va. Le chiffre d'affaires annuel de la contrefaçon en Chine a récemment été évalué à seize milliards de dollars américains, et représenterait au moins dix pour cent de la production industrielle nationale.

Mais ce n'est pas qu'avec leurs imitations plus ou moins de bon goût qu'ils sont en passe de nous passer devant. La Chine est numéro un dans nombre de domaines :

Les hommes d'abord. Avec environ 1,3 milliard d'habitants, c'est le pays le plus peuplé du monde. Forcément, quatre travailleurs dans le monde sur dix sont chinois – payés pas cher, l'envie pourrait leur venir de faire un jour pression sur les salaires, je parle notamment des nôtres… Deux des trois opérateurs téléphoniques qui ont le plus d'abonnés au monde son chinois.

La Chine nous domine aussi en coutellerie : 60 % des couteaux produits dans le monde sortent de ses usines.

En huîtres : elle en produit 3,7 millions de tonnes sur les 4,7 millions de production mondiale. En jouets : les trois quarts des joujoux viennent de Chine.

Même en production agricole, la Chine marque des points ! 10 % des fruits et légumes consommés en France viennent déjà de l'autre bout du monde, et la croissance de cette production importée, à vil prix, est exponentielle.

En plongeon, enfin. Aux derniers championnats du monde, en février 2008, l'équipe chinoise a remporté sept médailles d'or sur les huit en jeu.

Et puis la Chine abrite sur ses terres le point le plus haut de la Terre, l'Everest, situé à 8 848 mètres d'altitude, en plein Tibet, une région surnommée « le toit du monde », que le gouvernement chinois (tente de) contrôle(r) depuis cinquante ans. Régulièrement, les troubles au Tibet et les appels du dalaï-lama nous rappellent que la Chine est aussi championne du monde des atteintes aux droits de l'homme. Les jeux Olympiques organisés à Pékin en 2008 sont là pour nous le rappeler.

Enfin, la République populaire aime les mensurations en béton : la ville de Shanghai a construit pour les J.O. de Pékin le deuxième plus haut gratte-ciel du monde, le Shanghai World Financial Center, 492 mètres pour 101 étages, en plein cœur du « Manhattan chinois ». Alors oui, la Chine s'éveille.

Mais à y regarder de plus près, cela fait bien longtemps qu'elle bâille, qu'elle s'agite, qu'elle rêve à pas feutrés de nous grignoter. Rien de nouveau sous la lune sino-tibétaine, donc. Comme le rappelle Alain Nonjon, historien, avant l'an mille, le pays s'étend jusqu'en Ouzbékistan et en Asie centrale grâce à la dynastie Tang. Ensuite, sous les Song, trois éléments essentiels du progrès – la poudre à canon, l'imprimerie et la boussole – sont inventés. La Chine domine l'Asie. Enfin, beaucoup plus récemment, jusqu'en 1911, les Qing font rayonner la Chine culturellement. Même Voltaire était fasciné par le confucianisme.

Et pourtant, le troisième plus grand pays du monde après la Russie et les États-Unis ne domine pas tout. Pour l'instant, il n'est que troisième en termes de business (bon, d'accord, mille milliards de dollars de commerce extérieur, c'est pas mal) et bon quatrième sur le plan de la puissance économique.

Et puis franchement, n'ayez crainte, dormez en paix, les Chinois ne sont pas près de débarquer armés jusqu'aux dents à nos portes : leur budget militaire a beau augmenter de 15 % par an depuis dix ans, avec 120 milliards de dollars, il reste loin du budget américain, qui est d'environ 800 milliards. Même s'ils ont dix fois plus de soldats que ces derniers ?

Et puis, côté puissance diplomatique, il y a du chemin à parcourir avant que le monde ne regarde la Chine comme un modèle de vertu, comme on l'a vu à l'occasion des jeux Olympiques d'été en 2008. La faute aux

Tibétains qui veulent être indépendants, aux citoyens qui veulent s'exprimer, aux journalistes qui veulent travailler librement… les chenapans.

Pas facile non plus pour un pays de dominer le monde, quand ses propres habitants peinent à avoir l'autorisation de le visiter. En effet, si un Chinois veut aller bronzer sur une plage à l'étranger, il ne peut se rendre que dans l'un des États qui a obtenu le statut de « destination touristique autorisée ». C'est le cas des pays européens membres de l'espace Schengen, encore heureux. Des États-Unis aussi, mais seulement en groupe, et seulement depuis décembre 2007 !

## Pourquoi est-il écrit « IHS » sur la croix du Christ ?

IHS a plusieurs définitions. *Iesus hominis salvator*: Jésus sauveur des hommes ; ou encore, *In hoc signo vinces*: par ce signe tu vaincras ; et même *Iesus humilis societas*: l'humble société de Jésus, pour les Jésuites. Ensuite, pourquoi un I et non pas un J ? Tout simplement parce que, en latin, le J n'existe pas, pas plus que le H, le U et bien entendu le I Grec – Y !

## Pourquoi dit-on « aller au septième ciel » ?

Ce n'est pas tant une histoire d'amour que d'astronomie. Du temps des Grecs et des Romains, et d'ailleurs pendant quelques siècles encore après eux, les astronomes pensaient que les astres étaient posés sur des sphères en cristal, dont le centre était la Terre. Chacune de ces sphères, sept au total, portait un astre majeur : la Lune, Mars, Vénus… Vénus justement, était en troisième position, le troisième ciel, et l'on trouve plusieurs citations dans la littérature française et étrangère faisant référence à ce troisième ciel : celui de l'amour ! Mais voilà, l'homme est ainsi fait qu'il veut toujours aller plus haut. De surenchère en exagération, l'on est monté dans les étages, jusqu'à se rapprocher du dernier, l'ultime, celui qui nous met au plus près des dieux, ou de Dieu : le septième. Autrement dit, partir au septième ciel, c'est aller au plus près de Dieu.

## Pourquoi le ciel est-il noir la nuit ?

Tout simplement parce qu'il n'y a pas de… lumière la nuit, faute de Soleil, évidemment, et de Lune, quand celle-ci est cachée par la Terre. Or le noir, *bis repetita placent*, n'est pas une couleur, mais justement l'absence de couleur, ou plus exactement, de photons. Pas de photons, pas de lumière, pas de lumière, pas de couleur, d'où le ciel noir. Mais dans les faits, le ciel de nos contrées n'est jamais vraiment noir. Il est plutôt gris, victime de la pollution lumineuse urbaine. Pour découvrir un ciel vraiment noir d'encre, et du même coup des étoiles par milliers (on peut en voir jusqu'à 40 000 à l'œil nu), isolez-vous loin de tout village, de toute habitation, dans une clairière par exemple, ou encore, à la montagne. Ou mieux encore, en plein désert. Un petit trek ?

## Pourquoi le ciel est-il bleu (mais aussi parfois rouge, jaune ou rosé) ?

Bien évidemment, je ne suis pas le premier à (essayer de) répondre à la question, loin de là. Mieux : elle vient quasi naturellement à tous les enfants, à un moment ou un autre de leur évolution. Sauf que, sauf que… quand elle tombe, rares sont les papas (soyons sérieux, ce n'est pas une chose qu'on demande aux mamans, ça !) qui ont retenu l'explication. Et je vais vous faire un aveu : moi aussi, j'ai dû me replonger dans ma documentation pour y répondre ! Pourquoi ? Tout simplement parce que, la plupart du temps, les solutions proposées à cette question – pourtant enfantine – sont atrocement complexes et *de facto* difficiles à mémoriser. Pire : à une interrogation d'apparence aussi simple, l'on trouve plusieurs variantes de réponses. Je vais pourtant essayer ici de vous donner l'explication la plus accessible, celle que vous saurez ensuite restituer, aussi bien à un enfant qu'à des amis lors d'un dîner.

Tout d'abord, il faut savoir que le ciel n'est pas vraiment bleu, tout comme le Soleil n'est pas non plus jaune ! La lumière émise par notre étoile est bel et bien blanche au départ. Après huit minutes de voyage à la vitesse de la lumière (voir « Pourquoi n'ai-je jamais le temps de prendre le coucher de soleil en photo ? », page 298), les rayons du Soleil frappent l'atmosphère terrestre, qui agit comme une immense passoire, filtrant nombre de rayons nocifs, à commencer par les rayons ultraviolets. Vous savez, les fameux UVA et UVB dont on parle sur les étiquettes de crèmes solaires ! Avant qu'on ne les invente, c'était à l'atmosphère, seule, que revenait le rôle de nous en protéger. Les crèmes ne sont qu'un complément d'appoint à la protection naturelle apportée par l'atmosphère terrestre. Sans elle, nous serions atrocement brûlés, en quelques minutes... Heureusement, nous sommes apparemment protégés de ces « réjouissances » pendant quelque temps encore, le trou dans la couche d'ozone (qui arrête les UV) détecté au début des années 1980 ayant tendance, semble-t-il, à se combler. Grâce aux mesures prises pour interdire certains gaz qui lui étaient néfastes, comme les chlorofluorocarbones (CFC) des réfrigérateurs et des aérosols ? Nul ne le sait vraiment.

Mais reprenons. Ce n'est donc qu'une fois filtrée par notre atmosphère que la lumière du Soleil nous parvient jaunie. En traversant l'atmosphère, les rayons solaires sont non seulement débarrassés d'une partie des ultraviolets, mais aussi... des rayons de couleur bleue. Ceux-ci, au lieu de venir directement frapper le sol (et notre rétine, qui enregistre l'image du disque solaire), se perdent dans l'atmosphère terrestre, lui donnant sa couleur bleutée. On appelle cela la diffusion de Rayleigh, en hommage à Robert John Rayleigh, physicien anglais à l'origine de cette découverte. Cependant, ces rayons ne se perdent pas par hasard. C'est en frappant les molécules de gaz qui composent l'air que les rayons bleus partent en balade, quand leurs copains rouges ou jaunes continuent à filer droit, comme si de rien n'était. *Quod erat demonstrandum.* Résultat, dans *On a marché sur la Lune,* Tintin, le capitaine Haddock, le professeur Tournesol et les Dupondt se promènent sous un ciel parfaitement noir (parce qu'il n'y a pas d'atmosphère sur la Lune), éclairé par un soleil d'une blancheur éclatante. Simple, non ?

À cela, ajoutons que le ciel n'est pas toujours bleu partout et tout le temps de la même manière. À la montagne, le ciel est beaucoup plus bleu foncé qu'au bord de la mer, où le ciel est bleu clair. Tout simplement parce que plus de rayons lumineux bleus sont captés par l'atmosphère au-dessus de Brest (altitude 0-103 mètres) qu'à Lhassa au Népal (3 650 mètres).

Enfin, si le bleu s'impose le plus clair du temps dans le ciel, il laisse parfois – à l'aube et au crépuscule – poindre d'autres teintes, roses, rouges ou orangées. Inutile de vous apprendre que le coupable est encore et toujours le Soleil. Ses rayons, arrivant à l'horizontale le matin ou le soir, traversent une épaisseur d'atmosphère beaucoup plus importante que pendant la journée. Conséquence, ce ne sont pas seulement les rayons bleus qui se dispersent, mais aussi les rayons jaunes et rouges, donnant cette teinte au ciel. Viennent à passer par là des nuages d'altitude, autrement appelés cirrus ? Ils attraperont un maximum de rayons jaunes et rouges, les rayons bleus ayant déjà été en grande partie captés par l'atmosphère en amont. Les voilà donc roses ! Et si vous êtes taquins, vous voudrez savoir pourquoi les nuages sont blancs ou gris, voire noirs. Là encore, toujours à cause du Soleil ! Blancs, c'est qu'ils ont capté un maximum de lumière du soleil, et nous la restituent, un peu comme un miroir. Gris ou noirs, ils sont effectivement menaçants, car la densité de la vapeur d'eau qui les constitue est telle que la lumière y est emprisonnée. Dépêchez-vous de courir, ça va tomber !

## Pourquoi la composition des cigarettes ne figure-t-elle pas sur les paquets ?

Mais tout simplement parce qu'il faudrait une notice de plusieurs pages ! Les fabricants de cigarettes ajoutent au tabac des centaines de composants chimiques, servant à améliorer son goût, sa combustion, à créer les sensations de plaisir... Des additifs qui sont pour la plupart considérés comme des produits dangereux, pris isolément, comme l'arsenic par exemple. On compte en fait plus de 4000 substances chimiques différentes dans une cigarette, qui vont toutes pénétrer l'organisme, et bien souvent y rester longtemps.

## Pourquoi le bonhomme de Médiavision que l'on voit au cinéma avant le film porte-t-il une pioche ?

Ah ça, j'avoue que certaines questions paraissent de prime abord évidentes, mais en fait, si l'on n'a pas vu « tout le film », on ne peut pas comprendre ! La publicité au cinéma est commercialisée par des régies publicitaires. L'une d'entre elles, parmi les plus anciennes, s'appelle « Médiavision ». Mais ça n'a pas toujours été son nom. Autrefois, elle portait celui de son créateur, Jean Mineur. Jean Mineur, mineur qui va dans la mine, vous avez saisi l'idée : la mascotte de la régie allait devenir un petit mineur, avec sa pioche, qui en percutant l'écran de cinéma allait faire apparaître le numéro de téléphone « Jean Mineur Publicité, Balzac, zéro, zéro, zéro un ! ». Jean Mineur a disparu cédant la place à Médiavision, mais le personnage est resté.

## Pourquoi utilisons-nous des claviers « Azerty » ?

C'est vrai ça, c'est débile, alors que l'on connaît tous l'alphabet, voici que les touches de clavier affichent un curieux alphabet, commençant par Azerty en France et en Belgique, Qwerty aux États-Unis et en Angleterre, mais aussi au Canada et au Québec, Qwertz en Allemagne et en Suisse… Bref, à chacun son clavier. La raison en est toute simple et historique : les premiers claviers ont évidemment été créés pour les machines à écrire. Si vous êtes trop jeunes pour les avoir connues, demandez à un parent s'il n'en a pas une qui traîne dans une cave et vous comprendrez. Les machines à écrire manuelles exigeaient de ceux qui les utilisaient qu'ils frappent assez énergiquement sur les touches, afin de déplacer un bras métallique, sur lequel se trouvait le caractère à taper. Or, quand le dactylographe commençait à taper vite, les bras des premières machines à écrire avaient tendance à s'emmêler, un nouveau bras arrivant sur la feuille avant que le précédent ne soit totalement retourné à sa place. Il fallait donc inventer un clavier qui allait ralentir la frappe des meilleurs dactylos, en plaçant notamment les voyelles, les plus utilisées, sous la main gauche, la moins agile ! Et c'est ainsi que le clavier que nous utilisons aujourd'hui n'est pas destiné à nous faciliter la saisie de texte, mais au contraire, à la ralentir.

## Que signifie « code PIN » ?

Les questions les plus simples sont parfois les meilleures. Cela va faire bientôt quinze ans que nous tapons un « code PIN » à quatre ou six chiffres sur nos téléphones mobiles, du moins, pour ceux qui sont équipés depuis les débuts (rappelons que Bouygues Telecom arrive en 1997 et démocratise le portable en inventant le « forfait »). Comme souvent, c'est un acronyme anglais pour « *Personal Identification Number* », c'est-à-dire : « numéro d'identification personnel ». À quatre chiffres, comme sur certains cadenas à numéros ou sur les portes codées, la protection est assez faible. En étant un brin observateur (l'usure des touches sur le clavier du digicode) ou sensible (le cadenas bouge un peu quand un chiffre du code est trouvé), on peut briser ce code. Plus difficile sur les téléphones, puisque la carte SIM se verrouille au bout de trois erreurs. Tiens, mais au fait, SIM, qu'est-ce que ça veut dire ? « *Subscriber Identity Module* », en français : « Carte d'identité de l'abonné » !

## Pourquoi avons-nous mal au cœur en voiture, en avion ou en bateau?

Forcément, si vous lisez en voiture plutôt que de regarder la route, vous pouvez être certain que vous aurez rapidement mal au cœur, ou plutôt, le mal des transports. La faute incombe à l'oreille interne. C'est l'arrivée à maturité de l'oreille interne qui permet à petit bébé de tenir assis en équilibre, puis debout. En voiture, en bateau ou en avion, l'oreille interne enregistre des mouvements anormaux par rapport à ce qu'elle mesure en temps normal. Un peu comme un ordinateur qui recevrait des informations incompréhensibles: le sens de l'équilibre, logé dans le cerveau, est perturbé. Certains s'en accommodent et ne ressentent pas de gêne, d'autres en souffrent. Or, quand le cerveau souffre, il déclenche des signaux: vertiges, nausées, sueurs, endormissement aussi. Aussi, pour lutter contre le mal des transports sans médicaments (qui endorment l'oreille interne), pensez à regarder la route si vous êtes en voiture, l'horizon si vous êtes en bateau ou en avion.

## Pourquoi la colle ne colle-t-elle pas dans le tube?

Ce n'est pas tout à fait vrai: combien de tubes de colle avez-vous jetés dans votre vie, parce que devenus tout durs, après avoir été utilisés deux ou trois fois? C'est là tout le truc: utilisés deux ou trois fois. Lors de chaque usage, vous avez oublié, comme nous le faisons tous, le tube ouvert, y laissant entrer de l'air, ainsi que de l'humidité. Pour nombre de colles, c'est l'air qui déclenche leur durcissement, afin qu'elles accomplissent leur travail : faire tenir deux pièces (ou plus) entre elles. Ainsi, quand le tube est resté trop longtemps ouvert, plusieurs fois, la réaction chimique, – le durcissement, – s'est déclenchée dans le tube, et après rebouchage, la même réaction chimique continue, même doucement… La colle reste encore quelques jours « bonne à l'emploi ». Après quelques semaines, elle est limite, et au bout de quelques mois, c'est mort. Quant à l'humidité, c'est le réactif d'un autre type de colle, la cyanoacrylate. Quand vous soufflez dessus, ce n'est pas tant l'air ou la chaleur qui accélère son séchage, mais bien l'humidité contenue dans votre haleine. Mais tant que la colle n'a pas croisé air ou eau, en théorie, elle n'est pas censée coller dans le tube, faute de réactif pour durcir !

## Pourquoi la colle colle-t-elle ?

C'est une des questions dont la réponse paraît de prime abord évidente, et qui, à bien y réfléchir, n'est pas si simple que cela. On peut même dire en fait que c'est une vraie… colle.

Quelle que soit la substance utilisée pour lier deux corps entre eux – du lait employé pour poser les étiquettes sur le verre en passant par la Super Glue 3 pour attacher un pilier de rugby au plafond par les pieds –, ce sont des forces d'attraction mutuelles baptisées « forces de Van der Waals » qui entrent en scène. Ces forces apparaissent lorsque des molécules sont suffisamment proches les unes des autres, et c'est le travail de la colle de les rapprocher. Seulement voilà. Tous les calculs mathématiques montrent que ces forces ne suffisent pas à elles seules à expliquer les performances des meilleures colles du moment. Les scientifiques ont tellement de mal à comprendre comment fonctionne la colle, que son pouvoir adhésif théorique, résultat de calculs savants, est dix mille fois inférieur à son pouvoir réel! Une manière élégante de dire que les colles que vous utilisez tous les jours ne sont pas le résultat de calculs mathématiques savants, mais de tâtonnements d'apprentis chimistes intuitifs, façon Gaston Lagaffe. C'est d'ailleurs comme cela que la colle des Post-it a été inventée. Un chercheur de chez 3M pensait avoir trouvé une colle extra forte. Au lieu de cela, son pouvoir liant était faible, mais elle pouvait en revanche être réutilisée plusieurs fois, ne séchant pas ou peu à l'air libre, contrairement aux autres colles avec solvants. La recette, enfermée dans un tiroir, ne ressortira que quelque temps plus tard, pour faire tenir des marque-pages sur un livre de chorale : le Post-it était né.

Mais revenons à nos colles et à nos forces de Van der Waals. Après avoir retourné le problème dans tous les sens, des chercheurs sont arrivés à la conclusion que deux objets enduits d'un adhésif n'étaient pas solidaires grâce à celui-ci, mais grâce à des millions de microbulles d'air coincées entre les deux parties du nouveau tout. Ces microbulles, de tailles différentes, jouent le rôle de millions de petites ventouses. Ce sont elles qui résistent à l'arrachage et soudent entre eux les éléments. Mais si vous persévérez, les petites bulles cèdent en premier. L'objet se décolle, mais les deux morceaux tiennent encore ensemble. Il vous faut forcer pour que les bulles plus grosses cèdent à leur tour, après avoir absorbé l'air des petites. Le collage cède.

Pour vous en convaincre, repensez à ces autocollants que l'on enlève d'une vitre ou d'un cahier. En fonction de la manière dont vous allez tirer dessus, la colle reste, ou part avec, partiellement, ou totalement. Une histoire de bulles, on vous dit !

## Pourquoi dit-on d'un grand cuisinier qu'il est un « cordon-bleu » ?

Connaissez-vous l'ordre du Saint-Esprit ? Vous avez peut-être déjà vu ça dans un film ou une série historique, ou encore sur le portrait d'un roi de France, d'un duc ou d'un comte. Institué en 1578 par Henri III, et symbolisé par un immense cordon bleu porté en bandoulière, cet ordre était réservé aux hauts dignitaires et distinguait donc l'élite du royaume. On suppose donc que, par extension, le titre de « cordon-bleu », attribué à un grand cuisinier, fait écho à ce que représentaient les porteurs de l'ordre du Saint-Esprit. L'expression est en tout cas tellement célèbre qu'elle se retrouve dans de nombreuses langues.

## Pourquoi dit-on « un couvre-chef » ?

Rien à voir avec le chef d'une armée ou d'un chantier, dont la casquette ou le casque seraient le symbole du pouvoir… Non, le mot chef vient en fait du latin *caput*, et en latin – je vois d'ici les petits malins – *caput* ne veut pas dire « cassé », mais… tête ! D'ailleurs, la consanguinité du mot chapeau avec *caput* apparaît clairement. Autrement dit, le couvre-chef est un couvre-tête.

## Pourquoi pend-on la crémaillère ?

Et d'abord, est-ce que l'on sait encore ce que c'est qu'une crémaillère ? Non ? C'est bien normal car, aujourd'hui, la crémaillère n'a plus d'utilité. La faute aux cuisinières et aux fours à micro-ondes. Vos grands-parents peut-être, vos arrière-grands-parents sans doute l'ont pourtant bien connue. La crémaillère, c'est le système de fixation qui permettait d'installer un chaudron dans l'âtre de la cheminée. La crémaillère comportait des « dents » : on plaçait le chaudron, la marmite, plus ou moins haut, comme on règle aujourd'hui le gaz sous une casserole ou la hauteur de la grille du four. Pendre la crémaillère, c'est donc l'acte fondateur du foyer. Notez au passage que l'on parle de « foyer » pour désigner une famille, là encore, en référence au feu, qui permet de chauffer les aliments et de se chauffer.

## Pourquoi dit-on de quelqu'un qu'il est un « crétin des Alpes » ?

L'expression peut paraître désuète, mais on la retrouve en tout cas dans la littérature française, et même dans la bouche du capitaine Haddock. C'est pour dire ! Le crétin des Alpes n'est pas une invention, mais une réalité. Au début du

XX^e siècle encore, dans les Alpes, mais aussi dans les Pyrénées comme dans d'autres contrées isolées, pouvaient apparaître certaines formes de crétinisme chez les habitants. On comprit vite pourquoi : faute de pouvoir consommer du poisson, l'organisme développe une carence en iode qui provoque une dégénérescence, un retard du développement mental. En imposant que le sel de cuisine soit iodé dans les années 1930, les autorités sanitaires ont éradiqué le crétin des Alpes.

## Pourquoi dit-on « porter la culotte » ?

L'expression ne date pas d'hier, elle a quelques siècles au compteur, remontant à l'époque où les hommes portaient des culottes, autrement dit des pantalons ou ce qui y ressemblait, et les femmes, des robes. Rappelons que Jeanne d'Arc fut condamnée au bûcher en 1431 pour, entre autres motifs, avoir pris « habit d'homme », ce qui alors était un crime ! Aujourd'hui encore, dans certains pays, les femmes qui ne s'habillent pas conformément à la loi peuvent être lapidées ou condamnées à mort. Mais revenons à nos culottes : pourquoi dit-on de quelqu'un qu'il porte la culotte ? Parce que l'autorité, le pouvoir, la prise de décision dans le couple étaient autrefois l'apanage de l'homme : celui qui portait la culotte. D'ailleurs, le code civil français ne reconnaît l'égalité homme-femme dans le couple que depuis relativement peu de temps ! Il y a moins de vingt ans, la femme devait encore se soumettre à la volonté de l'homme dans bien des domaines, comme l'élection de domicile par exemple, c'était même écrit dans la loi. Les mœurs ayant la vie dure, même aujourd'hui, lorsque des observateurs extérieurs constatent que, dans un couple, c'est Madame qui décide, ils diront, en référence à ces temps anciens, qu'elle… porte la culotte !

# D

# comme…

## D'où vient la sensation de « déjà-vu » ?

J'ai déjà vécu cette scène. Malaise. Sensation de « déjà-vu » ou, pour les savants, de « paramnésie », du grec « para », à côté, et « mnésis », mémoire. Ce sentiment désagréable décrit l'impression d'avoir déjà vu une image, une action, une scène de vie, ou de l'avoir déjà vécue. On s'interroge. Est-ce un souvenir ? Si oui, où et quand ai-je déjà vu cela ? Avec qui ?

L'impression a été décrite dès 1815 par Sir Walter Scott. Le terme « déjà-vu » est inventé en 1876 par Émile Boirac dans son livre *L'Avenir des sciences psychiques*. Pourquoi s'en soucie-t-on ? Parce que la plupart de ceux qui sont victimes d'une impression de déjà-vu sont inquiets pour leur santé mentale.

Plusieurs théories s'affrontent pour l'expliquer.

La première d'entre elles, purement dogmatique, fait référence aux croyances en la réincarnation, scientifiquement baptisée « métempsycose ». Seulement, là où cela ne tient pas, c'est que le déjà-vu peut s'appliquer à des situations de la vie de tous les jours, impliquant voiture, avion, téléphone et autres objets modernes qui n'auraient pas eu leur place dans une vie antérieure.

Autre hypothèse, le déjà-vu n'est que la réminiscence de rêves prémonitoires. Vous rêvez d'un pique-nique sur l'herbe avec votre bien-aimé(e). Arrive le moment tant attendu. Vous y avez tellement pensé, qu'évidemment certaines scènes, fruit de votre imagination, ont des chances de se rejouer. Quand vous ne les suscitez pas vous-même…

Mais la théorie la plus en vogue aujourd'hui est celle d'une petite erreur dans le circuit d'enregistrement de votre cerveau. Souvenez-vous, c'est le cas de le dire, que notre mémoire fonctionne à plusieurs niveaux. La mémoire immédiate, ou mémoire de travail, enregistre un numéro de téléphone pour le composer dans les minutes qui suivent. Puis l'oublie. La mémoire longue enregistre cette magnifique partie de campagne dans l'herbe, pour en faire un souvenir pérenne. Si le cerveau déraille au moment de mémoriser la scène sur votre disque dur personnel, voilà un morceau de souvenir longue durée inscrit dans la mémoire immédiate. Erreur ! C'est un peu comme les boîtiers enregistreurs qui permettent de mettre un match de football ou le journal télévisé sur pause, pour les reprendre après, là où vous en étiez resté avant de répondre au téléphone. Votre cerveau, en appuyant sur le bouton lecture, ne sait plus si ce souvenir est ancien ou immédiat. Vous voilà confronté à cette fameuse impression de déjà-vu.

Mais il est un signe qui ne trompe pas. L'immense majorité des personnes faisant état de cette sensation sont âgés de 15 à 25 ans. Un peu comme si notre mémoire et notre cerveau, pourtant déjà parfaitement adultes à ces âges-là, avaient encore besoin de derniers réglages. D'ailleurs, réfléchissez bien. Si vous ne vous situez plus, malheureusement, dans cette tranche d'âge, à quand remonte votre dernière impression de déjà-vu ?

## Pourquoi avons-nous des dents de sagesse ?

Mais pour mâcher, pardi, pour mâcher ! Les dents de sagesse n'ont rien de mystérieux ou de magique, ce sont tout bonnement des molaires. Vous savez, si vous les avez encore ou si vous en avez tout court, ce sont ces grosses dents au fond de la bouche, celles qu'il est quasi impossible de brosser à fond, même avec une brosse à dents électrique… Pourquoi « si vous en avez tout court » ? Parce que nous ne sommes pas tous égaux devant la douleur, celle des dents qui poussent, et celle des dents que l'on arrache. On ne sait pas vraiment pourquoi, mais tout le monde n'a pas cette troisième, voire quatrième paire de molaires, et ce n'est pas qu'une histoire de place dans la bouche. La preuve : si on arrache leurs dents de sagesse à certains pour faire de la place aux autres, c'est que le manque de place justement ne les a pas empêchées de pousser ! Maintenant, on observe, principalement en Occident (où les dentistes sont nombreux), une diminution du nombre des dents de sagesse. Cela serait dû à notre régime alimentaire, de plus en plus « soft » : les dents servant à mastiquer seraient devenues inutiles. C'est sûr que les frites McDo, c'est pas dur à mâcher… Un dernier détail : j'ai parlé de paires, mais parfois, les dents de sagesse arrivent seules, ou en nombre impair – raison de plus pour les arracher, histoire de rééquilibrer tout ça… Aïe !

## Pourquoi 666 est-il le nombre du diable ?

Cela ne date pas d'hier, mais d'il y a deux mille ans : ce nombre apparaît dans l'Apocalypse selon saint Jean au chapitre 13, versets 17 et 18 : « *Et personne ne pouvait acheter ou vendre sans porter ce signe : soit le nom de la bête, soit le nombre correspondant à son nom. C'est ici qu'il faut de la sagesse. Que celui qui a de l'intelligence déchiffre le nombre de la bête. Ce nombre représente le nom d'un homme, c'est : six cent soixante-six.* » On a cherché à comprendre si ce nombre désignait quelqu'un en particulier, par exemple Néron ou les Romains en général. En attribuant certaines valeurs aux lettres, ou en ne gardant que les lettres qui sont aussi des chiffres en alphabet latin, le nombre du diable apparaît en effet. Mais rien ne prouve que l'objectif de Jean, l'apôtre, était bien de dénoncer les Romains. Une chose est sûre, beaucoup de codifications limitent, voire interdisent l'usage des trois 6 juxtaposés, afin de ne pas heurter les sensibilités religieuses, devenues bien souvent superstition. Maintenant, si vous cherchez bien, vous trouverez parfois quand même des véhicules immatriculés avec trois 6, du moins, dans l'ancien système, et, bien entendu, quelques abonnés au téléphone mobile ont aussi un numéro qui contient trois 6 côte à côte. Diable !

## Pourquoi les diodes électroluminescentes éclaireront-elles un jour nos villes ?

Vous utilisez peut-être déjà sans le savoir des diodes électroluminescentes (LED) pour éclairer ou pour vous éclairer. Vous êtes-vous offert récemment un vélo ? Il y a de fortes chances pour que son phare utilise des diodes. Noël vous a apporté une lampe torche, de celles qui se rechargent en tournant une manivelle ? Là encore, ce sont des LED qui éclairent. Indice pour les détecter ? Les diodes se promènent toujours en bande : que ce soit dans votre phare de vélo ou votre lampe torche, elles sont une petite dizaine, alignées ou groupées, à s'allumer simultanément, ou encore seulement une sur deux en mode « économique ». Des diodes, vous en croisez également en ville : elles illuminent aujourd'hui la plupart des feux tricolores. Et puis... il y a Noël, et la magie de ses décorations. Depuis 2007, les municipalités remplacent massivement les guirlandes traditionnelles, à lampe à incandescence, par des guirlandes à diodes électroluminescentes. Intérêt ? Elles permettent de faire... 95 % d'économie d'énergie. À Paris, l'opposition a reproché à Bertrand Delanoë d'avoir remplacé les vieilles guirlandes par des LED avant les élections municipales, pour en faire un argument électoral. N'empêche, l'opération n'est pas si évidente, car les diodes, c'est leur problème, coûtent très cher encore aujourd'hui à l'achat. Autrement dit, si l'objectif est de faire une économie, celle-ci est d'abord précédée d'un investissement coûteux.

Mais l'avenir est assurément aux LED. Au début du nouveau siècle, leur puissance, limitée, ne les destinait pas à des applications d'éclairage, mais seulement de décoration ou de signalisation. Aujourd'hui, on en fait aussi des lampes de poche ou des phares de vélo, mais aussi maintenant des phares de voitures. Audi a lancé courant 2008 la première voiture, la R8, équipée de phares à LED. Heureusement, ces phares restent une option, à quand même plus de 3500 euros, tellement les composants sont encore chers à ce jour! On trouve également des ampoules domestiques à base de LED, destinées à remplacer les spots traditionnels ou halogènes, mais là encore, attention à la facture. Néanmoins, les enjeux énergétiques sont tels, et l'éclairage public est si dispendieux en énergie (il pèse jusqu'à 10 % de la consommation énergétique, dans certains départements très urbanisés) qu'il n'y a pas d'hésitation possible. À bon LED, salut!

## Pourquoi avons-nous besoin de dormir ?

La question est loin d'être anodine quand on sait que certaines personnes victimes d'un accident – de la route par exemple – ayant affecté leur cerveau ne dorment plus. Le record en la matière est détenu par un Américain qui ne dort pas, au sens scientifique du terme, depuis une trentaine d'années. Il se repose, en s'allongeant, mais son électroencéphalogramme ne montre pas de signes d'endormissement. Certains scientifiques émettent d'ailleurs l'hypothèse que le sommeil, chez l'homme, est acquis et non inné. L'homme dormirait depuis qu'il s'est réfugié dans des cavernes, dans lesquelles il était à l'abri des prédateurs, la nuit. Quand il ne mangeait pas, ne peignait pas, l'homme (et sa moitié) dormaient... pour s'occuper. Attention, ne pas confondre repos et sommeil! Si le repos est indispensable, le sommeil – qui n'est pas toujours de tout repos, comme chacun sait – le serait donc moins.

## Pourquoi a-t-on besoin de se couvrir quand on dort ?

Atchoum ! J'ai pris froid cette nuit parce que ma couette était tombée au pied du lit. Ça vous arrivera, ainsi qu'à vos enfants et à vos petits-enfants. Mais ça n'arrivait pas à nos ancêtres, les Cro-Magnon et autres hommes de Tautavel, parce que, eux, ils avaient du poil aux pattes, et partout ailleurs. Pendant le sommeil, notre organisme tourne au ralenti, il se repose. Nous faisons moins de mouvements que pendant la période d'éveil (enfin, pour certains). Et une machine qui tourne au ralenti chauffe moins. Dans les faits, vous pouvez dormir sans être couvert, même par temps froid, mais votre organisme, devant fabriquer de la chaleur, va mal se reposer ou même vous réveiller.

## Pourquoi y a-t-il plus de droitiers que de gauchers ?

De tout temps, en tous lieux, *Homo sapiens* est majoritairement droitier. C'est même une écrasante majorité puisque l'on évalue à 85 %, voire 90 %, le nombre de droitiers sur la planète. Même dans les pays qui écrivent de droite à gauche, les droitiers sont largement majoritaires. On sait aujourd'hui que, lorsque petit bébé est encore dans le ventre de sa maman, l'hémisphère gauche (qui contrôle le côté droit du corps) se développe quasiment toujours plus vite que l'hémisphère droit. Quand un enfant commence à prendre des objets dans les mains, puis s'en sert, c'est souvent la main droite qui s'impose, et cet « avantage » demeure par la suite. Les gauchers seraient alors des « droitiers » dont l'hémisphère gauche a évolué moins vite que son voisin, autrement dit des Homo sapiens plus équilibrés, ce qui explique aussi qu'ils sont parfois plus doués pour certaines choses. Et ce n'est pas parce que je suis moi-même gaucher que je manque d'objectivité ! Les gauchers sont ainsi surreprésentés chez les joueurs de tennis (leur jeu déstabilise les droitiers, et ils ont des temps de réaction plus courts) ou... chez les présidents français et américains !

## Pourquoi les nouveaux DVD s'appellent-ils « Blu-ray » ?

Parce que les DVD « traditionnels », ceux que nous connaissons depuis le milieu des années 1990, auraient pu s'appeler « Red-ray ». Tout est histoire de rayon laser utilisé par l'appareil pour lire le disque. Reprenons du début. Du temps des 33 et 45 tours, une tête de lecture venait se poser sur les sillons du disque. En suivant le dessin de ces sillons, la tête vibrait, transmettait ces vibrations à l'amplificateur, qui les transformait en sons. Remarque : même sans tête de lecture, on pouvait entendre le disque, grâce à une épingle par exemple, ou même à son ongle. Puis vint le CD, l'ancêtre du DVD. Cette fois, plus de tête de lecture. Les informations gravées sont beaucoup plus nombreuses, beaucoup plus serrées : il faut un laser pour les lire. Les lasers les plus simples à fabriquer jusqu'ici étaient de couleur rouge. C'est pour cela que les petits pointeurs de poche, pour les présentations Powerpoint ou pour s'amuser, sont rouges. Dans un lecteur de CD ou de DVD, la taille du point rouge sur le disque n'a cependant rien à voir avec celle d'un pointeur. Elle ne dépasse pas 0,5 micron, soit 0,5 millième de millimètre ! Grâce à cela, il est possible de stocker jusqu'à 4,7 Go sur un DVD. Suffisant pour encoder un film de cinéma avec une bonne définition d'image, mais pas assez pour encoder en haute définition (HD), et encore moins avec des images en 3D. C'est pour cela que les fabricants de lecteurs de DVD ont fait appel à des lasers d'une autre couleur, bleue cette fois, dont la longueur d'onde – et donc la « tache » – est quatre fois inférieure à celle du laser rouge. On peut ainsi stocker plus de 20 Go de données sur un disque « Blu-ray ».

# E

# comme...

## Pourquoi l'eau de mer est-elle salée ?

Nos océans et nos mers se sont formés voici plus de 3,5 milliards d'années. Depuis ce temps-là, des sources d'eau chaude salée, car passant au travers de gisements de sels de tous types (pas seulement de sodium, qui donne notre sel de table), ont participé à leur salinisation. Ajoutez à cela l'acidité de l'eau de mer : elle contribue à provoquer des réactions chimiques, qui ont tendance à arracher le sodium des roches. Et pour les petits malins qui voudraient demander pourquoi la mer Morte est plus salée que les autres, je répondrai tout simplement que, conformément à son nom, et à son état de mer fermée, à force de s'évaporer, son taux de salinité augmente mécaniquement.

## Pourquoi, quand on met un bâton dans l'eau, semble-t-il cassé ?

Avez-vous déjà entendu parler de diffraction ? Comme souvent, la question qui paraît banale est en fait très complexe, mais je vais tout faire pour y répondre simplement, et idéalement, par une image. Les objets que vous voyez autour de vous – les arbres, les animaux, les personnes, les voitures, bref, tout – émettent des ondes électromagnétiques. Non, je ne vous parle pas du rayonnement de votre téléphone mobile, mais du rayonnement de tout ce qui nous entoure, le rayonnement lumineux. Vous rayonnez ? Oui, même si c'est de manière passive et inconsciente. Votre corps renvoie la lumière qui le frappe, et en fonction des vêtements que vous portez, les rayons qui rebondissent sont colorés. Par exemple, si vous portez un pull rouge, cela veut dire que seuls les rayons de couleur rouge rebondissent, les autres couleurs étant absorbées par le pull. Vous suivez? Ces rayons, pour parvenir jusqu'à vos yeux, suivent le chemin le plus court: la ligne droite. Sauf... s'ils traversent l'eau. Dans ce cas, ils sont légèrement déviés, car le chemin parcouru par les rayons dans l'eau est différent du chemin des rayons dans l'air On dit qu'ils sont frappés par un coefficient de diffraction. Résultat, quand vous plongez la main ou un bâton dans l'eau, la partie immergée va renvoyer les rayons lumineux, mais différemment de la partie de la main ou du bâton hors de l'eau. Ce qui donne l'impression que la main ou le bâton sont légèrement tordus, voire cassés...

## Pourquoi les économes ont-ils un manche en bois ou en plastique orange?

Je vous vois venir: sceptique, vous vous apprêtez à poser ce livre sur la table de nuit pour vous lever et aller vérifier dans un tiroir de la cuisine (lequel?) si l'économe, autrement appelé épluche-légumes, a bien un manche en bois, ou en plastique orange. Allez-y! Je suis serein. J'ai toutes mes chances. Ils ne sont *pas toujours* en bois ou en plastique orange, certains ont un bête manche en plastique noir, mais dans la majorité des cas, j'aurai raison. Admettez que pour un auteur à succès comme moi, l'enjeu est de taille: imaginez que je sois assailli de courriers de lecteurs déçus de m'annoncer que leur économe *n'a pas* de manche en bois ou en plastique orange, exigeant de mon éditeur qu'il les rembourse, au moins pour ces deux pages, soit d'environ 8 centimes d'euro ? Impossible. J'ai vérifié mes sources.

Ok donc, les économes, même si ce n'est pas le cas du vôtre, ont très souvent, trop souvent, un manche en bois ou en plastique orange. Et ce n'est pas par hasard. C'est évidemment là où je voulais en venir. Pourquoi ? Pour booster la consommation d'économes. Parce que les fabricants d'économes n'en vendent pas tous les jours. On en achète un en s'installant en couple (on a jamais vu d'économe dans le tiroir d'un célibataire, homme en tout cas), et on le traîne cinquante ans au bas mot. Comme un boulet. Ou comme un économe. Toujours ? Non ! Visualisez la scène : corvée de pluche. De patates ou de carottes, les deux principaux invités au bal de l'économe. On ouvre un journal sur la table de la cuisine (*Le Figaro* ou *L'Équipe*, c'est selon), journal dans lequel on place les patates ou les carottes, et l'on se lance dans la grande opération de tonte, avec force soupirs. Et une, et deux, et dix, on compte patates ou carottes en espérant en finir vite. La dernière ? Chouette ! Les belles carottes orange vif ou les bonnes patates couleur beurre sont dans leur plat, prêtes à finir en bœuf mironton ou en *irish stew*. Vite, se débarrasser du journal et de ses épluchures, pour passer à la suite du programme culinaire. Votre plat est prêt, rencontre un franc succès, vous rangez la cuisine après la bataille et tout d'un coup, déclic en chargeant le lave-vaisselle : où est donc passé ce satané épluche-légumes ? Eh bien moi, je vais vous le dire : il est dans le papier-journal qui a fini dans la poubelle, que vous avez consciencieusement placée dans le vide-ordures ou dans la benne à roulettes que les éboueurs ont vidée ce soir ! Pourquoi ? *Mektoub*. C'était son destin, fixé depuis le cabinet de design ou plutôt le bureau d'études marketing qui l'a conçu. En choisissant un manche en bois ou un manche en plastique orange, il était écrit que, statistiquement, il finirait un jour au milieu des épluchures de légumes, de la même couleur que le manche ! Pour espérer vous revendre un jour un épluche-légumes, la plupart des fabricants l'affublent donc d'un manche en bois, ou en plastique orange… Vous restez sceptique ? Faites le test : noyez l'économe au milieu d'un tas de rognures de pommes de terre, ou d'épluchures de carottes. Disparu, l'économe… Pari gagné !

## Pourquoi l'écran tactile des Smartphone est-il si performant, et uniquement sensible aux doigts ?

Sans le savoir, lorsque vous touchez l'écran de votre téléphone avec votre doigt, vous créez un très léger différentiel de tension électrique. Et c'est ce différentiel, changeant en fonction de la position de votre doigt sur l'écran, qui est mesuré. Certains appareils mesurent beaucoup plus de nuances de tension que leurs concurrents, à un millimètre ou deux près. Si vous essayez avec un gant ou le capuchon d'un stylo, en revanche, pas de différentiel, car ils ne sont pas conducteurs, contrairement à votre peau !

## Pourquoi écrivons-nous de gauche à droite ?

Pourquoi certains peuples écrivent-ils de gauche à droite, d'autres, de droite à gauche et d'autres encore de haut en bas ou même de bas en haut ? Et certains même dans un sens puis dans l'autre ?

Il y a un peu plus de cinq mille ans, en - 3 300 précisément, se produit au bord des fleuves de Mésopotamie un événement majeur dans l'histoire de l'humanité. Des hommes écrivent ! Mais au fur et à mesure que l'habitude d'écrire se répand dans les différentes régions du monde, l'affaire se complique. Certains peuples écrivent de gauche à droite, comme les Indiens et nous (c'est tellement plus logique, diront certains, pour éviter de se retrouver avec la main et son cahier tachés d'encre), d'autres de droite à gauche, comme les Arabes et les Perses (et les rédacteurs de la plupart des livres de l'Ancien Testament), ou encore de haut en bas comme les Japonais, les Chinois et les Mongols. Voire de bas en haut, comme les Aztèques. Pourquoi ? Vous allez être déçu. Le sens est souvent considéré comme le fruit du hasard. « *Sans raison autre que la projection énigmatique de notre propre corps* », dit Roland Barthes, écrivain et sémiologue passionné de la vie des signes.

Le plus intéressant, c'est de voir que, pendant longtemps, rien n'a été figé et les peuples ont tâtonné au fil des siècles à la recherche de la bonne direction à prendre avec leur plume. Un exemple, les Grecs. Ils ont d'abord écrit de droite à gauche, et ce jusqu'au v<sup>e</sup> siècle avant J.-C. Puis, ils ont gravé en « boustrophédon », c'est-à-dire dans un sens sur une ligne, puis dans l'autre sur la suivante, à la manière de la tondeuse que vous poussez le week-end, qui vire à chaque bout du jardin pour écrire, pardon tracer une nouvelle ligne verte dans votre gazon hirsute. Tout ça pour finalement opter pour l'écriture de gauche à droite, car ils la jugeaient – semble-t-il – plus naturelle : de fait, cela gêne moins la main. Ce serait Pronapidès, le précepteur d'Homère, le plus célèbre des poètes de la Grèce ancienne et probable auteur de l'*Iliade* et de l'*Odyssée*, qui aurait entériné le choix final de l'ouest vers l'est, vers l'an - 900. Ce qui nous paraît maintenant naturel ne l'était pas forcément.

Il y a encore plus fou. Ainsi, les tablettes rongo-rongo de l'île de Pâques sont semble-t-il écrites en « boustrophédon », mais inversé ! En gros, on lit la première ligne de la gauche vers la droite, puis on fait tourner la tablette de 180°, on lit également la deuxième ligne de la gauche vers la droite, et ainsi de suite. À noter que, jusqu'ici, la langue utilisée sur les monuments vestiges de l'île est toujours impossible à décrypter, faute de pierre de Rosette pour la traduire en autre chose de connu.

Autre exemple de tâtonnement des plumes et des idées, et d'interconnexion des langues entre elles. En Égypte, les scribes avaient l'habitude d'écrire de droite à gauche. Quoique parmi les hiéroglyphes, certains suivaient la direction verticale, de haut en bas, d'autres une direction horizontale, qui se déchiffraient indifféremment de droite à gauche, ou de gauche à droite. Vous me suivez ?

Heureusement, il y a un truc : le côté vers lequel sont tournées les figures d'hommes ou d'animaux indique celui où commence la ligne. Il fallait y penser. Ce n'est finalement que sous l'influence grecque que le sens d'écriture s'est inversé pour passer de gauche à droite.

En Chine, la vie des signes ne suit pas non plus un long fleuve tranquille : le chinois savant et poétique s'écrit de haut en bas, tandis que le chinois courant se lit... de gauche à droite. Il n'empêche qu'à Hong-Kong et Taïwan, les articles de journaux sont encore écrits verticalement, sauf les titres qui sont horizontaux. Imaginez la dure vie du maquettiste infographiste, dans ces pays-là. Seulement, vous allez rire, cela ne s'arrête pas là. Après avoir déchiffré votre journal, vous sortez. Que ce soit à Hong-Kong ou dans les quartiers chinois de Malaisie ou de Singapour, vous pourrez voir des noms de boutiques écrits de droite à gauche...

Finalement, ce sont les Occidentaux qui font figure d'exception en ce bas monde : ils ont toujours écrit de gauche à droite, latin oblige. Nos enfants n'ont plus d'excuses pour revenir de l'école barbouillés d'encre.

Je vous fais grâce du comment du pourquoi le gaucher écrit la main tordue sur le dessus, ce qui est parfois assez impressionnant. Quand vous saurez que certains gauchers écrivent bien au contraire par en dessous...

## Pourquoi les images sur un écran d'ordinateur ou de téléviseur sont-elles formées de petits points ?

Toutes les images apparaissant sur un écran sont formées par des pixels, plus ou moins gros en fonction de la résolution dudit écran. Approchez le nez de votre téléviseur, ou même de votre téléphone : oui oui, les petits points de couleur, ce sont des... pixels ! Les pixels vont toujours par trois, placés l'un derrière l'autre, de trois couleurs différentes : RVB, pour rouge, vert, bleu. En fonction de l'intensité lumineuse de chacun de ces pixels, des couleurs sont ainsi créées. Par exemple, si les trois pixels sont éteints, le pixel est noir, si les trois sont allumés, le pixel est blanc. Rouge et vert donnent du jaune, rouge et bleu, du violet, vert et bleu, du cyan.

## Pourquoi reçoit-on parfois une décharge électrique lorsque l'on approche quelqu'un ?

On peut également se demander pourquoi les poils des bras (ça marcherait aussi avec les cheveux ou les poils des jambes) se hérissent lorsqu'on s'approche de la télévision... Depuis l'arrivée des écrans plats, le phénomène ne survient plus, faute de canon à électrons. Reprenons depuis le début. En cours de sciences physiques, nous sommes censés avoir découvert l'électricité statique. Armés d'un bâton d'ébonite frotté à une peau de chat ou à un pull en laine, nous sommes capables de faire se dresser les cheveux sur la tête. Chose amusante, le jour où cette question m'a été posée, je me suis pris une petite châtaigne en embrassant – en tout bien tout honneur – une collègue de travail. Indice : elle était affublée d'un gros pull, genre irlandais ! Lorsque deux personnes se serrent la main ou s'embrassent, elles ne sont pas forcément chargées électriquement de la même manière, notamment à cause des vêtements qu'elles portent et des chaussures qu'elles ont au pied. Ajoutez à cela d'autres facteurs, comme l'humidité ambiante, et vous vous prenez des décharges sans que celles-ci ne crient « *gare !* ». Si vous voulez faire un truc marrant avec votre conjoint ou un(e) petit(e) ami(e), montez au dernier étage de la tour Montparnasse. L'endroit est réputé pour son électrostatisme et ses baisers « électriques ». Pourquoi pas à la tour Eiffel ? Parce qu'elle est entièrement métallique, mais ceci est une autre histoire…

## Pourquoi les éléphants ont-ils des trompes ?

Ah, la voilà la question qui vous a interloqué en voyant ce livre sur la table du libraire ! En effet, il y en a des choses à dire à son sujet ! D'abord, accrochez-vous bien, la trompe de l'éléphant d'Asie ou d'Afrique, c'est juste une affaire de… 100 000 à 150 000 muscles ! Oui, vous avez bien lu, pas de faute de frappe. Chez vous, chez moi, en les comptant tous un par un, même le plus petit, on arrive péniblement au score de 640.

Alors 100000 ou 150000 muscles... Comptez dans les cent kilos. Décoratif? Sûrement pas. La trompe pour les éléphants, c'est d'abord leur... nez. Ça paraît évident, mais cela va mieux en le disant, pour ceux qui auraient douté. Mais un nez un peu particulier, puisqu'il sert aussi d'organe préhensile: il sert à attraper des choses. Oui, le pachyderme est capable de saisir avec sa trompe de petits objets, petits, par rapport à sa taille, comme une balle ou une orange. La balle, il jouera avec, l'orange, il l'avalera, et si le contraire arrive, ce ne sera pas bien grave. Mais avec cent kilos de muscle, la trompe permet aussi de saisir de gros objets. En Asie, les éléphants transportent à bout de bras, pardon, de trompe, des troncs d'arbres entiers. Et comme la trompe est d'abord un nez, elle sert évidemment aussi à respirer. Oui, sous l'eau, Dumbo peut s'en servir comme d'un tuba! En revanche, le mythe de l'éléphant qui vide la mare avec sa trompe a la dent dure, mais c'est bien un mythe. Tout ce que sait faire l'éléphant, c'est d'aspirer de l'eau dans sa trompe et de la verser ensuite dans sa bouche, à raison de quelques dizaines de litres chaque fois, tout de même.

## Pourquoi les espèces disparaissent-elles?

Un conseil, n'emmenez pas votre progéniture au parc animalier de Thoiry dans les Yvelines, après avoir organisé une séance *Jurassic Park* à la maison. Sinon, ça ne loupe pas, ils demanderont où sont les diplodocus et autres *tyrannosaurus rex*. Et s'ils disent «T-rex» d'un air entendu, ne relevez pas.

Comment leur expliquer que les dinosaures ont trépassé à jamais il y a soixante-cinq millions d'années, quand quatre ou cinq ans leur paraissent déjà une éternité, la durée de leur courte vie ? Même leur grand-mère n'en a jamais connu, c'est dire si ça fait un bail qu'on ne les voit plus patrouiller en forêt. Eh oui, les dinosaures ont été rasés de la surface de la Terre, où ils vivaient depuis plus de cent soixante millions d'années, à cause d'une immense météorite tombée au niveau du Mexique. C'est en tout cas l'explication la plus en vogue en ce moment. D'autres espèces – insectes, reptiles marins et aériens, mammifères – ont rendu l'âme par la même occasion. Disparues. Évincées purement et simplement du règne animal, alors que tout ce beau monde était en train de brouter, dormir ou draguer tranquillement. Bien sûr, tout cela ne s'est pas fait en un jour, mais il est probable que cela n'ait duré que quelques mois, voire quelques années. Le temps que les plantes, privées de lumière par l'immense nuage de poussière qui a obscurci le ciel, périclitent. Et avec elles, les herbivores. Et avec eux, les carnivores.

Avant l'homme, donc, les espèces disparaissaient déjà : catastrophe naturelle, volcanique ou cosmique – un petit astéroïde par exemple, comme pour les dinosaures –, et le tour était joué.

Mais depuis que l'homme a fait son entrée sur la Terre, il y a quelques dizaines de milliers d'années seulement, nombre d'extinctions sont liées, d'une manière ou d'une autre, à sa présence.

La Terre est petite, et il faut bien que les humains, de plus en plus nombreux, se nourrissent d'autre chose que d'amour et d'eau fraîche. Chasse, pêche, mais aussi urbanisation et déforestation : forcément, les animaux trinquent. Ils sont chassés par les maisons ou par les fusils. Or, réduire la superficie d'un territoire sauvage de 90 % entraîne la disparition de 50 % des espèces qui y vivent. Voilà pourquoi la forêt amazonienne est l'un des « points chauds » de la planète. On y trouve un taux d'extinction parmi les plus élevés, et les espèces végétales et animales que l'Amazonie abrite y comptent parmi les plus menacées.

À Hawaï, Madagascar, dans les forêts d'altitude de l'Équateur ou près des récifs coralliens, c'est pareil : mieux vaut éviter d'y traîner ses feuilles ou ses pattes. Avis aux bébêtes et aux plantes exotiques : danger de mort, pire, de trépas éternel !

Or quand une espèce disparaît, toutes celles qui en dépendent disparaissent aussi. Prenez le dodo, un petit oiseau frugivore de l'île Maurice. C'était une espèce endémique, c'est-à-dire qui ne vit nulle part ailleurs. Normal, nous sommes sur une île. Quand le dodo s'éteignit, éradiqué par les navigateurs prédateurs, dix-neuf espèces de plantes se sont endormies simultanément à jamais, le dodo n'assurant plus la germination et l'éparpillement de leurs graines.

Aujourd'hui, l'extinction s'accélère. Les scientifiques estiment que pas moins de dix mille espèces disparaissent chaque année ! Dans trente ans, au moins vingt pour cent des espèces portées par la Terre se seront probablement éteintes, réduisant *de facto* la diversité animale, en théorie garante du bon fonctionnement du cercle de la vie.

Et, nous, petits *Homo sapiens*, sommes-nous menacés de disparition ? Est-ce qu'un jour nos descendants lanceront une opération « Sauvez les hommes » ? Après tout, il y a quarante mille ans – hier, donc –, quatre espèces de primates marchant sur leurs jambes, à la morphologie différente, peuplaient la Terre. Chacune d'elles a évolué, muté. Une seule a survécu jusqu'ici. Au rythme où nous nous reproduisons, il y a peu de chances que l'homme s'éteigne, sauf à s'autodétruire, et la planète avec. À moins qu'une météorite ne nous tombe d'ici là sur le coin du nez…

## Pourquoi dit-on des espèces qu'elles sont « sonnantes et trébuchantes » ?

Souvenez-vous de Fouquet : parce que Louis XIV lui reprocha d'avoir oublié quelques sacs de piécettes collectées au titre de sa fonction de fermier général, équivalent de l'inspecteur des impôts sous l'Ancien Régime, il termina sa carrière enfermée dans une cage, bien loin de son château, Vaux-le-Vicomte, qui rendit le roi fou de jalousie. Versailles allait d'ailleurs naître de ce complexe d'infériorité – comment Fouquet possède-t-il un tel palais dans lequel il donne des fêtes somptueuses et pas moi ? À cette époque, la collecte d'impôts n'était pas un sport de tout repos. Beaucoup essayaient de tricher avec de la fausse monnaie, qui avait la caractéristique de sonner différemment des pièces en or ou en argent lorsqu'on la laissait choir sur une table. Une pièce qui ne sonnait pas comme les autres, ou ne trébuchait pas naturellement sous le nez du fermier général, et en route pour la case prison ! Sans passer par « Départ », et sans toucher la prime…

## Pourquoi dit-on « payer en espèces » ?

« Espèce » vient du latin *species,* qui désigne les denrées, les marchandises. *Species* a d'ailleurs donné naissance à « épice ». La langue est bizarre. Au XVIIe siècle, on dit que l'on paie quelque chose en espèces lorsque l'on paie en nature, en faisant du troc. Et dans le même temps, le mot « espèce » au singulier désigne déjà une pièce de monnaie. La grammaire et l'orthographe n'étant pas encore fixés à cette époque, on peut donc raisonnablement penser que l'espèce qui désigne la pièce s'est transformée en « espèces » pour qualifier le paiement en argent.

## Pourquoi les grands esprits ont-ils toujours tort ?

Reformulons ! Pourquoi les idées nouvelles ont-elles toujours autant de mal à séduire ? Pourquoi leurs promoteurs doivent-ils toujours déployer des trésors d'énergie pour convaincre ?

Tout simplement parce que l'instinct grégaire fait partie de la programmation génétique de l'homme. Suivre le plus grand nombre a non seulement un côté rassurant et confortable, mais c'est aussi une condition de survie de l'espèce humaine. Ce n'est pas moi qui le dis, mais l'éthologue Konrad Lorenz, qui étudia le comportement des oies pendant des années afin d'en tirer des enseignements sur l'homme. Il en sait quelque chose : Lorenz, autrichien, avait adhéré au parti nazi en 1938, comme quatre millions de ses compatriotes, rejoignant plusieurs autres millions d'Allemands. Mobilisé comme médecin pendant la guerre, ce n'est que très tard, vers 1943, qu'il mesura l'ampleur de la barbarie nazie. Cela ne l'a pas empêché de recevoir le prix Nobel pour ses travaux en 1972.

Pourtant direz-vous, l'histoire de l'humanité est aussi émaillée de nombreuses phases de contestations et de révolutions, souvent violentes. Seulement, à bien y réfléchir, ces épisodes de troubles ne sont ni plus ni moins que l'affrontement d'une idée majoritaire avec une autorité, une hiérarchie, défendant elle une idée minoritaire, souvent celle de la défense de ses intérêts !

Nombre des questions traitées ici ont donc reçu une ou plusieurs réponses : non seulement l'explication admise par la majorité, mais aussi bien souvent les réponses minoritaires. Audacieuses, elles sont souvent intéressantes, innovantes, révolutionnaires.

Pour Lorenz, c'est souvent l'homme seul qui a raison.

Paradoxalement, le chercheur a pourtant adhéré aux idées du plus grand nombre…

## Pourquoi les États-Unis ne sont-ils pas passés au système métrique ?

Les États-Unis, on a un peu souvent tendance à l'oublier, sont une ancienne colonie anglaise, et se sont donc conformés aux mesures anglaises, en pieds, pouces, gallons, miles. En gagnant leur indépendance, en 1783, les Américains auraient adoré couper les ponts avec leurs anciens maîtres, par tous les moyens, et notamment sans doute en changeant de mesures… Sauf qu'en 1783 le système métrique n'existait pas encore, puisqu'il sera inventé sous la Révolution, en 1791 ! Un système qui mettra plusieurs décennies à s'imposer un peu partout dans le monde (mais très rapidement en Europe grâce aux conquêtes napoléoniennes). Autant dire que le rendez-vous entre le mètre, le litre et les Américains est un rendez-vous manqué.

Aux conséquences parfois dramatiques. En 1999, la sonde américaine Mars Polar Lander s'est ainsi lamentablement écrasée sur la planète rouge. Pourquoi ? Parce que le programme qui la pilotait lors de l'approche de l'orbite martienne avait été rédigé en kilomètres. Alors qu'elle-même attendait des données de navigation en miles…

## Pourquoi les étoiles brillent-elles ?

Ça ne loupe pas. Vers cinq ans, parfois plus tôt, votre bambin se transforme en astronome en culotte courte. Il pointe alors un doigt interrogateur au-dessus de sa tête, et vous lance le fameux « Pourquoi les étoiles brillent ? ». Et là, gros silence. « Ben… parce que le Soleil les réfléchit. » Voire un lamentable « Parce que c'est comme ça ». Eh bien non. Si Pollux, Mimosa, L'Épi, Wei et les autres brillent – il y en a près de six mille visibles à l'œil nu depuis la Terre, sur les 100 milliards d'étoiles que compte notre galaxie –, il y a une bonne raison. En fait, les étoiles émettent de la lumière par leurs propres moyens, comme des grandes qu'elles sont déjà, puisque certaines sont jusqu'à cent fois plus grosses que notre Soleil, qui fait déjà un million et demi de kilomètres de diamètre ! Imaginez la taille de la boule de feu : 108 fois la Terre ! Son rayon fait deux fois la distance de la Terre à la Lune.

Mais grosses, très grosses, énormes, voire gigantesques, les étoiles qui brillent dans le ciel sont tellement loin qu'on ne voit que des petits points lumineux, même au télescope. Pourquoi brillent-elles ? Les étoiles sont des boules de gaz, plus précisément d'hydrogène, qui se comprime. Les particules d'hydrogène fusionnent entre elles et se transforment en hélium. L'hélium brûle et dégage de la lumière et de la chaleur. Le processus s'appelle une réaction nucléaire : vous voilà ingénieur sans les cinq à sept années de souffrances atroces.

Mais à y regarder de plus près, les étoiles ne sont pas toutes de la même couleur. En fait, le ciel ressemble à un arc-en-ciel. Certaines ont des couleurs bien précises : jaune, comme Capella dans la constellation du Cocher, blanche comme Procyon, bleue comme Orion, ou encore rouge comme Arcturus, dans le Bouvier. Tout cela donne une voûte magnifique. Même le philosophe Kant est scotché devant tant de beauté. « *Je ne connais que deux belles choses dans l'univers : le ciel étoilé sur nos têtes, et le sentiment du devoir dans nos cœurs* », écrivait-il.

Contrairement à une idée répandue, les étoiles brillent aussi le jour, comme le Soleil bien sûr ! Seulement, l'atmosphère terrestre nous empêche de les voir, diffusant massivement la lumière solaire au détriment de celle, beaucoup plus faible, des étoiles. Pour preuve, lorsque les astronautes et spationautes foncent à la vitesse de 7 kilomètres/seconde vers l'espace, à bord d'une fusée ou d'une navette, c'est au bout de moins de quelques poignées de secondes qu'ils commencent déjà à voir les étoiles apparaître dans leur hublot, même en plein jour, et malgré l'étoile Soleil. Car le Soleil est bel et bien une étoile. La plus proche de nous même : la deuxième étoile la plus proche de la Terre, Proxima du Centaure, est 250 000 fois plus loin que l'astre sacré. Et il faudrait quatre années de voyage pour la rejoindre ! Mais quatre années... à la vitesse de la lumière, une prouesse technologique que nous sommes encore loin, très loin de pouvoir accomplir ! C'est pour cela que l'on croit le Soleil si gros. C'est d'ailleurs grâce à l'énergie prodiguée par ses rayons que la vie est possible sur Terre.

Je vous disais qu'on peut voir, par nuit claire, 6 000 étoiles. Plus en ville, ni même à la campagne, sauf à bien s'isoler de toute pollution lumineuse, par exemple, en montant sur une colline sans habitation ni route éclairée. Certaines d'entre elles se regroupent en « constellation ». On vous a certainement montré, petit garçon ou petite fille, le « W » que forme Cassiopée, ou la « casserole » de la Grande Ourse. Depuis la Terre, on a l'impression que les étoiles de ces groupes sont voisines. Mais rien n'est plus faux ! C'est une illusion, un effet d'optique, car elles sont généralement distantes de dizaines, voire de centaines d'années-lumière les unes des autres. Saviez-vous, par ailleurs, que la plupart de ces constellations ne sont visibles qu'en certaines saisons ? Orion ne se dévoile que l'hiver, la Lyre l'été, le Lion au printemps, et Andromède seulement à l'automne.

Autre illusion, on imagine que les étoiles sont allumées, puisqu'elles scintillent. Faux encore ! Certaines d'entre elles sont mortes depuis plusieurs millions d'années. Mais comme une étoile a énormément de réserves d'énergie en son sein, même le jour où les réactions nucléaires cessent, elle peut encore rayonner. D'ailleurs, plus une étoile est massive, plus elle consomme rapidement son hydrogène et donc plus elle s'éteindra vite (après quelques millions d'années tout de même) : plus de carburant, plus d'étoile. Lorsque les réactions de fusion s'arrêtent, l'étoile s'effondre sur elle-même. Ce qui peut provoquer une gigantesque explosion, qui s'accompagne d'une immense luminosité. C'est ce qu'on appelle une « supernova ». Ceux qui ont la chance d'en voir une dans leur vie – sachant qu'il ne s'en produit qu'une à trois par siècle – ont l'impression qu'une étoile nouvelle vient de naître, d'où son nom, « nova », qui signifie « nouvelle ». Alors qu'elle correspond en réalité à la mort d'une étoile. Décidément, le ciel est un bon illusionniste ! Et comme certaines sont distantes de plusieurs dizaines, voire centaines d'années-lumière, si l'une d'elles venait à mourir demain, nous ne le saurions que dans dix, cent, mille ans peut-être.

## Pourquoi y a-t-il des étoiles filantes ?

L'étoile filante n'a rien à voir avec une étoile, en fait. Ni planète, ni boule de gaz, mais un petit morceau de comète, qui entre dans l'atmosphère à seulement une centaine de kilomètres d'altitude. Au contact de l'oxygène de l'air, le corps étranger rougeoie, s'enflamme, et le plus souvent se consume avant d'avoir touché le sol. Mais parfois, le morceau de comète est tellement gros qu'il n'est pas totalement consumé au moment d'atteindre la Terre. Ces dernières années, des voitures en stationnement ont ainsi été détruites, mais aussi des maisons. Et quand le morceau de comète est imposant, les dommages peuvent être énormes. En 1908, un morceau de comète plus gros que les autres s'est écrasé à Toungouska en Sibérie, détruisant des milliers d'hectares de forêts, une catastrophe qui se produit une fois par siècle d'après certains spécialistes. Désormais, pour sortir en ville, mettez un casque !

## D'où vient l'expression « les femmes et les enfants d'abord » ?

À bord des bateaux, pendant très longtemps, le nombre de chaloupes de sauvetage était inférieur au nombre de personnes présentes à bord. Forcément, cela prend de la place, elles sont inutiles la plupart du temps, sans compter que cela coûte cher. Le drame du *Titanic* en a été un exemple. Plus de 1 500 personnes ont péri, essentiellement parce qu'il n'y avait pas assez d'embarcations de secours à bord. Il y avait bien en revanche un gilet par passager, mais dans une eau à - 2 °C – nous sommes au large de Terre-Neuve –, le temps de survie est de vingt minutes maximum ! Aussi, la règle de secourir prioritairement les plus faibles, à savoir les enfants et les femmes, qui plus est empêtrées dans leurs jupes, a été respectée. La preuve : seules 25 % des femmes ont péri dans le naufrage, contre… 82 % des hommes ! 53 % des enfants sont morts, mais ceux-ci ont surtout succombé au froid glacial (- 10 °C) à bord des chaloupes, en attendant les secours.

# F

# comme...

## Pourquoi dit-on « Fanny au bar » ?

Nombre d'expressions ont non seulement une origine douteuse, pour ne pas dire totalement inconnue, mais en plus, leur signification évolue avec le temps et ceux qui les utilisent. Il en est ainsi de « Fanny au bar ». Je vais recevoir des messages de nos lecteurs marseillais, à coup sûr... Être « Fanny au bar » signifie être malchanceux. On dit que, dans les années 1930, les joueurs de boules qui n'avaient pas marqué un seul point lors d'une partie étaient obligés d'embrasser les fesses d'une certaine Fanny, un peu légère. Ensuite, les bars de la ville se sont équipés de statues symbolisant lesdites fesses à embrasser. Invérifiable ou presque. Mais avec le temps, l'expression a évolué. Beaucoup utilisent « Fanny au bar » pour dire d'une tâche qu'elle est facile : « C'est Fanny au bar », sous-entendu, tout va bien se passer.

## Pourquoi les films pornos s'appellent-ils « X » ?

C'est une appellation importée. À la fin des années soixante aux États-Unis, la MPAA (Motion Picture Association of America) décide de classer les films à l'aide de lettres. G pour General, M pour Mature, R pour Restricted, et X pour... pour rien ! On pense tout simplement que le X représentait une croix, symbole de l'interdiction. La loi de finances de 1975 autorise en France les films pornographiques ou violents, et décide que *« l'inscription en catégorie X est prononcée par le ministre en charge du cinéma* ». Est-il obligé pour cela de tous les voir ? Bonne question...

## Comment se fait-il que les terrains de foot aient des bandes d'herbe de couleurs différentes ?

Ça paraît évident quand on le sait, mais sinon, ça intrigue ! Si vous interrogez un footeux, un arbitre, il vous dira que ces bandes de couleur aident à estimer les distances, notamment pour l'arbitrage. Sauf que, si les bandes sont visibles sur l'écran de télé, sur le terrain, je vous jure qu'elles ne le sont presque pas. Et comment les fait-on, les bandes ? Pas en plantant des gazons de couleurs différentes, non, c'est beaucoup plus simple... C'est en tondant la pelouse que les bandes de couleur de gazon se révèlent, en fonction du sens de la tonte ! Vous observerez d'ailleurs qu'en fonction des terrains et des pays les bandes ne sont pas toujours de la même largeur, question de matériel.

## Pourquoi la foudre tombe-t-elle sur les points hauts ?

On le répète suffisamment. En cas d'orage, ne vous abritez surtout pas sous un arbre, et ne tenez pas de parapluie au-dessus de votre tête, cela attire la foudre. Pourquoi ? Tout simplement parce qu'un éclair est une immense décharge d'énergie électrique du ciel, en pleine agitation, vers la terre, qui sert alors de réceptacle à ce trop-plein d'énergie. Or, cette décharge va toujours chercher le plus court chemin jusqu'à la terre, sachant que l'air ambiant est un excellent isolant. Moins on se fatigue, mieux on se porte : si bien qu'un clocher, le toit d'une maison, un arbre ou vous sous votre parapluie, et même sans, raccourcirez le chemin à parcourir jusqu'à la terre.

## Pourquoi les fourchettes ont-elles quatre dents ?

Ce n'est pas totalement vrai ! Les fourchettes à poisson en ont trois, et certains designers ont convaincu des grands des « arts de la table » de lancer des gammes de couverts à cinq dents... sans grand succès d'ailleurs. On a trouvé des traces de fourchettes « primitives » chez les Égyptiens, mais c'est en Italie, au XIe siècle, que les fourchettes se banalisent. À quoi servent-elles ? À manger les pâtes ! Comme aujourd'hui, en les enroulant autour des dents. Le nombre de dents, quatre, s'est très vite imposé comme étant le compromis idéal pour rendre le service attendu : faire tout ce que la cuiller ou le couteau ne permettaient pas d'entreprendre dans l'assiette, tenir, piquer, porter... Rappelons que ce n'est qu'à l'époque de la Renaissance que les « arts de la table » et le savoir-vivre rejettent les doigts hors de l'assiette, car jusqu'alors, ils avaient le droit d'un peu tout faire, à commencer par attraper et porter à la bouche. Quant aux fourchettes à poisson, si elles n'ont que trois dents, c'est bien sûr pour les distinguer des fourchettes à viande, sur la table, mais aussi parce que la dégustation du poisson, en raison de sa consistance, n'a pas les mêmes exigences. La fourchette à poisson est bien plus une cuiller avec des dents pour enlever les arêtes, qu'une vraie fourchette.

## Pourquoi avons-nous des fourmis dans les jambes ?

Ah ! Quelle sensation désagréable. Ce ne sont pas que des chatouilles ; ce ne sont pas que des picotements. Ce sont les fourmis. Pas les insectes, bien sûr. Mais la sensation d'avoir son bras, son pied ou sa jambe endolori(e), comme parcouru(e) par une nuée d'insectes. C'est simple, cela arrive n'importe quand – et la plupart du temps, au mauvais moment. Assis, couché ou debout… Il suffit d'être mal positionné et hop, voilà les prurits. Qu'on s'endorme la tête appuyée sur le bras, au réveil, nous aurons l'impression de ne plus le sentir ; qu'on croise les jambes pendant un repas ou une séance de cinéma, en se levant, les chatouilles vont se manifester. Et attention, rien à voir avec une crampe. Mais bon, tout le monde s'imagine bien la sensation ressentie. Pourquoi un tel phénomène ? Que se passe-t-il dans notre corps ?

À l'intérieur, c'est tout notre organisme qui est chamboulé, et nous en sommes les seuls coupables. En nous mettant, par exemple, dans des mauvaises positions, souvent inconfortables, et sans pour autant nous en rendre compte. Notre corps fonctionne grâce à son alimentation en sang. C'est ce qui apporte à nos cellules différents nutriments, et surtout, l'oxygène.

Quand on se met dans une mauvaise position, la circulation de notre sang est bloquée, partiellement interrompue. De ce fait, les nerfs sensitifs ne sont plus approvisionnés en oxygène et cessent alors de fonctionner : ils n'envoient absolument plus aucun signal au cerveau. Mais à ce moment-là, nous ne réalisons encore rien. C'est dans l'instant où nous allons changer de position que la démangeaison apparaît. Pourquoi ? Parce que la circulation du sang reprend son cours ! Les cellules reçoivent alors trop d'oxygène d'un coup, envoient des influx nerveux à notre cerveau, qui ne réagit plus normalement devant ce flux d'informations. Il nous fait alors ressentir les picotements à l'endroit où les veines et les artères étaient comprimées. C'est là que commence l'intarissable sensation, suivie de nos folles gesticulations pour mettre fin au supplice ! À chacun sa méthode ! Mais la seule qui fonctionne, c'est bien malheureusement la patience…

## Pourquoi y a-t-il plusieurs centres de la France ?

On croit d'abord à une histoire belge et, pourtant, rien n'est plus vrai : il y a bel et bien plusieurs centres de la France ! Au moins tous ont-ils le bon goût de se trouver dans la même région, le Berry. Bruère-Allichamps, Vesdun, Saulzais-le-Potier, Chazemais, Vallon-en-Sully, Nassigny, Épineuil, pour ne citer que ceux-là, revendiquent tous le titre fort convoité de centre de l'Hexagone. Touristiquement parlant, c'est un argument de poids.

Bien sûr, vous avez déjà compris qu'il y a un truc. Tout dépend de quelle France on parle, et de quel Hexagone. Le plus ancien des centres déclarés se trouve être Bruère-Allichamps. Une borne militaire, installée depuis 1799, y désigne le centre géographique d'un pays qui ne comptait alors ni la Corse, rachetée à la République de Gênes par Louis XV le 15 mai 1798, mais non incorporée au royaume puis au territoire de la République, ni la Savoie, rattachée une première fois à la France en 1792, et définitivement en 1860, ni le comté de Nice, possession des comtes de Savoie, qui seront vaincus en 1796.

Centre historique donc, mais faussé par le cours de l'Histoire justement.

En embuscade, Saulzais-le-Potier doit son titre aux calculs réalisés par Théophile Moreux en 1923, un astronome qui deviendra prêtre. Là encore, une borne désigne de manière incontestable le vrai centre de la France. La Corse, Nice désormais française, la Savoie sont incluses dans le calcul. Seul problème, Saulzais, fort de seulement 450 habitants, n'a pas vraiment les moyens de défendre son titre qui lui est contesté dans la foulée par Vesdun, distant d'à peine huit kilomètres ! Pour quel motif ? Certaines îles n'ont pas été prises en compte par Théophile Moreux, à commencer par le Mont-Saint-Michel, ce qui a faussé ses calculs. Il fallait y penser ! Bon prince, le syndicat d'initiative de Vesdun (650 habitants, soit 50 % de plus que Saulzais) rappelle à ses visiteurs qu'ils peuvent aller faire un tour à Saulzais-le-Potier justement, pour y voir sa borne « historique ». Seulement, comme si cela ne suffisait pas, un autre calcul, réalisé lui en 1966 par un ingénieur en travaux publics, M. Dumont, décide de fixer le centre de la France dans un hameau, à Villendret, sur la commune de Chazemais. D'autres encore fixent le centre non loin de là, à Vallon-en-Sully, quand l'IGN, qui aurait mieux fait de ne pas s'en mêler, tellement le sujet est délicat, a décidé d'élire le lieudit « Bronde de Murat », sur la commune de Nassigny, centre géographique. Inutile de vous dire qu'à chaque fois on trouve une borne, de taille souvent imposante, avec qui un drapeau, qui une carte de France en fil de fer sur le dessus, et toujours la mention « centre de la France » en lettres capitales... Le plus drôle, c'est que la polémique n'est pas éteinte, loin de là. On trouve ainsi des conversations sur le sujet dans les forums de discussion de mathématiciens. L'un d'entre eux a même écrit un programme informatique pour calculer le centre de la France idéal, à partir d'une image satellite de celle-ci. Devinez ce qui arriva ? Il a encore – évidemment – trouvé un autre centre !

## Pourquoi les frites sont-elles belges, mais les *fries french* ?

C'est l'histoire d'un Belge, d'un Américain et d'un Français. Les trois hommes sont dans un restaurant. Leurs estomacs crient famine. Lorsque la serveuse arrive à leur table, le Belge commande une entrecôte « avec tout plein d'bonnes frites de chez nous ! ».

Le Français le regarde d'un air surpris : « De chez NOUS tu veux dire ! Les Belges s'obstinent à revendiquer la paternité de la frite, mais pourquoi crois-tu que les Anglo-Saxons parlent de « French fries » et non de « Belgian fries » ? ».

« Carabistouille ! Non, non, j'ai bien dit de chez NOUS, de Belgique ! » lui répond son voisin, un tantinet rouge d'agacement.

Voyant que la conversation risque de tourner au vinaigre, l'Américain tente de rétablir la paix entre ses eux amis. « *Calm down, calm down, ne vous énervez pas, please* ! Nous allons tirer toute cette histoire au clair. Voilà comment nous allons procéder : toi, dit-il en désignant le Belge, tu commenceras par nous donner ta version des faits ». Et se tournant vers le Français : « Tu nous donneras ensuite ta version et nous pourrons ainsi juger de la pertinence de vos explications. »

Les deux hommes étant d'accord sur le principe, le Belge ouvre le bal : « Au XVIIIe siècle, l'un des plats préférés des habitants de Wallonie était le fretin, un petit poisson qu'ils pêchaient dans la Meuse. Mais l'hiver venu, la rivière gelait et les privait de leur festin. Toujours très inventifs, ils découpèrent donc des pommes de terre en forme de petits poissons et les passèrent ensuite à la friture. Mes ancêtres sont donc bien les inventeurs de la frite, une fois. Quant au fait que les Américains les appellent "French fries", la raison est on ne peut plus simple : lors de la Libération, en 1944, les soldats américains débarquèrent en Normandie et combattirent les Allemands sur le sol français, avant de passer la frontière belge. Mais comme la population y parlait toujours le français, beaucoup de soldats n'ont pas pris conscience qu'ils se trouvaient dans un autre pays, celui qui avait réellement inventé la frite ! Et lorsqu'ils ont goûté à nos frites, ils les ont donc surnommées "French Fries". »

Ravi de son plaidoyer, le Belge lance un regard de défi à son adversaire. Mais le Français, béret-baguette, n'est pas homme à se laisser impressionner. Il soutient le regard de son rival, et, sans attendre le feu vert de l'arbitre américain, se lance à son tour : « C'est trop facile de faire porter le chapeau à nos amis d'outre-Atlantique. » La sympathie du Français à son égard perturbe un peu l'Américain, qui finit par se ressaisir afin de demeurer impartial. Le Français continue : « Je n'ai besoin d'aucune explication aussi farfelue, la mienne est toute simple. Après qu'Antoine Parmentier a fait la promotion de la pomme de terre importée des colonies, en servant un plat de pommes de terre au roi à Versailles, il rédige un traité destiné à donner toutes les recettes pour préparer ce nouveau légume. Quelque temps plus tard, les premières friteuses sont installées sous le Pont-Neuf. La frite a donc été distribuée au lendemain de la Révolution de 1789 sur les ponts de la Seine, d'où son appellation de l'époque : "Pommes Pont-Neuf". Monsieur, oseriez-vous contredire le grand chef Curnonsky qui disait que "les pommes de terre frites sont une des plus spirituelles créations du génie parisien" ? » demande le Français avec un air satisfait ?

Les deux hommes se tournent alors vers le juge-arbitre pour connaître le verdict final. Mais loin de les départager, l'Américain leur livre sa propre version : « Nous autres parlons de "French fries" tout simplement parce que "to french" signifie "couper en bâtonnets" en argot. Voyez-vous, comme souvent, *it's difficult* de connaître le véritable origine de certaines expressions. Maintenant que le débat est "closé", commandons. La serveuse va s'"enoyer". Pour moi, ça sera un cheeseburger… *with* pommes frites ! »

## Pourquoi fait-il froid quand on monte en altitude ?

Si je vous dis que c'est à cause de l'exposant adiabatique de l'air, et que je vous laisse là en plan, je risque de recevoir des mails d'injures, et leurs auteurs auront bien raison ! Pour faire simple, disons que c'est une histoire de pression. La preuve ? Dans l'espace, qui commence à quelques dizaines de kilomètres de la surface de la Terre, il fait très très froid (jusqu'au zéro absolu, -272 °C) parce qu'il n'y a pas d'atmosphère, pas de matière pour conduire la chaleur ! Vous commencez à saisir. Plus on monte, plus l'air se raréfie. Et moins celui-ci peut transporter et donc transmettre de chaleur. Vous voulez une image ? Vous aurez plus chaud dans votre lit avec trois couvertures et trois bouillottes, qu'avec une couverture et une bouillotte. Remplacez les couvertures et les bouillottes par des molécules d'air, et vous avez compris… Enfin j'espère ! Au fait, une précision : les rayons du soleil traversent l'atmosphère, mais sans la réchauffer, ou à peine. Ce qui produit le chaud ou le froid, c'est l'énergie emmagasinée par la terre ou la mer et échangée avec l'atmosphère.

## Pourquoi les fruits continuent-ils à mûrir même après la cueillette ?

On pourrait en effet penser qu'une fois cueillis, les fruits, n'étant plus attachés à l'arbre nourricier, n'ont plus de carburant pour grandir et mûrir.

Bien sûr, selon l'axiome de Lavoisier «*rien ne se perd, rien ne se crée, tout se transforme*», les fruits ôtés de l'arbre ne vont plus prendre de poids ou passer du 38 au 42. En revanche, ils vont changer d'état, sous l'influence du monde extérieur. Quels facteurs entrent en jeu ? Essentiellement la température et l'hygrométrie. Le soleil ? Que nenni ! Dans la plupart des cas, il n'a plus d'influence sur l'évolution du fruit autrement que par la chaleur qu'il leur apporte, comme nous le verrons plus loin. Dans une atmosphère trop sèche, les fruits se ratatinent évidemment, alors que dans une atmosphère trop humide, ils pourrissent. Et la chaleur ? Oui, c'est là le truc. Sans entrer dans les détails – qui varient selon les fruits –, des réactions chimiques se déclenchent une fois que le fruit est tombé ou s'est détaché de l'arbre, réactions dont l'objet est de le faire mûrir, pour le rendre attirant, essentiellement en transformant une partie des «chairs» du fruit en sucres. Pourquoi ? Mais pour qu'un animal s'en régale, et aille semer au loin les graines qu'il contient (les pépins de la pomme par exemple), afin de perpétuer l'espèce ! Ces réactions chimiques font entrer en ligne de compte de nombreux facteurs qui dépendent de la température environnante. C'est pour ne pas interrompre leur mûrissement qu'il ne faut pas mettre les fruits au réfrigérateur, sauf ceux qui sont déjà trop mûrs. Les bananiers, immenses cargos qui traversent les océans pour apporter les fruits des pays producteurs aux pays consommateurs, sont conçus de telle sorte que la température qui y règne favorise le mûrissement des bananes cueillies encore vertes sur l'arbre. Toute réaction chimique induit une transformation. Modérée, il s'agira de mûrissement : le fruit sera goûtu. Trop poussée, voilà notre fruit abîmé, ce qui ne veut pas toujours dire pourri. Une banane noire, une pomme molle ne sont pas pourries, mais simplement... trop mûres ! Le pire, c'est que lorsqu'un fruit commence à être gâté, il invite ses voisins à en faire autant. Pourquoi ? Des gaz s'échappent insidieusement d'un fruit, lorsque celui-ci mûrit. La banane, par exemple, dégage de l'éthylène. Et que font ses voisins ? Ils le reniflent ! Et déclenchent à leur tour le processus de mûrissement accéléré...

## Comment la fusée s'arrache-t-elle à l'attraction terrestre ?

On a tous essayé de construire sa fusée, en carton ou en papier, avec les images de Tintin en tête. Difficiles, les damiers rouges et blancs... Même les plus jeunes connaissent les images de Neil Armstrong marchant sur la Lune en 1969. Et je connais de nombreux parents qui n'hésitent pas à arracher du sommeil leur progéniture lorsque la NASA lance une navette depuis Cap Kennedy près de Cap Canaveral. Aujourd'hui encore.

Le lancement d'une fusée dans l'espace, surtout avec des hommes et des femmes à son bord, reste magique, c'est indubitable. Honte aux blasés.

Si l'idée d'envoyer un véhicule dans l'espace a émergé dès le XIXe siècle dans la tête d'un inventeur russe, certainement un peu fou, appelé Tsiolkovski, la toute première navette n'a été fabriquée aux États-Unis qu'en 1926. Et ce n'est qu'en 1957 que Zéiorka, pour les intimes, a rejoint l'espace, sous l'impulsion des Russes. Ce sont les Soviétiques qui ont mis en orbite cette année-là le tout premier satellite, Spoutnik, et le tout premier être vivant, Laïka, une chienne.

Mais tout cela ne nous dit pas comment un engin d'environ 700 tonnes peut être propulsé dans l'espace à vingt-huit mille kilomètres à l'heure, c'est-à-dire «*plus vite qu'une balle de revolver*», comme me l'a assuré un jour un spationaute suédois, ou plus raisonnablement, cent fois plus vite qu'un TGV. Drôle de taxi de l'espace qui emmène parfois des hommes vers la station spatiale internationale (ISS), station que l'on peut voir au-dessus de la France par temps très clair lorsqu'elle passe au-dessus de nos têtes, située à 400 kilomètres d'altitude.

Règle numéro un, pour gagner l'espace, il faut s'arracher à l'attraction terrestre, ce qui nécessite énormément d'énergie, et surtout une très grande vitesse. Sans cette accélération, l'objet lancé vers l'espace retomberait en effet sur Terre. Imaginez: lorsque l'on gonfle un ballon et qu'on le lâche sans l'avoir fermé, il s'envole en éjectant rapidement tout l'air qu'il contient. Eh bien, c'est pareil pour une fusée: en éjectant les gaz en très grande quantité et à très grande vitesse, elle peut s'arracher du sol et parcourir très rapidement plusieurs dizaines de kilomètres, que dis-je, des centaines…

*Ariane 5*, par exemple, dispose de trois moteurs, dont un particulièrement complexe, le Vulcain. Il éjecte 320 kilos de gaz, par seconde ! Le problème, c'est que pour fonctionner, un moteur a besoin de combustible mais aussi d'oxygène pour assurer la combustion. Or dans le vide spatial, il n'y a pas d'oxygène. Aussi toutes les fusées doivent-elles emporter leur propre réserve du précieux gaz, quel gâchis… Pour pouvoir quitter la terre ferme, la navette est aussi encadrée par deux énormes propulseurs, des *boosters* en anglais. Au bout de deux minutes, juste avant l'entrée dans l'atmosphère, ils retombent, souvent dans la mer, où des bateaux partent les récupérer. Dans un souci environnemental, mais aussi économique, les éléments tombés à l'eau conservant une partie de leur valeur.

Juste après son lancement, la fusée est téléguidée depuis le sol. En fait, sa trajectoire est contrôlée non pas par un homme qui jouerait le super pilote, mais par un ordinateur. Elle fonctionne de manière automatique. En revanche, une fois que le vaisseau spatial se trouve dans l'espace, les spationautes participent aux manœuvres.

Dernier point : évidemment, au fur et à mesure du vol de la fusée, celle-ci s'allège en larguant les éléments devenus inutiles. Par exemple, juste après être sortie de l'atmosphère, lorsqu'elle rentre dans des couches beaucoup moins denses de la stratosphère, la fusée se débarrasse de la coiffe qui protège les satellites, devenue inutile, puisque la température maximum a été franchie et les satellites protégés. Ensuite, soit la fusée se désintègre, c'est le cas des engins russes qui expédient leurs passagers vers la Terre dans une microcapsule inconfortable mais solide, soit la fusée, qui ressemble alors à un gros avion, atterrit sur une piste d'atterrissage géante, comme c'est le cas des navettes américaines. Par souci d'économies ? Que nenni. Si les astronautes continuaient à partir dans l'espace à bord de fusées classiques, le programme spatial américain serait moins coûteux. Mais ramener la fusée au sol, ou en tout cas, un bout, à l'époque de la guerre froide, était une manière supplémentaire de montrer la suprématie d'une nation sur une autre, d'une technologie et d'un savoir-faire sur un autre. Ce n'est pas un hasard si les Soviétiques avaient eux aussi lancé leur programme de navettes spatiales dès 1976. *Bourane*, la seule à avoir jamais existé de l'autre côté du rideau de fer, a réussi un seul et unique vol le 15 novembre 1988, avec un équipage à son bord. La chute du mur, l'effondrement de l'Union soviétique mettront fin au programme, pourtant prometteur : si la navette américaine est pilotée par un équipage, pour le retour sur Terre et l'atterrissage, *Bourane* était, elle, capable de rentrer seule à bon port, en mode automatique, afin de pouvoir assurer des missions non habitées. Aujourd'hui, les navettes du programme spatial russes sont éparpillées : la première, la seule à avoir volé, du fait de l'effondrement du hangar qui l'abritait. Les autres, rachetées à vil prix pour servir d'attractions touristiques, en Australie par exemple, ou pour finir dans des musées… triste sort !

# G

# comme…

## Pourquoi les glaçons collent-ils aux doigts quand on les sort du frigo ?

Lorsque vous prenez un glaçon entre les doigts, une pellicule de glace fondue se forme entre vos doigts et le cube. C'est ce qui va vous jouer des tours. Quand le glaçon sort du congélateur, votre peau va en effet le réchauffer et légèrement faire fondre la glace en surface. Mais très rapidement, l'effet s'inverse et vos doigts se refroidissent à son contact. Tant et si bien que la fine couche de glace fondue quelques instants auparavant recommence à geler, sous la pression du glaçon qui reste, lui, à 0 °C, quand vos doigts, du moins leur surface, voient leur température descendre à toute vitesse ! Vous voilà collé au glaçon. *De facto,* si vous posez la main sur la plaque métallique réfrigérante du frigo, attention, car vous pourriez très rapidement avoir du mal à la décoller ! Et surtout, ne faites pas la bêtise que les urgentistes voient encore trop souvent : un enfant – ou un adulte – qui, au cours d'un jeu stupide (souvent poussé par quelqu'un d'autre), pose sa langue sur cette plaque par jeu. Résultat, il s'arrache le dessus de la langue, ce qui est très, très douloureux…

## Comment le GPS connaît-il sa position ?

Il est fort probable que vous ayez un GPS dans votre voiture et que vous ignoriez comment il fonctionne, ou alors simplement de manière très vague. J'en suis persuadé depuis le jour où, lors d'une conversation qui portait sur le téléphone mobile, les convives d'un déjeuner parlaient allègrement des satellites de télécommunication qui n'étaient pas assez nombreux, avançant que c'était la raison des coupures dans leurs conversations...

Non, le téléphone mobile ne passe pas par les satellites. Le projet Globalstar, lancé avant l'an 2000 et qui visait à mettre en orbite plusieurs dizaines de relais à basse altitude pour pouvoir téléphoner partout, tout le temps, a avorté faute de clients prêts à payer chaque appel plusieurs dollars. Un flop qui a coûté au passage quelques dizaines de milliards de dollars à ses actionnaires. Aujourd'hui, votre mobile communique tout bêtement avec des antennes relais, que vous pouvez aisément repérer à la campagne, souvent posées sur le toit d'un château d'eau ou d'une église, ou en ville, cachées contre une cheminée.

Quant au GPS, il fonctionne bien avec des satellites, mais cette fois placés à très haute altitude, précisément à 22 200 kilomètres de la Terre.

Comment? Par triangulation. Rien à voir avec le triangle que l'on vous avait confié petit à la chorale comme dans *Les Choristes*, parce que vous chantiez comme un pied. Et d'ailleurs, si, un peu. Pour savoir où vous vous situez précisément sur la planète, votre boîtier GPS interroge plusieurs satellites. Au moins trois, d'où le terme de triangulation. En fonction de la distance qui le sépare de chacun d'eux, le boîtier trace trois lignes, qui se recoupent en un point. Grâce à cette triangulation, il calcule une position, qu'il affiche aussitôt sur la carte. Vous voilà positionné, d'où le nom de « Global Positionning System ». Mais déjà, j'ai commis une première erreur : votre boîtier GPS n'interroge pas les satellites. À cette distance, il lui faudrait une antenne énorme pour envoyer des signaux dans l'espace ! En fait, il se contente de recevoir les informations diffusées par chacun des satellites géostationnaires du système GPS. Quelles informations ? Entre autres, une mesure du temps universel, donnée dans chaque satellite par quatre horloges atomiques, qui se surveillent mutuellement. *De facto*, les satellites étant plus ou moins éloignés de votre récepteur, le temps que le signal met pour parvenir à votre boîtier varie forcément d'un satellite à l'autre. Une prouesse technologique quand on sait que les ondes se déplacent à la vitesse de la lumière, soit 300 000 kilomètres à la seconde ! Autrement dit, à peine plus d'un dixième de seconde sépare le moment où le satellite émet en quelque sorte un bip, et le moment où votre GPS le reçoit. En fait, le signal met très précisément 67 millisecondes à lui parvenir, à… 100 nanosecondes près. D'où la mesure de cette différence, la triangulation, et finalement l'obtention de votre position précise. La marge d'erreur est de quelques mètres…

Ainsi, aujourd'hui comme au temps des caravelles, se positionner sur une carte n'est qu'une affaire de minutes et de secondes.

## Pourquoi avons-nous des grains de beauté ?

D'abord, si vous voulez faire savant, il vous faudra parler de *naevus*. Autant dire que l'on se pose la question de leur origine depuis l'Antiquité. On leur a attribué de nombreuses qualités, ou défauts, selon les époques. Kézaco ? Ce sont des amas de cellules mélanocytaires, autrement dit de ces cellules qui donnent sa couleur à notre peau. Quand vous bronzez, ce sont ces cellules qui s'activent, et donnent une couleur miel puis brune à votre peau. Les peaux noires sont gorgées de ces cellules. Pourquoi avons-nous des grains de beauté ? On ne sait pas vraiment, en fait. Une chose est sûre, les bébés n'en ont pas avant six mois. Vous pouvez vérifier ! On pense donc que les grains de beauté sont provoqués par une exposition au soleil, et d'ailleurs, ils sont plus nombreux sur les parties du corps les plus exposées. Vous n'en trouverez *a priori* pas sous vos pieds. Mais attention, si vous avez plus d'une cinquantaine de grains de beauté sur le corps, il est recommandé de consulter un dermatologue, et de les faire surveiller ensuite régulièrement…

# H

# comme...

## Pourquoi les Anglo-Saxons disent-ils AM/PM pour fixer l'heure ?

Curieusement, ce sont les Anglo-Saxons qui ont repris le système latin. AM signifie « *ante meridiem* » et PM « *post meridiem* », autrement dit, avant midi, et après midi. 8 h 00 AM désigne 8 heures du matin, et 8 h 00 PM, 20 heures. Le décompte des heures du jour est un des héritages de la Révolution française, diffusé dans toute l'Europe par les conquêtes napoléoniennes. Ce qui explique pourquoi l'Angleterre n'a adopté ni les kilomètres, ni les litres, ni les journées de vingt-quatre heures…

## Pourquoi changeons-nous d'heure au printemps et en automne ?

L'heure d'hiver et l'heure d'été sont une tellement vieille histoire que les médias oublient de plus en plus d'en expliquer l'origine. Imaginez que c'est Benjamin Franklin, alors ambassadeur des États-Unis en France, qui en parle le premier en avril 1784 ! Objectif ? Gagner du temps de lumière solaire, à une époque où l'on s'éclaire encore avec des chandelles ou des lampes à huile. Ce n'est que plus tard, pendant la Première Guerre mondiale, que le changement d'heure devient un outil d'économie d'énergie. L'Allemagne, l'Angleterre, puis la France y passent tour à tour entre 1916 et 1917, jusqu'à la Seconde Guerre mondiale. C'est en mars 1976 que la mesure va s'imposer à toute l'Europe, durement frappée par le choc pétrolier. Cette mesure, bien que contestée, s'est maintenue jusqu'à aujourd'hui. Les économies réalisées en éclairage sont de plus en plus sujettes à caution, et les inconvénients s'avèrent nombreux, notamment pour les enfants scolarisés.

## Comment avons-nous tous la même heure partout dans le monde ?

C'est déprimant. Traversez votre domicile de part en part, et comptez le nombre d'appareils indiquant l'heure. Vous en croiserez au bas mot une quinzaine, dont un bon quart dans la cuisine et l'autre dans le salon : four à micro-ondes, four électrique, minuteur, cafetière, station météo, lecteur DVD, décodeur câble ou satellite, télévision, chaîne hi-fi... Mais aucun n'indique la même heure que son voisin ! C'est énervant au possible. Surtout quand il faut les reprogrammer deux fois par an...

Aussi, si à l'échelle de votre appartement ou de votre maison, pas un appareil n'indique la même heure que l'autre, vous imaginez aisément la pagaille à l'échelle de la planète. Vous avez raison. Il n'y a pas si longtemps, dans un pays comme la France, chaque village avait son heure. Fixée par l'horloge de l'église, ou la montre gousset du carillonneur. Tant et si bien que deux villages, distants de quelques kilomètres, avaient déjà deux heures différentes. Ce problème a été résolu au XIXe siècle par les compagnies de chemin de fer, qui, en inaugurant les déplacements rapides – on ne dépasse pourtant pas le cinquante à l'heure au début – expriment aussi le besoin d'une heure commune, rapidement baptisée « temps civil ». Pour un pays comme la France, où le soleil se couche à Strasbourg trois quarts d'heure plus tôt qu'à Brest, imposer l'heure de Paris et en faire l'heure légale fut facile. Mais à l'échelle d'un pays comme les États-Unis, impossible en raison des distances ! Tant et si bien que les Américains connaissent sept heures légales, et les Russes, onze.

Mais pour que les pays utilisent la même heure entre eux, encore fallait-il aussi partir de la même base. Les Anglais ont eu Greenwich, ravissant au méridien de Paris le titre de méridien de référence, mais ils n'ont pas eu la mesure du temps universel ! C'est en effet au Bureau international des poids et mesures (BIPM), situé au pavillon de Breteuil à Sèvres, que l'on détermine l'heure du monde. Le lieu est tellement important qu'il a acquis le 25 avril 1969 le statut de territoire international, et le BIPM possède tous les droits et privilèges accordés à une organisation intergouvernementale, comme l'ONU ou l'UNESCO. Là-bas, des ordinateurs récupèrent les informations transmises par une cinquantaine d'horloges atomiques au césium réparties sur la planète. Faisant la moyenne des heures calculées par ces horloges, le BIPM donne le Temps Atomique International. La messe est dite.

Pas tout à fait. Car le temps atomique n'est pas le temps universel, et même le temps universel coordonné (UTC). Ça se complique, et pour cause.

Sachez d'abord que la Terre se moque éperdument que les hommes mesurent le temps qu'elle met pour accomplir sa révolution complète autour du Soleil, base de la mesure d'une année terrestre. Année qui compte, comme chacun sait, 365,2422 jours, 16 337,7667 heures, 525 948,766 minutes, ou encore 31 556 926 secondes.

La planète bleue prend parfois son temps. C'est qu'elle n'est plus toute jeune! On lui prête 4,6 milliards d'années, à 20 ou 30 millions d'années près, prière de ne pas la bousculer. Tant et si bien que parfois, la vieille dame est en retard... d'une seconde! Cette fois, c'est le bureau central du Service international de la rotation terrestre et systèmes de référence (ouf) basé à Paris, à l'Observatoire, qui sonne l'alarme. Alerte rouge, nous sommes en retard d'une seconde. Pas de panique, tout est prévu. Depuis 1972, une seconde « intercalaire » est ajoutée par le BIPM au Temps universel coordonné quand la planète bleue prend son temps. Notez au passage que c'est justement parce qu'elle est bleue, pardon, parce qu'elle est couverte à 75 % de mers et d'océans, que la Terre marque parfois le pas dans sa rotation. Mais dans sa rotation sur elle-même et non dans sa rotation autour du Soleil, beaucoup plus stable en durée. Tant et si bien que, depuis 1972, ce sont très exactement 23 secondes qui ont été rajoutées au temps atomique, pour donner le UTC. La dernière date du 31 décembre 2005, et la précédente avait été rajoutée le 31 décembre 1998. Mais, sans doute parce qu'elle sent qu'on la surveille, notre

Terre est curieusement devenue plus ponctuelle depuis quelque temps. Entre 1989 et 1998, huit secondes ont été rajoutées, et seulement deux depuis 1998 ! Si vous entendez un jour prochain à la radio qu'une seconde intercalaire va être ajoutée, vous saurez de quoi il s'agit avant les autres. Et vous saurez aussi qu'il est inutile de compter jusqu'à 61 à la dernière minute de l'année. Les secondes intercalaires sont toujours ajoutées entre 0h 59mn 59s et 1h 00mn 00s dans la nuit du 1er janvier, ou dans la nuit du 30 juin. À vos réveils...

## Pourquoi l'hibernation refroidit-elle les corps ?

C'est bien de lui qu'il est question ici. L'animal vit à l'écart des autres, isolé du monde extérieur par... une pile de dossiers, derrière lesquels il se réfugie pour somnoler. D'aucuns pensent qu'il hiberne six mois de l'année, les mauvaises langues disent douze. Chut ! Surtout ne pas déranger !

L'image fait sourire mais est tout bonnement impossible. L'homme n'hiberne pas, il se contente de dormir. Certes, le sommeil humain peut être long, très long (le record du vrai sommeil, sans drogue, tournerait autour de trois jours et trois nuits), et très sonore aussi. Mais en aucun cas cela ne peut être comparé à l'hibernation. Pourquoi ? Parce que l'hiberné, autrement appelé animal endotherme, fait chuter la température de son corps et la maintient quelques degrés au-dessus de zéro. Certains, comme le muscardin, tolèrent même que la température de leur corps atteigne -0,5 °C, grâce à des protéines et des sels antigel dans leur sang. Certaines chauves-souris, dotées d'un sang antigel encore plus efficace, peuvent ainsi survivre à - 4 °C. Le but de cet abaissement de la température corporelle? Économie d'énergie bien sûr! Quand la bise fut venue, petit écureuil dans son trou se réfugia, faisant passer son cœur de 450 battements par minute à moins de 4. Les scientifiques ont calculé que l'énergie consommée ne dépasse pas 1 % de celle que l'animal dépenserait en temps normal. Roulé en boule au fond de son terrier, petit écureuil offre un minimum de surface à la bise, d'autant que l'animal s'est paré de son pelage d'hiver, plus épais. En revanche, pas question de dormir tout l'hiver, contrairement aux idées reçues. L'écureuil sort ainsi de son sommeil tous les quinze jours environ pour... casser la graine évidemment! Et accessoirement, faire ses besoins. L'ours, lui, ne se réveille pas, sauf si on le dérange! Bien que l'électroencéphalogramme d'un animal en hibernation soit plat, certains de ses sens comme l'ouïe restent en éveil. Si un bruit survient, le réveil est immédiat, et c'est là que les ennuis commencent pour l'importun.

Mais il est une autre variété de bestioles qui hibernent: les insectes, et de manière plus générale, les animaux à sang froid, serpents ou amphibiens. D'ailleurs, pour eux, le terme exact est « hiverner », pour les distinguer des *mammalia hibernatus.* Comme la température n'est pas un problème pour eux, toutes proportions gardées bien sûr, ils peuvent résister à -15 °C, voire -20 °C. Cependant, après plusieurs jours dans un environnement à -20 °C, même à l'abri au fond de leur trou, serpents ou grenouilles ne se réveilleront pas tous à la belle saison. Car à la différence des endothermes, les animaux à sang froid et les insectes ne peuvent pas contrôler leur réveil, attendant que le soleil de mars réchauffe leur abri : et eux avec !

## Pourquoi dit-on que l'homme descend du singe ?

Certains affirment que nous n'évoluons plus depuis des milliers d'années. Faux, trois fois faux ! L'évolution, ce n'est pas seulement une affaire de stature (debout ou à quatre pattes) ou de forme de crâne. Par exemple, depuis un siècle, et plus particulièrement ces trente dernières années, l'homme, et pas seulement en Occident, grandit. En France, les garçons qui passaient la visite médicale lors du service militaire en 1900 mesuraient en moyenne 1,66 mètre, ce qui n'est pas bien grand, il faut en convenir. Et on parle d'une moyenne, ce qui veut dire que certains mesuraient un mètre cinquante à tout casser ! Eh bien, en 2009, la taille moyenne des hommes (ce n'est plus l'armée qui tient la statistique mais l'Insee) est de 1,75 mètre. Vous voyez bien que nous évoluons ! Autre signe – insolite – d'évolution : les générations qui s'étalent jusqu'aux quadras auraient les pouces nettement plus habiles que leurs aînés. Les téléphones portables, les Game Boy et autre Xbox ou Wii en sont responsables. Il s'agit certes d'un acquis, mais les scientifiques détectent déjà chez leurs enfants des signes de plus grande dextérité des pouces ! Alors, oui, l'homme évolue toujours. Quant à savoir si nous descendons du singe, aujourd'hui, on admet surtout que nous sommes cousins éloignés d'une même espèce, mais nous en sommes encore aux balbutiements de l'histoire de l'évolution. Tous les six mois, la découverte de nouveaux ancêtres la fait avancer.

## Pourquoi l'homme n'a-t-il plus de queue ?

Et pourquoi n'avons-nous pas les pieds et les mains palmés aussi ? Surprise ! Si vous observez une échographie, vous aurez un choc. Le bébé, dans le ventre de sa maman, a les pieds et les mains palmés, mais il a aussi une queue dans le bas du dos. Bon, en fait, il est difficile de le voir à l'échographie « normale », d'autant que le médecin n'insiste pas forcément sur ces détails, qui ne sont visibles que dans les tout premiers mois de gestation. Mais si vous consultez un ouvrage consacré à la grossesse, vous pourrez le vérifier. Cette queue et ces mains palmées nous viennent de nos lointains ancêtres, amphibiens. Sauf que depuis, nous sommes sortis de l'eau, nous marchons, nous nous tenons debout. Ces accessoires nous sont donc devenus inutiles. Aussi, que fait la nature, en l'occurrence, notre code génétique ? Pendant la grossesse, il élimine ce qui ne servira pas, comme les palmes ou encore la petite queue dans le bas du dos.

## Pourquoi avons-nous le hoquet ?

La vraie question, c'est pourquoi avons-nous le hoquet souvent pendant un temps, et jamais pendant des mois après ! La réponse, c'est que… l'on n'en sait rien pour l'instant. Eh oui, la science n'a pas encore répondu à toutes les questions. Et celle-ci est importante, car on peut mourir du hoquet. Parfaitement ! D'accord, c'est très rare, mais on recense des cas de personnes qui s'étouffent à force de hoqueter. Si cela peut vous rassurer, en revanche, on sait pourquoi et comment on « attrape » le hoquet. Le diaphragme, le muscle qui sépare les poumons des entrailles, de temps en temps, débloque et se contracte inconsidérément, provoquant le fameux spasme et son bruit caractéristique. Pourquoi ? Pour mille raisons : on a avalé de travers, mangé trop vite, ingurgité trop d'air (ou d'eau dans la piscine) bref, tout ce qui est « anormal » peut déclencher cette crise de contractions qui… ne servent à rien. Le drame, c'est que le hoquet dure parfois des heures, des jours, voire des années. Le plus long hoquet connu aurait duré vingt ans !

## Existe-t-il des hormones de l'amour ?

*« J'ai attrapé un coup de soleil, un coup d'amour, un coup de je t'aime »*, chante l'Italien Richard Cocciante. Ne faites pas semblant, vous connaissez !

Pourtant, en amour, il n'y a pas que le soleil qui frappe. La foudre aussi donne des coups, si l'on en croit l'expression largement répandue. Gare à vous, elle peut vous tomber dessus n'importe où, à Notting Hill comme ailleurs. Il suffit que vos hormones décident de s'en mêler (ou de s'emmêler ?), pour que votre cœur chavire pour un bel ou une belle inconnu(e). Et même parfois pour un connu, que votre cœur, toujours lui, n'avait pas su reconnaître avant. Selon certains chercheurs, l'attrait physique, c'est de la chimie, et parfois de la chimie complexe!

Mais ne vous leurrez pas, le coup de foudre, c'est la faute aux hormones et à rien d'autre. Sans elles, pas d'alchimie, pas de cœur qui fasse boum-boum.

Les phéromones d'abord s'invitent dans le jeu amoureux, bien malgré vous. Kesako? Ce sont des odeurs, propres à chacun d'entre nous, produites par les glandes sudoripares situées sous les aisselles, autour des mamelons des seins, et dans l'aine. Désolé, ce n'est pas très glamour, mais c'est la vie! Ce sont elles qui composent votre carte d'identité olfactive personnelle et unique, attirant certaines personnes et en éloignant d'autres. La preuve que ces odeurs existent et jouent un rôle majeur dans la communication humaine? Un nourrisson qui a du mal à s'endormir, séparé de sa maman, retrouvera le calme en respirant un linge de corps, souvent un soutien-gorge, de sa mère. Plus tard, amoureux, les senteurs de l'être sur lequel vous aurez jeté votre dévolu sont captées par votre organe voméronasal (un petit organe trop peu connu, situé dans le nez, cause de bien des soucis), organe dont les informations arrivent directement au cerveau. Ciel, il/elle est là! Et voilà que celui-ci (votre cerveau) se met à produire des amphétamines naturelles, déclenchant des sensations de joie, d'excitation et d'euphorie, en particulier grâce à la phényléthylamine (qu'on retrouve aussi dans le chocolat, source de grand plaisir).

Mais alors, une fois que le branle-bas de combat de nos hormones se termine, le coup de foudre disparaît-il comme il est venu ? Et la passion subite pour le ou la bel (le) inconnu(e) aussi ?

Pas forcément ! Il est vrai que le coup de foudre ne dure pas éternellement (et le chagrin d'amour non plus, et en tout cas pas toute la vie, contrairement à ce que dit la chanson), toujours pour des raisons chimiques selon les chercheurs. Après la phase foudroyante, le cerveau passe en effet à des hormones plus soft : les endorphines. Heureusement, car on commençait à ne plus manger, plus dormir, plus regarder les feux en traversant les rues. Dangereux… Les endorphines sont une sorte d'opiacé qui met un coup de frein à la passion et plonge le cerveau dans l'état d'ivresse raisonnable de l'attachement.

Deux autres hormones, l'ocytocine et la sérotonine, vont ensuite prendre le relais en douceur. Elles procurent un plaisir plus doux et plus durable, celui d'être ensemble et de construire dans la sécurité. Que la nature est bien faite, que tout cela est bien organisé !

De toute façon, l'orage perpétuel dans le cœur, ce serait épuisant.

# I

# comme...

## Pourquoi appelle-t-on les Indiens « Indiens » à la fois en Inde et aux États-Unis ?

1492. Ça vous rappelle sûrement quelque chose. En 1492, Colomb, Christophe de son prénom, pose un pied sur une terre, qu'il croit être l'Inde. Pensant avoir fait le tour de la Terre et découvert une nouvelle route à l'ouest pour rejoindre le pays aux mille épices, il appelle naturellement les habitants qu'il croise « Indiens ». Manque de bol, il est à des milliers de kilomètres de l'Inde, la vraie, et ceux qu'il croise n'ont jamais vu un Européen de leur vie, blanc de surcroît, alors que l'Inde entretient déjà des relations commerciales et diplomatiques suivies avec l'Europe. Mais une fois la machine lancée, difficile de défaire ce qui a été fait, et les indigènes américains seront appelés Indiens par les générations de colons qui succédèrent à… Colomb, au grand dam des vrais Indiens. Aujourd'hui, pour faire la distinction, les historiens français parlent d'Amérindiens et les Américains ont adopté l'expression *native Americans*.

# J

# comme…

## Pourquoi dit-on « jeu de mains, jeu de vilains » ?

Connaissez-vous l'ancêtre du tennis ? C'est le jeu de paume, qui se jouait en disant « *Tenez* » à l'adversaire, au moment du service, pour ne pas le surprendre. Le jeu de paume a donné de nombreuses expressions, en plus d'avoir inspiré le système de comptage des points au tennis, objet d'un autre « pourquoi ? ». Par exemple : jeu de mains, jeu de vilains. Réservé à l'élite au XVII$^{e}$ siècle, le jeu de paume devient populaire au XVIII$^{e}$. On dénombre près de 2 500 salles à Paris où on le pratique ! L'élite y joue gantée, quand le commun des mortels frappe la balle à main nue, d'où l'expression, puisque le petit peuple était désigné sous le terme générique et peu élogieux de « vilains ». Cela ne les empêchait pas d'épater la galerie. Eh oui ! La galerie, c'était tout simplement l'endroit où se plaçaient les spectateurs pour assister au jeu, les gradins d'autrefois en somme. Un bon coup faisait donc réagir le public, il épatait la galerie…

## Pourquoi dit-on « le jeu en vaut-il la chandelle ? »

L'autre jour, j'ai reçu pour la énième fois un courrier publicitaire sur lequel on pouvait lire en gros caractères « *Vous avez été sélectionné pour participer au grand tirage au sort. Vous êtes peut-être l'heureux gagnant d'un voyage aux Seychelles dans un hôtel quatre étoiles* ». Ce genre de publicité, nous en recevons tous des dizaines. La plupart du temps, elles finissent en confettis dans nos poubelles. Mais là, tout me semblait différent. La fatigue, le travail harassant (pour vous écrire, ami lecteur, on fait souvent ça la nuit jusqu'à point d'heure), la chance pourrait bien tomber sur moi après tout! Mais voilà, il fallait envoyer paperasse sur paperasse pour espérer gagner. Bref, une vraie perte de temps. Un piège à gogos surtout. Le jeu en valait-il la chandelle?

Je me suis souvent posé cette question, sans en connaître l'origine. Alors, si dans les prochains jours, le dilemme se présente à vous, vous en connaîtrez désormais la provenance. Et peut-être qu'elle vous guidera dans votre discernement.

Autrefois, avant que la fée Électricité n'entre dans nos foyers, les longues soirées d'hiver étaient, pour les joueurs, l'occasion de sortir jeux de cartes ou de dés. Les paris abondaient. Les mises, tantôt rondelettes, tantôt timides, menaient parfois à la richesse, mais le plus souvent à la ruine. À la lueur des bougies, les parties s'enchaînaient, et la chance faisait parfois défaut aux joueurs qui misaient de petites sommes. Les gains perçus n'étaient alors pas toujours suffisants pour payer la chandelle qui avait permis d'éclairer la partie. Le jeu n'en valait alors pas la chandelle!

Morale de l'histoire, avant de se lancer dans un projet, il est de bon ton de se demander si ce que l'on pourra en retirer comme profit est plus important que le temps, l'argent ou l'énergie que l'on va y consacrer…

## Pourquoi une journée dure-t-elle vingt-quatre heures ?

Ça remonte à la nuit des temps ! À Babylone, on comptait en utilisant le système sexagésimal, autrement dit en base 60, et non décimal – en base 10. Pourquoi ? C'est un peu compliqué, mais en gros, les Babyloniens, qui étaient de grands astronomes, avaient découpé le ciel en 360°, et tout était calculé sur cette base. Ainsi la journée babylonienne était-elle répartie en six périodes, trois pour la nuit, et trois pour le jour. Évidemment le matin, le midi, le soir, la première partie de la nuit, la mi-nuit, et la seconde partie. Quand il fallut découper plus précisément la journée, notamment pour se fixer des rendez-vous un peu plus précis que « demain matin », chaque partie de la journée ou de la nuit fut découpée à nouveau en quatre, ce qui donna nos 24 heures actuelles. À noter que si vous faites réparer votre voiture chez un garagiste, vous aurez une petite surprise sur la facture : chez lui, les heures ne font pas soixante minutes, mais cent unités de temps : c'est plus facile pour calculer le temps de travail et le facturer au client !

## Pourquoi les jours de la semaine sont-ils ainsi nommés ?

La semaine de sept jours ne date pas d'hier. Il faut remonter aux Romains pour en retrouver l'origine. À l'époque, on adore des dieux, dont les plus prestigieux servent aussi à nommer certaines planètes visibles à l'œil nu. Les astronomes savent déjà qu'elles tournent autour du Soleil, et même, que la Terre tourne autour du Soleil. Copernic et Galilée ne font que reprendre et confirmer deux mille ans plus tard, par le calcul, les suppositions de leurs prédécesseurs. Sept planètes étant visibles à l'œil nu, et chacune faisant peu ou prou l'objet d'un culte, elles protégeront les jours auxquels elles seront associées. Lundi est ainsi le jour de la Lune (*lunae dies*), mardi, de Mars (*Martis dies*), mercredi de Mercure (*Mercurii dies*), jeudi, de Jupiter (*Jovis dies*), vendredi, de Vénus (*Veneris dies*), samedi… Aie non, ça ne marche plus ! Forcément : l'Église catholique remplacera le *Saturni dies* (jour de Saturne) par le *Sambati Dies*, jour du sabbat. Et le dimanche ? C'est le jour du Seigneur, *dies dominica* ! Mais en anglais, samedi se dit bien *Saturday,* jour de Saturne, et dimanche, *Sunday*, jour du… Soleil, *Solis dies* ! Jour qui pendant bien longtemps, pour rendre gloire au Soleil, fut le premier de la semaine, et non le dimanche, qui lui célèbre donc Dieu.

# K

# comme...

## Pourquoi dit-on d'un boxeur qu'il est K.-O. ?

Frappé à plusieurs reprises, à la loyale bien sûr, notre boxeur s'effondre, on dit qu'il est K.-O., ou… *knockout*, que l'on écrit en français « *knock-out* ». Il est alors éliminé, et ça tombe bien car « knock-out » veut dire « faire sortir en frappant » !

# L

# comme...

## Pourquoi ne parlons-nous pas tous la même langue ?

L'invention d'une langue est le fruit du hasard, et non d'une action concertée entre les hommes à un instant donné. Le langage et les mots qui le constituent sont apparus à différents endroits du monde où l'homme était présent, simultanément ou non. Faisons un bond dans le temps, au Japon, à la fin du Moyen Âge. Les navigateurs portugais, qui entretiennent des relations étroites avec l'empire du Soleil-Levant, remercient leurs hôtes : « *Obrigado* ! » Qui deviendra, en japonais, où le remerciement n'existait pas sous forme de mot, « *arigato* ». À quelques dizaines de kilomètres les uns des autres, ce qui pouvait représenter plusieurs jours de marche, des hommes ont inventé des mots, des langues, qui ont évolué, chacune dans son coin. Certaines ont pris le dessus sur les autres, essentiellement par l'entremise des conquêtes. La plupart des langues européennes sont ainsi dites « latines », car directement héritées du latin de l'envahisseur romain. Mais une fois celui-ci retiré, elles ont à nouveau évolué, région par région, donnant le français, l'italien, l'espagnol... Choisir une langue universelle ? Plus facile à dire qu'à faire ! Quelle langue choisir, pourquoi celle-là plutôt qu'une autre et puis, comment l'imposer ? En interdisant à tout le monde, du jour au lendemain, de parler sa langue maternelle ? L'esperanto, langue universelle inventée de toutes pièces à partir de plusieurs autres langues, dans un souci de compromis, reste une douce utopie. Et puis la richesse d'un peuple, d'une culture, c'est aussi sa langue. Nous ne sommes donc pas près de tous parler la même !

## Quand une langue doit-elle être déclarée « morte » ?

Tous les quatre ans, rebelote : c'est les J.O. Et avec les jeux Olympiques, une cohorte de discours en anglais, langue internationale, en français, langue diplomatique mais aussi langue du père des Jeux modernes, Pierre de Coubertin, et enfin en... grec, en hommage au pays d'origine des Jeux. À Olympie, où la cérémonie destinée à raviver la flamme a lieu à chaque nouvelle olympiade, les glorieux ancêtres vibrent dans leur tombeau à l'écoute des accents enflammés du ministre des Sports grec, amplifiés par les sonos géantes. Oui mais voilà : ils ne font que vibrer, car côté comprenette, zéro. Pourquoi ? Parce que le grec moderne n'a plus rien à voir avec le grec parlé par Socrate ou par Platon. *Quod erat demonstrandum* (j'aime bien cette locution latine, ça en jette plus que CQFD).

Reprenons : Socrate, au v^e^ siècle avant J.-C., parle le grec ancien. Avant lui, les Grecs utilisent le mycénien, et après lui, la koiné, de - 300 à + 300, pour faire simple. Vous me suivez ? Au Moyen Âge, c'est facile, on parle en Grèce le grec médiéval, bien sûr. Enfin, depuis 1453, admirez la précision, c'est le grec moderne qui devient la langue commune à tous les Grecs, avec sa myriade de dialectes. Résultat, il est quasiment impossible pour un locuteur de langue grecque d'aujourd'hui de comprendre un texte en grec ancien, encore moins de comprendre quelqu'un qui le parlerait. Étonnant ? Pas plus, finalement, si l'on pense qu'un Français d'aujourd'hui aurait un mal fou à comprendre la *Chanson de Roland*, rédigée au XIe siècle en ancien françois...

Le latin, lui, est mort et enterré. Sûr ? Pas tant que ça ! Les linguistes s'accordent d'abord pour dire que le latin est toujours vivant au travers des langues romanes, directement issues de lui. Par ailleurs, si l'on considère qu'une langue est morte parce que plus personne ne la parle, on a tout faux. L'Église catholique romaine l'utilise toujours comme langue officielle, et à travers le monde, des universités accueillent toujours des thèses soutenues en latin. Les scientifiques l'utilisent quant à eux pour baptiser les animaux, souvent des insectes, qu'ils découvrent, ou encore pour définir des concepts. *De facto*, plus de 60 000 mots nouveaux ou expressions sont apparus dans le latin « moderne » ces deux derniers siècles, comme par exemple *vis atomica* pour « puissance atomique », inspiré de la *vis romana* désignant la puissance de Rome.

Mais il y a mieux encore : la Bible dit vrai. Un mort et enterré peut ressusciter ! C'est ainsi le cas de l'hébreu, qui, de langue purement liturgique pendant des millénaires, supplantée par l'araméen (la langue du Christ), fut réutilisé comme langue de communication au XIXe siècle par les mouvements sionistes. Jusqu'à devenir la langue officielle d'un jeune État, Israël !

## Comment disparaissent les langues ?

Coup d'éclat dans le salon familial, les *« tu ne me comprendras jamais »* rivalisent avec les *« on ne parle plus la même langue »* et autres *« de toute façon, tu peux pas comprendre »*. Pourtant, les deux époux, le père et sa fille ou les deux sœurs lancés dans une violente dispute causent bien la même langue. Celle apprise à la maternelle d'abord, pleine d'onomatopées innocentes, enrichie ensuite à l'adolescence de quelques mots d'argot ou de verlan, peaufinée enfin à l'âge adulte pour lier et délier les conversations en société. Le français, quoi ! Certains agrémentent à l'école leur panoplie linguistique de cours d'anglais, d'allemand ou d'espagnol. Plus rarement de chinois, d'arabe ou de russe. Mais qui se dispute encore en occitan, en catalan, en basque, en corse ou en breton ? Plus grand monde. Quant à savoir qui rêve, drague et enseigne encore dans ces langues ancestrales, la réponse est la même. Rien qu'en France, l'UNESCO compte quatorze langues « gravement menacées ». C'est la tour de Babel qu'on assassine.

Ailleurs aussi, les langues se meurent. L'humanité connaît six mille sept cents façons différentes de communiquer. Mais plus de la moitié sont menacées de disparaître avant la fin du siècle. Certaines se sont d'ailleurs déjà éteintes. Pauvres mots d'une langue rare que plus personne ne prononcera plus jamais. Autant de déclarations d'amour en vénète (Italie) ou en beothuk (Terre-Neuve) qui ne résonneront plus au bord d'une rivière au clair de lune. Tenez-vous bien, une langue disparaît en moyenne toutes les deux semaines ! Souvent, impossible d'en garder une trace, faute d'écrits. En Afrique, par exemple, 80 % des dialectes n'existent que sous forme parlée, sans graphie associée. Les langues ont beau y être déliées, elles n'en sont pas moins fragiles.

L'Unesco a d'ailleurs établi un atlas des langues en péril. Mais qui les menace ? Qui sont les coupeurs de langues, les assassins des mots ? Bien souvent, les colons. Ainsi, en Amérique du Nord, très peu de langues inuites ont survécu à la pression du français et de l'anglais entre le XVI^e siècle et aujourd'hui. Il suffit sinon qu'un petit groupe d'individus se retrouve immergé dans un environnement culturel et linguistique différent pour que sa langue finisse par s'étioler. C'est le cas de nombreuses minorités. Une langue peut aussi disparaître au contact d'une culture particulièrement « agressive » ou plus puissante sur le plan économique. Pour s'intégrer, pour trouver du travail, les adultes encouragent évidemment leurs enfants à apprendre la langue de la culture dominante, ou en tout cas de leurs futurs patrons. C'est le début de la fin. Les linguistes considèrent que la langue d'une communauté est en danger le jour où plus de 30 % des enfants ont cessé de l'apprendre. C'est ce qui s'est passé aux États-Unis, où moins de cent cinquante langues indiennes survivent péniblement aujourd'hui alors que le territoire en comptait plusieurs centaines avant l'arrivée des Européens.

On ne s'en rend pas forcément compte, mais à travers la langue vivent traditions et valeurs. Y renoncer, c'est laisser non seulement les paroles, mais une culture s'envoler. Comme au Chiapas, où le peuple des Lacandons, une ethnie Maya, pratiquerait de moins en moins les rituels traditionnels au cours desquels se prononcent des paroles sacrées. Plus de conversation avec la nature, les dieux et les morts, plus de mots du cru. Bientôt la fin.

Pas étonnant, donc, que les langues les plus menacées soient celles des peuples indigènes.

Mais il ne faut pas toujours enterrer trop vite grand-maman, je veux dire les langues. Parfois, elles ressurgissent là où on ne les attendait pas. Surprise ! La langue aborigène wanyi par exemple, parlée en Australie. On la croyait éteinte depuis longtemps, mais récemment, on a retrouvé deux Zoulous qui la parlent encore. En Angleterre, le cornique s'est éteint en 1777, puis a été ranimé ces dernières années. Un petit millier de personnes s'en servent aujourd'hui comme seconde langue. Au Japon aussi, une langue a ressuscité : l'aïnou ne comptait plus que huit locuteurs sur l'île d'Hokkaido à la fin des années 1980, et aujourd'hui il renaît. Un musée de l'aïnou a même ouvert sur l'île, et des cours sont proposés gratuitement aux jeunes pour qu'ils redécouvrent la langue de leurs parents. Et qu'ils comprennent s'il s'agit d'eux quand leurs parents se crient dessusou chuchotent, l'œil malicieux !

## Pourquoi cela porte-t-il malheur de dire « lapin » à bord d'un navire ?

Si vous voulez avoir une réponse très concrète, essayez donc de dire « lapin » à bord d'un bateau, vous aurez un aperçu de l'effet sur les marins ! Du temps des grands périples explorateurs ou militaires, il fallait emporter sa nourriture avec soi. Viande séchée, poisson fumé... plusieurs mois à bord d'un navire à manger des aliments fumés ou séchés, sans congélateurs ni boîtes de conserve..., ce n'était tout bonnement pas possible ! Aussi de temps en temps, un bon ragoût de mouton, du jambon à l'os grillé, ou... un sauté de lapin améliorait l'ordinaire. Sauf que le mouton et le cochon sont des animaux domestiques aisés à garder enfermés dans un espace aménagé à bord d'un navire. Alors que le lapin, un petit trou, et le voilà parti en goguette sur le bateau. Lui, et ses dizaines de congénères ! Pas grave, me direz-vous ? C'est vrai, jusqu'à ce qu'ils décident de se faire les dents sur tout et n'importe quoi. Et le mets préféré des lapins – qui ne sont pas des rongeurs mais des mammifères de l'ordre des léporidés – comme celui des rats qui, eux, sont des rongeurs, ce sont les cordages. Vous saisissez la suite ? Un bout de corde à voile grignoté, c'est embêtant, mais ça se répare. Mais lorsqu'il s'agit des amarres qui tiennent le fret en place sur le navire, et lui évitent de brinquebaler lorsque la mer est formée ou pire, déchaînée... Plusieurs navires chavirèrent ainsi à cause de lapins emmenés à bord pour donner de la viande fraîche à l'équipage. Les chats, en revanche, sont bienvenus à bord. Pourquoi ? Pour faire la chasse aux rats !

## Pourquoi a-t-on des larmes ?

*« Pleurer ça sert à rien, ne dis rien si tu veux, mais sèche un peu tes yeux, et ne crois pas surtout… que nous autres, on s'en fout… tu sais, pleurer, ça sert à rien ! Laisse un peu… dormir ta peine… dans un coin…*

*Faut pas pleurer comme ça, pleurer, pour qui, pour quoi, pour quelques souvenirs, pour quelques mots d'amour, jetés dans une cour, et qui s'en vont mourir…*

*Tu sais, pleurer ça sert… à rien… »*

Allez, ne me dites pas que vous n'avez jamais cru en ces paroles de Daniel Guichard…

Et pourtant, pleurer, c'est essentiel pour libérer les émotions !

Ne vous a-t-on jamais dit : « Séchez vos larmes, demain sera un jour meilleur ! » La faute aux glandes lacrymales pourriez-vous répondre, si vous aviez écouté en cours de sciences naturelles, jadis… Glandes lacrymales, kesako ??

Eh bien, quand vous pleurez, des glandes lacrymales situées au niveau du coin interne de l'œil déversent vos larmes par le canal lacrymal. C'est une véritable plomberie, le corps humain ! Mettez-vous devant un miroir, approchez-vous, plus près, encore… là ! Vous voyez les coins de vos yeux, du côté du nez, sont pourvus de petits trous par lesquels les glandes versent vos larmes à flots !

Et quand c'est parti, impossible de refermer la vanne ! On pleure alors comme une madeleine…

Mais au fait, pourquoi cette expression ? Dans la Bible, Marie-Madeleine se présenta à Jésus en arrosant ses pieds de larmes et de parfum en lui avouant ses péchés. Pleurer comme une madeleine signifie aujourd'hui pleurer de manière excessive.

Certains pleurent aussi des larmes de crocodile…, ce qui signifie qu'ils sont un peu hypocrites… hypocrites, les crocodiles ? Non, mais lorsqu'ils ont avalé leurs proies, ils sécrètent des larmes, non pas parce qu'ils regrettent déjà le bon repas qu'ils ont fait, mais parce que leurs glandes lacrymales ont le même circuit neuromoteur que leurs glandes gastriques et salivaires !

Oui, oui… mais tout ça ne vous enlève pas l'idée que pleurer ça ne sert à rien ?

Vous ne le savez peut-être pas, mais les larmes jouent un rôle très important. La larme, ce n'est pas seulement de l'eau salée, pratique pour donner du goût à la soupe du soir…

C'est un lubrifiant (tout de suite les grands mots…) qui se trouve entre la paupière et l'œil, et en assure l'humidification.

Tout de même, il faut pouvoir le placer à un moment de votre vie dans une discussion, la quantité de liquide lacrymal à la surface de la cornée est de… 6 millilitres ! (Vous vous coucherez moins bête ce soir !)

Et vous ne vous êtes jamais demandé pourquoi on clignait des yeux ?

Pour renouveler le liquide lacrymal, pardi !

Toutes les 10 secondes, quand vous clignez des yeux, vos larmes sont renouvelées.

Et alors ! Et alors ?

Sans larmes, cela peut vous conduire à la cécité… eh oui…

Plus ordinairement, la sécheresse oculaire a l'inconvénient d'être très inconfortable.

Mais la nuit, on ne cligne pas des yeux !!! Non, mais les glandes lacrymales (toujours les mêmes qui bossent) augmentent leurs sécrétions de façon que le liquide coule tout seul ; dans le même temps, les vaisseaux sanguins de la cornée se dilatent pour assurer son oxygénation (quel travail d'équipe), les glandes lacrymales filtrent le sang et rajoutent un antibactérien.

Résultat : les larmes débordent et le matin vous vous réveillez avec un truc pas très glamour au coin des yeux.

Qu'est-ce qui déclenche nos larmes ? Le vent ou le froid, par exemple, ou lorsqu'on épluche les oignons (voir réponse page 232), et évidemment l'humeur et les émotions.

La joie, la douleur, une peine de cœur vont générer dans votre cerveau un ordre donné aux glandes lacrymales (encore elles…) d'augmenter la production de liquide lacrymal, ce qui va saturer les canaux naturels d'évacuation, déborder de l'œil et couler sur le visage.

Ce n'est pas tout, la composition du liquide lacrymal « d'émotion » n'est plus la même que celle du liquide lacrymal normal. Elle est renforcée en deux hormones, l'une, la leucine, qui agit sur la douleur et l'autre, la prolactine, qui agit sur la production de lait !

C'est d'ailleurs cette hormone qui expliquerait que les femmes pleurent plus que les hommes, et ce dès la puberté.

Les femmes ont surtout plus tendance à dissiper leur agressivité en parlant et en pleurant, tandis que les hommes l'expriment avec leurs poings…

Le rôle des larmes ne s'arrête pas là…

L'ordre donné par le cerveau aux glandes lacrymales pour engendrer la production des larmes conduit à augmenter le taux de calmants naturels pour éliminer les toxines provoquées par le stress et l'émotion.

Et vous croyez encore que pleurer ne sert à rien ??!

Les scientifiques sont même allés jusqu'à calculer que les pleurs réduisent la tristesse ou la colère de 40 % environ…

Alors, convaincu par les larmes ?? À vos mouchoirs !

## Pourquoi le larsen siffle-t-il ?

On vous demande de prendre la parole devant une centaine de collègues dans le grand amphi, vous vous approchez du micro-pupitre et là, avant même que vous ayez commencé à parler, tout le monde se bouche les oreilles en se tordant dans tous les sens : le gars Larsen est passé par là. En fait de gars Larsen, c'est précisément à Søren Larsen que vous devez l'explication du phénomène. Le physicien, danois comme son nom l'indique, a découvert pourquoi et comment un son capté avec un micro et diffusé par un système audio pouvait être repris en boucle et amplifié en fréquence et en intensité, jusqu'à produire le sifflement aigu que nous connaissons tous. Et après ? Si vous ne coupez pas l'origine du son et que pourtant vous n'entendez plus le sifflement, inquiétez-vous ! Il est peut-être en train de détruire sournoisement votre sonorisation dont il aura atteint les limites, si ce n'est pas déjà fait. La solution ? Dans l'urgence, couper le son de l'ampli ou débrancher le micro. Dans l'absolu, éloigner le micro du haut-parleur le plus proche pour que cela ne se reproduise plus.

Le larsen existe aussi dans une autre version, le larsen vidéo. On parle en fait plutôt d'image récursive. Facile à obtenir : il suffit de filmer avec sa caméra l'image de la même caméra diffusée sur un téléviseur relié... à la caméra. Ce larsen-là ne présente aucun danger pour le matériel vidéo... À part d'avoir une image à l'intérêt limité sur sa cassette !

## Comment marche le laser ?

Le problème de ce XXIe siècle, c'est que nous sommes blasés. Tout nous semble naturel, alors que nous baignons dans un monde où la technologie accomplit des prouesses extraordinaires, mais invisibles pour le *vulgus pecum*. Prenez votre voiture ou votre salon : dans les deux, vous trouverez à coup sûr un lecteur de CD et, depuis l'an 2000, des lecteurs de DVD. Le premier prix d'un tel appareil ne dépasse pas le coût d'un dîner dans un petit restaurant, avec un peu de vin, dessert compris.

Blasé ? Le lecteur de CD et son successeur le DVD est un petit bijou de miniaturisation et de précision, inconcevable encore il y a peu. Téléporté dans les années soixante-dix, il rendrait fou n'importe quel ingénieur électronicien ! Et pour cause : le laser qui se trouve à la base de toutes les applications de lecture optique d'un message, comme c'est le cas pour un CD, un DVD, mais aussi par exemple pour les codes-barres sur les paquets de couches au supermarché, n'a été découvert que dans les années soixante. Ou plutôt, le laser est passé de la théorie (son principe a été décrit par Einstein dès 1917) à la pratique dans les années soixante.

Vous ne vous en étonnez pas et, pourtant, vous devriez. En réfléchissant un peu, vous avez d'ailleurs une dizaine de lasers dans votre maison, lasers de très haute précision, comme ceux qu'un laboratoire scientifique de dernier cri avait à sa disposition dans les années quatre-vingt à un prix astronomique. Une dizaine ? Bien sûr ! Le lecteur de CD dans la cuisine et celui de la salle de bains. Le DVD du salon. Le graveur qui l'accompagne. Votre ordinateur. Celui des enfants. Leur (ou votre) console de jeu. La radio CD de la voiture. Un vieux Discman perdu au fond d'un tiroir, acheté une fortune à New York en 1990. Et enfin, l'inévitable porte-clefs pointeur laser, avec sa cohorte de capuchons donnant au laser la forme d'une étoile, d'un cœur ou d'un flocon de neige acheté 20 centimes d'euro à Taïwan !

Blasé ? Pourtant, le laser n'a rien de banal. Cette lumière colorée n'est pas qu'un simple faisceau de photons, autrement dit de la lumière, mais aussi un vecteur d'énergie. Les premiers lasers découpaient du verre ou de l'acier. *Star Wars* n'est pas loin, et n'a rien d'utopique, sauf le sabre laser qu'il est impossible de construire en l'état actuel de nos connaissances. Et pour cause : un laser est par nature invisible, sauf à son point d'impact. Vous l'avez déjà observé lors de ces interminables présentations Powerpoint en séminaire ou en réunion commerciale. Le point est visible, le laser ne l'est pas. Premier problème. Deuxième obstacle : la longueur d'un faisceau laser est impossible à limiter à partir de la source. Le laser a un début, mais n'a pas de fin, du moins jusqu'à ce que toute l'énergie lumineuse qui le compose se soit évanouie dans l'atmosphère. Dans l'espace, un rayon laser peut parcourir des distances quasi infinies, faute d'obstacle pour en absorber l'énergie. Résultat, les sabres Jedi ont tout du tube néon, ce qui les rend plutôt fragiles à manipuler.

Mais le laser ne fait pas que transporter l'énergie qui annihile les vaisseaux klingons dans *Star*

*Trek*, pour citer une autre référence de base de la culture scientifique spatiale. Il sert aussi et d'abord à lire des informations. Et c'est là que vous devez vous émerveiller, en battant votre coulpe de ne pas avoir mieux célébré, noyé par l'émotion, le dieu Laser. Caché au fond de votre lecteur de DVD, il est capable de lire des informations sur un sillon dont la longueur peut atteindre… 48 kilomètres et dont la largeur est inférieure à… un micron, très exactement 0,74 μ ! Quand on sait qu'un micron, qui s'appelle d'ailleurs micromètre depuis 1968 (sans doute le fruit d'une révolution dans les instances scientifiques internationales, ce qui laisse à penser que l'année 1968 devait être particulière dans le continuum spatio-temporel, propice aux changements en tout genre), fait 0,001 millimètre… Vous imaginez la taille du pinceau ! Encore plus impressionnant quand vous vous souvenez que, dans la voiture, tout vibre en permanence mais que le faisceau laser reste stoïquement dans son sillon. Bien sûr, il y a un petit truc, l'autoradio CD mémorise toujours quelques secondes de musique d'avance, en cas de « choc » qui ferait décrocher la piste. Impressionnant aussi quand on pense au lecteur graveur DVD de l'ordinateur portable, que l'on trimballe, secoue et maltraite en permanence, y compris avec un disque à l'intérieur.

Mais il y a laser et laser. Celui du pointeur pour diapositives et du lecteur de CD ou DVD est rouge. Celui du chirurgien, destiné à opérer une cataracte ou même une simple myopie est vert. Et désormais, vous pouvez, comble du chic, vous équiper d'appareils à laser bleu, en faisant l'acquisition d'un lecteur de disques Blue-ray, capable de lire les DVD haute résolution. Cette féerie des couleurs est-elle la résultante d'une fantaisie des ingénieurs? Que nenni: chaque couleur correspond en fait à une longueur d'onde, et chaque longueur d'onde a sa largeur de pinceau, pour reprendre l'image utilisée plus haut. Or le pinceau du laser bleu est nettement plus fin encore que celui du laser rouge, permettant de stocker encore plus d'informations sur un disque Blue-ray, par rapport à un DVD classique.

Le laser est encore plein de promesses. On envisage, par exemple, de lui faire transporter de l'électricité. On pourrait ainsi relier des satellites, immenses centrales solaires déployées dans l'espace, au sol, par des faisceaux laser transporteurs d'électricité!

À quand le lustre du salon relié au 220V par un faisceau laser?

## Pourquoi la Légion étrangère défile-t-elle toujours au début ou à la fin des troupes à pied sur les Champs-Élysées, le 14 juillet?

À cause du pas... Légion! Pour être synchrones les unes par rapport aux autres, les troupes à pied défilent traditionnellement au rythme de 120 pas à la minute. Un rythme qui est cadencé par les musiques militaires, qui se jouent donc toutes à la même vitesse. L'uniformisation des pas et des marches militaires ne date pas d'hier.

Sous l'Ancien Régime, des régiments de soldats professionnels de toute l'Europe servaient le roi. Fersen, l'amant présumé de Marie-Antoinette, commandait par exemple le Royal Suédois. Afin que les défilés militaires ne se transforment pas en cacophonie, et pour éviter que les régiments ne fassent l'accordéon en marchant les uns derrière les autres, on imposa le même pas cadencé à tous. Mais la Légion, elle, ne mange pas de ce pain-là. Créée en 1831 afin de contourner l'interdiction d'intégrer des soldats d'origine étrangère à l'armée française, elle est en fait héritière du régiment de Hohenlohe, créé en 1792 et dissous en... 1831. Ce régiment, créé par Louis Aloy de Hohenlohe, prince du Saint Empire romain germanique, était destiné à combattre les armées révolutionnaires, sous les ordres des frères du roi Louis XVI. De tradition allemande, ce régiment défilait à un autre rythme... les fameux 88 pas par minute. Et vous avez compris le comment du pourquoi.

## Pourquoi les taches ont-elles des léopards ?

Dans la jungle, si une grosse bête vous poursuit avec la ferme intention de vous inviter à déjeuner, mais en ne dressant le couvert que pour un, vous serez pardonné de ne pas savoir faire la différence sur l'instant entre un tigre et un léopard. Dans le feu de l'action, vous aurez vu un gros gros, très gros chat, l'air pas bulaire du tout, et surtout diablement rapide. Oubliez l'idée de le battre à la course. Le tigre atteint le 50 kilomètres à l'heure, le léopard dépasse le 60 (même en ville, malgré les radars !). Il vous faudra trouver un autre truc, sachant que les deux savent aussi monter aux arbres.

Mais là n'est pas la question. Fallait pas acheter un safari-photo en promo sur Internet. Le léopard et le tigre ont donc grosso modo la même corpulence (et aussi les mêmes goûts pour la viande fraîche). Pourquoi donc l'un est-il rayé (le tigre) et l'autre, tacheté (le léopard) ?

Il aura fallu pas mal de travail aux biologistes de tout… poil pour trouver la solution. En faisant appel aux mathématiques, et en l'occurrence aux équations de Turing.

Mathématicien de génie qui résolvait des équations de tête à 20 ans, quand ses professeurs de maths suaient sang et eau sur des pages et des pages, Turing a inventé des modèles mathématiques largement utilisés encore aujourd'hui, en informatique notamment. Partant de certaines de ses équations, les biologistes, cherchant à comprendre le mystère des rayures ou des taches, se sont demandé si la différence ne se jouait pas pendant la croissance de bébé léopard ou tigre. *Euréka* ! C'était bien la solution. Les rayures apparaissent très tôt sur bébé tigre ou bébé zèbre. Les taches, plus tard, chez bébé léopard. Pourquoi ? La faute, donc, à Turing. En partant de ses équations, les chercheurs ont démontré que la répartition de la mélanine, cette molécule qui donne la couleur à nos cheveux (voir « Pourquoi ai-je des cheveux blancs », page 95) ou à notre peau, et donc à la fourrure des animaux, est différente selon la taille, mais surtout la forme de l'embryon. Or les bébés tigres ou zèbres sont tout fins dans le ventre de leur maman au moment de l'apparition des taches de couleur, qui vont devenir des rayures. Bébé léopard lui, prend ses aises, il est plus trapu quand les gènes déclencheurs de mélanine s'activent : et les taches donnent… des taches. Preuve supplémentaire ? Les léopards, tachetés, ont pourtant la queue… rayée, car leur queue est fine, comme l'embryon de zèbre ou de tigre ! On peut se demander à quoi de telles recherches peuvent servir. Comme tout a un prix, j'ai bien une idée : on imagine aisément l'intérêt qu'en tirerait une animalerie, capable de promettre à ses clientes des chatons aux taches ou rayures connues à l'avance…

## Comment font la lumière et les ondes radio pour voyager dans le vide ?

Au risque de vous décevoir… à l'heure actuelle, nul scientifique ne peut dire détenir la réponse certaine et définitive à cette question. Il est loin le temps des certitudes académiques des XVIIe, XVIIIe et même XIXe siècles, où l'on proclamait régulièrement que tout ce qui avait à être découvert et expliqué l'avait été ! Certains, comme Ambroise Paré ou Galilée, en ont injustement souffert…

Non, aujourd'hui, et même après le passage du mythique an 2000, on ne sait pas encore tout sur tout, loin s'en faut, et en particulier comment et pourquoi les ondes électromagnétiques (dont la lumière fait partie) voyagent dans le vide.

Dans l'espace pour faire simple. C'est ballot, quand on sait que la sonde *Voyager 1*, lancée le 5 septembre 1977, se trouvait fin décembre 2008 à une distance de quelque… 16,34 milliards de kilomètres de la Terre, après un voyage de quelque 20,57 milliards de kilomètres, l'engin ne se déplaçant pas en ligne droite ! 16,34 milliards de kilomètres, c'est tout bonnement cent fois plus que la distance qui sépare la Terre du Soleil, une paille. Et pourtant, plus de trente années après avoir quitté le plancher de nos vaches à la recherche d'une hypothétique herbe extra-terrestre plus verte, *Voyager* continue vaillamment à communiquer avec la Terre. Même après avoir quitté notre galaxie, et avoir pénétré l'espace interstellaire, autrement dit le désert… Bon d'accord, quand *Voyager 1* passe un coup de fil à la Nasa pour envoyer une photo ou toute autre donnée d'observation pour laquelle il a été programmé, le message met… quinze heures à nous arriver. Mais il arrive ! Et c'est ça le mystère.

Reprenons : les ondes électromagnétiques sont en tout point semblables aux ondes qui agitent l'eau de votre bain ou d'une petite mare, quand on y jette quelque chose. Des vagues et des creux. Dans le cas de l'eau, ces vagues et ces creux se forment bien dans quelque chose, en l'occurrence, un amas de molécules d'$H_20$ et accessoirement de savon (quoi, vous ne mettez pas de bain moussant ?), qui composent un liquide. Dans l'air, là encore, on peut concevoir que les molécules de 21 $O_2$ 78 N2 (+ 1 % d'autres gaz) s'agitent, pour transporter les ondes électromagnétiques. Même quand il s'agit de traverser une vitre, un mur, même si c'est difficile à concevoir vu la densité de ces matériaux, on se dit qu'il y a quelque chose à faire bouger.

Mais dans le vide spatial, comme son nom l'indique, il n'y a normalement… rien. Et s'il n'y a rien, rien à agiter, il n'y a rien non plus pour transporter des ondes électromagnétiques. Les plus grands savants se sont penchés depuis des décennies sur le sujet, cherchant moins des réponses que des excuses à l'absence de réponse. Les notions de relativité et d'espace-temps ont été invitées à la fête de la Science, saupoudrées de mécanique quantique, affirmant au passage que les ondes lumineuses n'ont pas besoin de support pour circuler, la lumière étant constituée de photons, autrement appelés « grains de lumière ». Mais pour les ondes radio, celles qu'utilisent *Voyager 1* et la Nasa pour communiquer, cela reste une autre histoire, non résolue, en tout cas pas de manière satisfaisante, à ce jour. On se débrouille comme on peut aujourd'hui en affirmant que le vide n'est sans doute pas si vide que cela. Il serait plein de particules, soit des quarks, le plus petit morceau de matière connu à ce jour, soit d'autres particules restant encore à découvrir… En tout cas plein d'énergie. Mais il y a un problème, et de taille : si le vide est plein de quelque chose, les scientifiques ne savent pas d'où ce quelque chose vient. Nul n'a en effet démenti l'axiome de Lavoisier : « Rien ne se perd, rien ne se crée, tout se transforme. » Or, si le Big Bang est effectivement la source de toute chose, et en particulier de toutes les planètes, et de nous au passage, la théorie de la naissance de l'univers n'avait pas prévu de devoir donner aussi des particules à placer entre les planètes, dans le vide... En bref, quand *Voyager 1* nous parle, tout ce que l'on sait, c'est que c'est bien lui qui est au bout du fil, mais on ne sait pas trop comment. Allô, Dieu ?

## Pourquoi la Lune existe-t-elle ?

Pour nous apporter les marées ? Non bien sûr, ce serait trop simple. La Lune est née – du moins, c'est ce que pensent les astronomes aujourd'hui – d'un choc entre une météorite et la Terre, voici 4,5 milliards d'années. Dans ce choc, des morceaux entiers de ce qui allait devenir la planète bleue ont été arrachés et propulsés dans l'espace. Que leur arriva-t-il ? Certains ont fort probablement pris leur liberté, et se baladent quelque part aux confins de l'univers. D'autres se sont mis en orbite autour de la Terre. On se demande encore s'il a fallu des millions d'années, ou seulement des milliers, pour que ces morceaux se regroupent et donnent naissance à un satellite, notre satellite, la Lune. Dont l'influence (les marées), la lumière (qui n'est que le reflet de la lumière du Soleil) sont devenues essentielles à la vie terrestre. Et les savants sont sûrs de leur coup : les échantillons de Lune rapportés lors des missions spatiales démontrent que sa composition est très proche de celle de la Terre. Des sœurs, on vous dit !

## Pourquoi la Lune est-elle couverte de cratères ?

La Terre est bien aussi « couverte » de cratères, mais nettement moins que la Lune ! En France par exemple, il y a 224 millions d'années, un astéroïde d'un kilomètre et demi de diamètre s'est écrasé à Rochechouart-Chassenon, formant un cratère de... 20 kilomètres de diamètre... Ridicule à côté de celui de Vredefort, en Afrique du Sud, large de 300 kilomètres, provoqué par l'impact d'un astéroïde de 10 à 15 kilomètres de diamètre, en gros, large comme Paris ! Il se serait écrasé sur la Terre voici deux milliards d'années. Donc, il y a bien des cratères sur Terre, mais moins que sur la Lune. Pourquoi ? Grâce à notre atmosphère. Les étoiles filantes, vous connaissez ? Sans l'atmosphère, ces petits cailloux, qui peuvent parfois peser des dizaines de kilogrammes, s'écraseraient directement sur la Terre, provoquant de gros dégâts. Au lieu de cela, ils se consument dans l'atmosphère, portés à plusieurs milliers de degrés par leur vitesse astronomique, formant... les étoiles filantes. La Lune, elle, n'a pas d'atmosphère, et ce depuis sa naissance, dont on ne sait pas d'ailleurs vraiment fixer la date... Entre 550 d'années et quelques milliards ! En tout cas, tous les jours, la Lune rencontre une, et même plusieurs météorites. Une mission lunaire – comme celle de Tintin et ses amis dans *On a marché sur la Lune* – a toutes les chances ou plutôt tous les risques de se prendre une météorite sur la tête !

## Pourquoi dit-on « décrocher la Lune » ?

Cela nous viendrait tout droit de la ville de Landerneau, sise en Bretagne, ville qui est aussi célèbre pour la fameuse expression « Ça va faire du bruit dans Landerneau ! » et que vous trouverez expliquée plus loin par ailleurs.

Une légende évoque la lune-girouette de l'hôtel de ville de Landerneau, en référence aux Rohan, grande famille de la région et dont c'était l'emblème. La mère d'une riche héritière de la ville avait promis la main de sa fille à quiconque parviendrait à décrocher ce symbole, solidement fixé au toit. Un prétendant plus malin que les autres y parvint, et son exploit marqua à jamais les esprits des environs. Notez que sur le logo de Leclerc, le rond orange sur fond bleu symbolise la Lune. Or, c'est à Landerneau que fut ouvert le premier magasin de l'enseigne... encore un clin d'œil à l'Histoire !

## Pourquoi ne peut-on voir la face cachée de la Lune ?

Quand le professeur Tournesol envoie sa fusée prototype X-1 photographier la Lune, ce n'est pas qu'une histoire. Avant les premières missions américaines et russes qui rapportèrent dans les années 1960 des photos de la face cachée de la Lune, personne n'avait pu l'observer de la Terre (ni d'ailleurs). La Lune, comme vous le savez, tourne autour de notre planète. Mais beaucoup de gens ignorent qu'elle tourne aussi sur elle-même. Véridique ! Pour vous en convaincre, prenez un ballon de foot et une balle de golf. Les deux symbolisent assez bien la Terre et la Lune. Maintenant, marquez d'un point la balle de golf face au ballon, et commencez à la faire tourner autour. Si vous ne bougez pas votre poignet, vous remarquerez que le point sur la balle de golf se déplacera par rapport au ballon.

En revanche, si vous manipulez la balle de telle sorte que le point reste face au ballon, alors, oui, la balle de golf fera un tour complet sur elle-même, en un tour de ballon. Pour la Lune, c'est la même chose. Elle tourne sur elle-même mais, chose extraordinaire, exactement à la même vitesse que sa rotation autour de la Terre, présentant toujours la même face aux hommes qui la regardent, depuis des millénaires. Magie ? Hasard ? Il n'y a pas d'explication scientifique connue à ce jour pour expliquer ce phénomène.

## Pourquoi la Lune provoque-t-elle les marées ?

Les vacances, c'est le moment de l'année où notre seul devoir est de ne rien faire… enfin tout du moins, essayer de ne rien faire… prendre son temps pour poser sa serviette sur la plage, prendre son temps en s'étalant de la crème solaire… et puis s'offrir de longues méditations pour tenter de résoudre les questions existentielles posées par nos enfants…

Et là, c'est le drame… car à moins d'être un génie, on ne peut pas toujours trouver des excuses pour expliquer notre ignorance, et la réponse « tu comprendras quand tu seras plus grand » ne peut pas servir de joker systématique.

Heureusement, si jamais ils vous demandent un jour entre deux pâtés de sables « Papa, pourquoi quand on arrive le matin sur la plage, la mer est loin et l'après-midi, elle nous chatouille les pieds ? », ne leur dites pas « arrêtez de faire les imbéciles avec votre seau, on va rentrer ». Car même en vacances, il faut stimuler les neurones de ces chers petits… Après avoir lu ces quelques lignes, vous verrez que ce n'est pas si difficile que ça de jouer au savant sur la plage, mais n'oubliez pas de glisser ce livre dans votre panier l'été prochain !

Avant d'en connaître la réponse, je me suis souvent demandé pourquoi quand j'arrivais le matin sur la plage, la mer était basse, on la distinguait à peine, et l'après-midi, je devais reculer ma serviette de peur qu'elle ne soit trempée. Vous savez, quand on s'amuse à écrire des mots doux à l'heureux(se) élu(e) sur le sable, et que la mer les efface. Sauf qu'une fois, ma cousine s'est retrouvée à jouer au même jeu sur une plage de Méditerranée, j'ai bien ri de sa mésaventure, car la mer n'était plus là pour la dédouaner et effacer ses secrets étalés sur la « plage publique ». Bref. L'explication se trouve dans la gravitation des astres autour de la Terre. Ce qui explique que si vous allez sur les côtes bretonnes, vous êtes soumis à ces mouvements perpétuels de la mer, vous obligeant alors à arriver avant tout le monde pour être sûr d'avoir de la place et poser votre serviette. D'ailleurs, si vous êtes un habitué de la façade atlantique, vous remarquez que toutes les douze heures, la mer est haute. Le reste du temps, évidemment, elle est basse. Vous avez le début du raisonnement : la Lune…

La Lune gravite autour de la Terre : ça, on le savait. Voilà au moins une chose que l'on a retenue de nos cours de sciences naturelles. Ensuite, le couple Terre-Lune gravite autour du Soleil, jusque-là, pas de grande nouveauté. Mais la Lune et le Soleil ne font pas que se donner rendez-vous, comme dans la chanson, les astres aussi s'amusent et exercent une force d'attraction sur la Terre. La marée, phénomène de déplacement d'eau, est le résultat de l'action commune de la Lune et du Soleil sur la Terre. En bref, ces astres se tirent la couverture et ce petit jeu s'exerce d'abord sur les étendues liquides, les océans, qui sont plus transformables.

La plus coquine dans l'histoire, c'est la Lune, car c'est sa position dans le ciel qui détermine le mouvement des masses d'eau. Dès qu'elle se trouve en face de la mer, l'eau forme une bosse et se retire des côtes, c'est ce qu'on appelle la marée basse ; puis, lorsque la Lune s'éloigne, l'eau revient à sa place, c'est la marée haute.

Ce mouvement n'aurait évidemment pas lieu si notre planète bleue ne se défendait pas et ne tentait pas de récupérer la couverture. Si Lune et Soleil sont alignés, la marée sera très importante, et les pêcheurs d'huîtres et de bigorneaux seront au rendez-vous avec casquettes et paniers. Cela réjouira les enfants qui, coiffés de casquette et beurrés de crème solaire, iront chercher leur propre déjeuner. Lorsque la position du Soleil est perpendiculaire à celle de la Lune, la marée sera faible. Si vous voulez claquer le bec de votre beau-frère, retenez que l'on parle alors de la marée de « mortes eaux ».

Parce que c'est vous, le truc pour être sûr de poser sa serviette, sans forcément faire du bruit pour effrayer les voisins, c'est d'acheter le carnet des marées pour connaître les jours de marée basse ou haute. En revanche, vous n'en aurez pas besoin si vous allez sur les côtes méditerranéennes.

Et là, je vous vois venir. « Oui, parce qu'il n'y a pas de marées en Méditerranée... » Faux ! Enfin pas tout à fait. Les marées de la Baie de Fundy au Canada, par exemple, font plus de 15 mètres d'altitude, celles du Mont-Saint-Michel atteignent les 12 mètres, alors, forcément, les 10 centimètres à peine des marées méditerranéennes laissent penser qu'elles sont inexistantes. En réalité, la véritable raison, c'est qu'il y a un autre phénomène qui entre en ligne de compte. C'est le phénomène de résonance. Qu'est-ce que c'est ? Prenez une carte du monde, et regardez la Méditerranée. Vous constatez qu'il s'agit presque d'une mer fermée, ce qui explique son nom d'ailleurs, une « mer au milieu des terres ». Et alors ? Si vous secouez de l'eau dans une bassine, vous ne risquez pas de faire de grands mouvements, autrement dit pas de grandes marées ; pour la Méditerranée, c'est pareil, il s'agit d'un vase clos, donc les marées y sont quasiment inexistantes.

La prochaine fois que vous vous retrouverez en face de la mer allant et venant vers vous, vous encourageant presque à la suivre, vous serez peut-être le seul sur la plage à savoir qu'il existe bel et bien des marées en Méditerranée...

## Pourquoi dit-on une « lune de miel » ?

Ça y est, vous venez de dire « oui » devant monsieur le maire, le curé, le pasteur, ou le rabbin. Ou le concierge d'un grand hôtel à qui vous avez demandé de faire semblant pour épater votre dulcinée, dans le parc du château de Versailles, après un tour en calèche. La bague au doigt et les yeux humides, vous sortez de l'hôtel de ville (ou... bref) et affrontez les inévitables grains de riz. Vous posez pour la photo, embrassez vos proches et sautez dans la 2 CV ou la Traction avant qui vous emmène sur les lieux de la fête, direction le cocktail ! Une coupe de champagne dans une main, une verrine de guacamole dans l'autre, vous vous détendez enfin.

*« Alors, où est-ce que vous partez en lune de miel ? »* vous demande un cousin éloigné. Mais vous tenez votre langue et l'empêchez d'insister. Les gens ont-ils réellement besoin de savoir ? *« Alors, cette lune de miel, Bali ou Madagascar ? »* D'un coup, une question vous vient à l'esprit : pourquoi parle-t-on de « lune de miel » ? Vous tentez de comprendre l'origine de cette expression, mais impossible de trouver quelque explication plausible. Soudain, telle une femme enceinte qui aurait envie de fraises, vous DEVEZ savoir d'où vient ce terme. Vous ne pensez plus qu'à ça et êtes incapable de mettre cette obsession de côté.

Vous rentrez dans le brouhaha de la fête et foncez droit sur votre grand-oncle. À plus de 90 ans, il aura sûrement eu le temps de se poser la question ! Vous l'emmenez un peu à l'écart des convives et l'interrogez sans introduction. Avec un sourire, oncle François vous fait signe de vous asseoir. Mais vous n'avez pas une minute à perdre. Oncle François semble en mesure de vous renseigner. «*Il y a près de 4000 ans, à Babylone…*» Mon Dieu, faites qu'il aille droit au but! C'est votre jour de chance. Dieu vous entend, votre oncle continue: «*Il y a près de 4000 ans, à Babylone, lors des mariages, le père de la mariée devait offrir à son gendre autant d'hydromel que possible.*» Jusque-là, vous ne faites pas le lien avec la lune de miel. Oncle François aurait-il la mémoire défaillante? Imperturbable, tonton enchaîne: «*Sais-tu ce qu'est l'hydromel?*» Vous répondez par la négative. «*L'hydromel est sans doute la plus vieille boisson alcoolisée du monde. Elle est produite à base d'eau et de miel, et fermentée avec des levures alcooliques. Durant tout le mois qui suivait le mariage, le père de la mariée fournissait le couple en hydromel. Le calendrier étant lunaire, la noce durait une lune. D'où l'expression "lune de miel"! Comme les coutumes changent et que, désormais, les jeunes mariés partent en voyage pendant cette période, le voyage de noces est également devenu… la lune de miel! As-tu compris? Es-tu satisfait de la réponse?*»

Oncle François ne peut pas imaginer à quel point il vous a ôté une épine du pied. Vous pouvez, enfin, vous détendre et profiter de votre fête. «*Au fait, ajoute oncle François alors que vous vous levez, où partez-vous?*» Vous soupirez, mais dans le fond, vous lui devez bien ça. «*À Franceville, tonton, à Franceville, au Gabon.*» Champagne!

## Comment certaines lunettes peuvent-elles être intelligentes ?

Vous sortez d'un immeuble après un rendez-vous et, paf, le soleil vous claque à la figure. Le temps de chercher vos lunettes de soleil au fin fond de votre sac (si tant est que vous les ayez avec vous) ou dans vos poches de veste ou de manteau, et vous voilà déjà au parking en train de récupérer votre voiture. Là, vous plissez laborieusement les yeux, obscurité oblige. Et quand vous ressortez du sous-sol, paf, re-rayon de soleil dans les yeux, nouvel éblouissement !

Fini cette époque-là. Grâce à une technologie de pointe, en fait mise au point par un chercheur américain aux faux airs de grand-père, dès les années soixante, vos lunettes peuvent s'adapter à l'intensité de la luminosité ambiante : les verres s'éclaircissent ou s'assombrissent à l'envi, automatiquement. Magique. Même pas besoin d'appuyer sur un bouton. En huit secondes seulement, vos verres « photochromiques » passent du brun foncé au gris clair, et inversement. Et lorsque vous travaillez devant votre écran d'ordinateur, ces mêmes lunettes, qui sont le plus souvent des lunettes de vue, sont parfaitement transparentes. Votre collègue n'y verra que du feu. Été, hiver, que vous alliez au ski ou fassiez du bateau en pleine mer, malgré une réverbération très forte, vos binocles s'adaptent.

Comme avec une paire de lunettes de soleil classiques, vos lunettes à verres photochromiques bloquent les UVA et les UVB. Votre pupille n'a qu'à se laisser faire. En fait, ce processus n'est possible que grâce à des molécules photosensibles intégrées aux verres. Ces molécules, qui entrent dans la composition du pigment, sont incolores en l'absence de lumière ultraviolette. Lumière qui, rappelons-le, est omniprésente autour de nous, mais que nous ne voyons pas. Mais dès qu'elles sont exposées aux rayons UV, où les ultraviolets sont très présents, les voilà qui changent de forme : une teinte apparaît. Lorsqu'il n'y a plus de rayons UV, elles retrouvent rapidement leur position initiale et un état incolore, et les verres redeviennent blancs.

C'est la technologie de verres optiques la plus développée à ce jour. Mais, il y a un mais, et même deux. D'abord, certains ophtalmologistes estiment que les verres solaires classiques sont plus efficaces que ceux qui foncent à la lumière pour protéger des rayons du soleil. Le temps de latence, jugé encore trop long, et l'usure dans le temps de ces molécules photosensibles de moins en moins efficaces plaident en leur défaveur. Pupilles trop sensibles, s'abstenir. Et surtout, le gros bémol, c'est que les verres photochromiques ne fonctionnent pas en voiture, lorsque vous conduisez. Ce serait pourtant tellement utile ! Sur les autoroutes notamment, lorsque s'enchaînent tunnels opaques et autoroute baignée de soleil, où l'on ne discerne plus grand-chose. En fait, ces verres révolutionnaires, commercialisés depuis les années quatre-vingt-dix, ont besoin de la lumière UV pour foncer, comme expliqué plus haut. Or le pare-brise et les fenêtres bloquent justement les UV. Heureusement d'ailleurs, sinon nous prendrions des coups de soleil en voiture, et il faudrait se tartiner de crème solaire avant d'attacher sa ceinture !

Mais, amis bigleux, une autre innovation fait figure de minirévolution quotidienne. Elle va vous faire oublier un réflexe certainement acquis au fil des ans, celui de nettoyer, d'un revers de la manche ou du bout d'un mouchoir en papier, vos verres. Souvent le geste est mécanique, il précède le lever de monture vers le ciel, un œil fermé, le menton en coin, en direction de la lampe, l'air songeur. Vérification d'usage. Tic. La manœuvre devient inutile grâce aux verres autonettoyants ! *Exit* le tissu en microfibre roulé en boule au fond de votre poche, vos bésicles se nettoient toutes seules. En vertu de deux phénomènes : la photocatalyse – les impuretés organiques se dispersent sous l'action de la lumière du soleil – et l'hydrophilie – les gouttes de pluie s'étalent sous la forme d'un film d'eau, et en glissant lavent le verre. Qu'attendez-vous pour foncer, d'avoir besoin de porter des lunettes ?

# M

# comme...

## Pourquoi met-on un @ dans les adresses mail ?

Lorsque Ray Tomlinson, un ingénieur américain considéré comme le père – ou l'un des pères – des messages électroniques, commença à s'envoyer des messages d'un ordinateur à l'autre pour tester ses programmes, il se rendit vite compte qu'il lui faudrait désigner, dans l'adresse du destinataire, non seulement la personne à qui le message était destiné, mais aussi le lieu, à savoir l'ordinateur. Message à quelqu'un, quelque part. Il chercha donc une locution permettant d'associer les deux informations et décida d'utiliser le @ ou arobase, qui n'était utilisé dans aucun nom ou mot d'usage courant, mais dont on trouve pourtant la trace dès le Moyen Âge et qui servait à beaucoup de choses jusqu'à tomber en déshérence. Un choix d'autant plus pertinent que le @ se prononçait « at » en anglais, ce qui signifie « chez » !

## Pourquoi la majorité en France est-elle fixée à 18 ans ?

En France, les personnes nées avant la fin des années 1950 se souviennent de la majorité à 21 ans… Forcément, c'est le 5 juillet 1974 que la majorité légale (différente de la majorité matrimoniale : l'âge légal pour se marier) est passée de 21 ans à 18 ans dans l'Hexagone. À quoi sert la majorité ? À déterminer l'âge à partir duquel un individu est capable de s'engager dans une relation contractuelle sans l'aval de ses parents. Pendant longtemps, on estimait les «jeunes» de moins de 21 ans trop naïfs pour louer un appartement ou prendre un crédit afin d'acheter une voiture sans se faire arnaquer. Mais assez mûrs pour se marier sans l'avis de papa et maman, en tout cas pour les filles ! De 1974 à 2006, elles pouvaient en effet claquer la porte de chez leurs parents à 15 ans et 1 jour, et convoler en justes noces, pourvu que Jules, lui, ait 18 ans. Injuste ! Aujourd'hui, c'est 18 ans pour tout le monde, et on n'en parle plus. Mais les Français seront très surpris d'apprendre que, chez nos voisins francophones, la majorité légale était encore fixée à 21 ans jusqu'au 1er mai 1990 en Belgique, et jusqu'au 1er janvier 1996 en Suisse !

## Pourquoi la mante religieuse mange-t-elle le mâle après l'accouplement ?

Ah ça, ça préoccupe les garçons, évidemment. Et ne riez pas trop, les filles, parce que moi je dis chapeau à Mooonsieur mante religieuse. Sachez qu'il se sacrifie pour sa famille ! D'abord, madame ne mange pas seulement la tête de monsieur après les galipettes, comme certains fantasmes et rumeurs le laissent penser, c'est bien tout son homme qui y passe. Pour l'empêcher d'aller voir ailleurs ? Bien sûr que non ! Monsieur sert tout simplement de... déjeuner à madame. Si, si. Car maintenant, c'est elle qui va se taper tout le boulot, à savoir une grossesse dans un monde plein de prédateurs. Cette abnégation a toutefois quand même interloqué des chercheurs. Le mâle se laisse-t-il manger sans hésitation ?

Vous avez mis le doigt dessus ! Lorsque l'on détache un mâle du dos de sa belle juste après qu'il ait accompli son devoir conjugal, celui-ci n'est pas enclin à se laisser bouffer. Mais madame ne lui demande pas tellement son avis, et le croque juste après le crac-crac, sans lui laisser le temps de s'enfuir. *Post coïtum animal triste...*

## Pourquoi le marathon fait-il 42,195 km ?

Une fois n'est pas coutume, l'Histoire n'a pas retenu le nom du héros de Marathon. Car Marathon n'est pas le nom du premier à avoir couru cette distance, mais le nom de la ville à côté de laquelle s'est déroulée une bataille mémorable, opposant les Athéniens aux Perses. Philippidès, soldat grec, n'est pas allé chercher des renforts comme beaucoup le pensent, mais est simplement allé annoncer la bonne nouvelle à Athènes, en courant... sur une distance de 40 kilomètres environ. C'est aux premiers J.O. de l'ère moderne (organisés par le baron Pierre de Coubertin, un Français) dans la capitale grecque, en 1896, que le marathon devint une épreuve sportive. La course eut lieu, comme deux mille quatre cents ans plus tôt, entre Athènes et Marathon. Mais ce n'est pas à ce moment-là que la distance de 42,195 km devint la distance officielle du marathon. Il faudra attendre 1908, lors des J.O. de Londres, pour que le marathon ralliant le château de Windsor au stade de White City, 42,195 km, devienne la distance officielle de l'épreuve.

## Pourquoi dit-on « mariage pluvieux, mariage heureux ? »

Le 07/07/07, les carillons de France ont connu d'innombrables unions. Et pour cause, cette date était censée porter bonheur aux jeunes couples, auréoler de chances les heureux époux, pour que leur « oui » ne se transforme jamais en « non ».

Pourtant, ce samedi-là, en région parisienne du moins, il a fait très beau. Pas un nuage ni une goutte d'eau à l'horizon. Personne n'a eu le loisir d'asséner le dicton *« mariage pluvieux, mariage heureux »*.

Pourquoi la pluie serait-elle gage de félicité conjugale ? Pour y répondre, il faut remonter quelques siècles en arrière. À une époque où la vie des gens était essentiellement rurale et très liée aux aléas de la météo. Un parallèle a alors été établi entre la vie personnelle et celle de la terre. La pluie avait une connotation très positive, puisqu'elle était gage d'une bonne fertilité de la terre, véritable obsession collective pendant des siècles (n'oublions pas le culte rendu à Cérès, déesse de la moisson, sous les Romains, par exemple). D'un mariage pluvieux, en suivant cette métaphore de la fertilité, on pouvait espérer, comme un signe du ciel, une heureuse descendance. La pluie avait valeur d'eau-de-vie en quelque sorte. Il faut noter que deux autres dictons prédisent l'un et l'autre un bonheur tout autre, en vertu des caprices aquatiques du ciel. *« S'il pleut le jour du mariage, les écus rentreront dans le ménage »* ou *« de l'eau sur la mariée, de l'or dans le panier»*. Seule une expression française prédit les foudres en cas de mariage arrosé : *«Lorsqu'il pleut le jour des noces, bientôt les époux se rossent»*.

Un moment, je me suis demandé si l'expression ne pouvait pas s'entendre aussi au sens de *Mariage* plus vieux, *mariage heureux*, comme de nombreux amateurs d'expressions françaises veulent le faire croire. Eh bien, non. Après maintes recherches, cet adage n'existe pas. D'ailleurs, à une époque où l'espérance de vie était de cinquante ans, était-il souhaitable de se marier «plus vieux» ? Et puis, heureux ou malheureux, le mariage durait jusqu'à la mort sous l'Ancien Régime, l'indissolubilité du mariage étant la règle en France jusqu'en 1792, année de l'introduction du divorce dans le droit français.

La longévité étant acquise, on souhaitait surtout une fécondité débordante. Les mœurs ont changé, mais le dicton est resté.

## Pourquoi *La Marseillaise* s'appelle-t-elle ainsi ?

Eh bien, en fait, ce n'est pas son vrai nom ! Son auteur, Rouget de Lisle, l'avait d'abord baptisée *Chant de guerre pour l'armée du Rhin*, à la demande du maire de Strasbourg, qui voulait un chant entraînant pour les soldats destinés à aller au-devant des soldats autrichiens. Nous sommes en avril 1792, et la patrie est en danger. Très vite, le chant se répand comme une traînée de poudre dans les armées révolutionnaires...

Forcément, tous les autres chants militaires sont ceux de l'Ancien Régime. On n'a pas de mal à faire adopter un chant authentiquement révolutionnaire, mais aussi militaire, aux combattants. En juillet de la même année, des troupes venues de Marseille entrent dans Paris, et chantent à pleine voix le fameux *Chant de guerre pour l'armée du Rhin*. Les Parisiens n'en connaissent pas le titre, mais savent qui le chantent : des Marseillais. *La Marseillaise* est ainsi baptisée, et deviendra hymne national le 14 juillet 1795.

## Pourquoi, quand on ouvre une boîte de médicaments, tombe-t-on presque toujours du côté où se trouve la notice ?

Ça, c'est comme la tartine de confiture qui tombe de la table, ou la file de droite qui va plus vite que la file de gauche. Statistiquement, vous avez une chance sur deux de tomber du « mauvais côté ». Seulement, quand vous tombez sur la notice, et que cela vous énerve, vous mémorisez plus cet incident, que l'absence d'incident, autrement dit, quand vous tombez du côté sans notice ! Dans votre tête : « ça m'arrive tout le temps ». La statistique est faussée, car vous avez oublié les fois où tout s'est bien passé. Mais il y a aussi une autre explication : n'avez-vous pas envisagé que le fabricant souhaitait que vous ouvriez du côté de la notice, pour que vous preniez le temps de la lire ? Ah… Souvent, on hésite, on essaie d'un côté, ça semble plus dur à ouvrir, on tente de l'autre, ça marche, et ping… la notice !

## Pourquoi ne dit-on plus « 33 » chez le médecin ?

Il est probable, si vous avez moins de 40 ans, qu'aucun médecin ne vous ait jamais demandé de dire « 33 » ! Le chiffre 33 (essayez à haute voix pour voir !), faisant vibrer la cage thoracique, permettait autrefois au médecin de détecter certaines pathologies des voies respiratoires. Mais aujourd'hui, avec un stéthoscope ou mieux encore, une radio des poumons, on détecte tout cela bien mieux qu'avec un simple... 33 !

## Quelle différence y a-t-il entre une mégapole et une mégalopole ?

À première vue, il n'y a rien qui ressemble plus à une mégapole qu'une mégalopole. Même gigantisme urbain, autant de monde dans les rues, les taxis et sur les routes. Mêmes immeubles qui démangent le ciel, même mines tristes peut-être aussi. Mais les géographes en herbe ou avisés savent qu'une mégapole, c'est une énorme ville de plus de 10 millions d'habitants – seuil fixé par l'ONU. Tandis qu'une mégalopole est une immense chenille de villes reliées entre elles par des moyens de transport et de communication, une sorte de pieuvre avec ses tentacules. Bref, un groupe d'agglomérations qui s'étendent tellement que leurs banlieues finissent par se rejoindre. Par exemple, Moscou, avec ses 13 millions d'habitants, est une mégapole. N'étant reliée à aucune autre grande ville, ce n'est pas une mégalopole. Capito ? Rassurez-vous, même les conseillers du FMI s'emmêlent les pinceaux dans leurs rapports ! Pire, le *Larousse* assure qu'on peut utiliser l'un ou l'autre terme pour désigner un ensemble de grandes villes voisines. Ouf, le *Petit Robert*, lui, rétablit la vérité, en soulignant que le terme mégapole est souvent utilisé « abusivement » à la place de son cousin doté d'une syllabe supplémentaire. Tiens, c'est un bon moyen mnémotechnique d'ailleurs ! « Mégalopole », c'est plus long, donc plus vaste qu'une seule et unique « mégapole » !

Ces groupes de villes interconnectées, on les imagine de prime abord en Asie. Loupé ! La mégalopole la plus étendue se trouve en Europe. C'est la « banane bleue » (car vue depuis un satellite, elle a la forme d'une banane, et bleue, car c'est la couleur de l'Europe et de son drapeau). Longue de 1 500 kilomètres, elle regroupe 70 millions d'habitants. Mais sans nous ! Paris n'est en effet qu'à la périphérie de cette dorsale, qui s'étend de Londres à Milan *via* le Benelux (Belgique, Pays-Bas, Luxembourg) et la Ruhr allemande. Entre ces deux villes, quasiment pas de rupture. Que de l'urbain.

La deuxième, en nombre de kilomètres toujours, est au Japon. Tenez-vous bien, elle rassemble plus de 100 millions d'habitants, soit environ 80 % de la population ! L'ensemble urbain relie depuis les années 1980 Tokyo à Kitakyushu, située à 1 000 kilomètres plus à l'ouest.

Enfin, la troisième mégalopole, mais la première à être identifiée comme telle en 1961, s'appelle « BosWash ». Elle relie Boston à Washington, dans le nord-est des États-Unis, sur 800 kilomètres, par la côte.

D'autres mégalopoles sont en formation : aux États-Unis, avec la zone urbaine située entre San Francisco et San Diego, appelée « SanSan ». Dans un film de science-fiction un brin décalé, avec Arnold Schwarzenegger dans le rôle d'un super flic, la police est celle de San Angeles, évoquant la mégalopole du futur reliant San Francisco à Los Angeles. Au Brésil, la zone littorale comprise entre Rio de Janeiro et São Paulo commence aussi à ressembler à une mégalopole.

Ces regroupements de conurbations (les mégalopoles n'étant que les agrégats de conurbations entre elles, vous me suivez ?) ne cessent de s'étendre, de gagner du terrain… et de grignoter les champs de leurs tentacules. À tel point que, selon les Nations unies, plus de la moitié de la population mondiale vit désormais dans des villes. Et en 2050, les citadins représenteront même deux tiers de la population mondiale.

Et si le monde entier était une vaste mégalopole ? Un géographe, Olivier Dollfus, parle carrément d'un archipel mégalopolitain mondial. Il le décrit comme « un ensemble de villes qui contribuent à la direction du monde ».

Brrr, de quoi frissonner ! D'ailleurs, la mégalopole est un thème courant dans la science-fiction.

Souvenez-vous de « Coruscant » dans *La Guerre des étoiles*, cette galaxie urbanisée, éclairée en permanence de jour comme de nuit.

Brrr, vous disais-je.

## Pourquoi les bonbons Mentos font-ils exploser les bouteilles de Coca ?

Vous avez forcément vu ces images impressionnantes à la télévision, ou encore sur Internet. Les vidéos montrant un geyser de Coca provoqué par l'introduction brutale de bonbons Mentos dans un goulot de bouteille ont été vues par des millions de surfeurs. Et les journaux télévisés, même ceux de 20 heures, ont consacré plusieurs sujets à ce phénomène inexpliqué.

Inexpliqué ? Pas totalement en fait. Il a d'ailleurs quelques liens avec la question précédente. Même si aucun universitaire n'a fait une thèse sur le sujet, les scientifiques constatent que le geyser est provoqué par la transformation brutale du dioxyde de carbone contenu dans le soda à l'état liquide, en gaz. Quand on vous dit « brutale », elle est même instantanée. La faute au bonbon Mentos, dont la surface serait particulièrement propice à la réaction, celui-ci étant manifestement couvert d'aspérités. Au prix de la partie de Coca-Mentos, il ne faut pas se priver. La grosse bêtise à deux euros, ça ne se trouve pas tous les jours. Mais il en est une autre à ne pas faire, celle de boire un bon demi-litre de soda – l'expérience marche en fait avec tous les sodas, mais est plus impressionnante avec le

Coca en raison de sa couleur foncée, qui rend le phénomène plus visible – et d'avaler les mêmes bonbons Mentos. La rumeur urbaine prétend qu'à ce petit jeu un enfant serait mort. Non pas d'avoir trop gonflé et explosé, mais en raison d'un énigmatique composé chimique baptisé Ta9V4, qui aurait empoisonné l'enfant. Bien sûr, de Ta9V4, il n'en existe pas plus que de cheveux sur la tête à Mathieu. En revanche, le mélange Coca-Mentos dans l'estomac provoque certains troubles gastriques assez impressionnants. Peut-être aussi le début d'une grande carrière dans les fêtes foraines, qui ne présentent plus depuis un demi-siècle de pétomanes, qui faisaient pourtant beaucoup rire les gens… *O Tempora, O Mores !*

## Pourquoi dit-on la « mer » ou l'« océan » ?

Océan Atlantique, mer Méditerranée. La distinction n'est pas arbitraire, loin s'en faut. On dit d'une mer qu'elle est mer, non parce qu'elle est de petite taille, mais parce qu'elle n'est pas profonde. C'est d'ailleurs pour cela que certains océans se transforment en mer à l'approche des côtes. Ceci dit, il y a en Méditerranée (mer) des endroits plus profonds que dans l'Atlantique (océan). Mais cela, nos ancêtres, qui baptisèrent nos mers et nos océans, ne le savaient pas. Ils le subodoraient.

## Pourquoi y a-t-il deux méridiens, celui de Paris et celui de Greenwich ?

C'est le résultat d'une profonde injustice. D'un coup de Trafalgar fomenté par la perfide

Albion. Car enfin, c'est aux Français que l'on doit tous les calculs qui ont permis la mesure de l'arc du méridien terrestre ! Des savants envoyés par l'Académie des Sciences sont allés jusqu'en Laponie pour effectuer des mesures précises, destinées à calculer au mètre près, ou plutôt à l'époque au pied près, la circonférence de la Terre. Et devinez quoi ? Le mètre, justement, a été défini à partir du méridien. C'est le bon roi Louis XVI, alors qu'il commençait déjà à avoir des problèmes, qui signe le décret d'unification des poids et mesures du royaume de France le 8 mai 1790. Le mètre y figure en bonne place, défini par l'Académie des Sciences comme étant *« la dix-millionième partie d'un quart du méridien terrestre »*. Du méridien de Paris, bien entendu. Méridien qui ne date pas d'hier : c'est un autre Louis, Louis XIII pour être exact, qui désignera le méridien de Paris comme étant le point de référence international, le méridien zéro, d'où les longitudes partiront pour toutes les cartes de navigation. Jusqu'ici, on utilisait le méridien de Ferro.

Quand Louis XIII signe ce décret, nous sommes le 1^er^ juillet 1634. La conquête des océans est un enjeu majeur pour les monarchies européennes. Et que croyez-vous qu'il arriva ? Les Anglais continuèrent à utiliser leur méridien à eux, celui de Greenwich, traversant l'observatoire royal du même nom, situé dans la banlieue de Londres, rien que pour faire enrager les Français. Mais c'est surtout stratégique. Vous imaginez la panade si un navigateur reportait sur une carte française (frappée de la fleur de lys, symbole des rois de France, marquant le nord de la carte et par là même l'idée que l'aboutissement de toute chose, c'est le roi) une destination mesurée par des Anglais, partant du méridien de Greenwich ! C'est d'ailleurs très exactement ce qui arrive à Tintin et au capitaine Haddock dans *Le Secret de la Licorne :* ils ne trouvent pas l'île du chevalier de Hadoque, tout simplement parce qu'ils ont fait leurs calculs en partant du méridien félon de Greenwich, et non de celui de Paris, celui de l'ancêtre du capitaine…

Les Français y sont attachés. Accrochés, pourrait-on dire. Quand, en 1884, pour faciliter les échanges commerciaux, on envisage de fixer un méridien zéro commun à tous, les Anglais n'hésitent pas une seconde : ils dominent les mers depuis deux siècles, c'est le méridien de Greenwich qui doit servir de référence. Les Français sont forcément contre, mais proposent un plan B : un méridien neutre, qui ne serait ni français ni anglais, le méridien de Ferro, du nom d'une petite île des Canaries, la plus éloignée de l'Europe. Avantage, en utilisant le méridien de Ferro, toutes les terres européennes ont des longitudes positives, quand avec les méridiens de Greenwich ou de Paris, on se retrouve soit d'un côté, soit de l'autre. On utilisait le méridien de Ferro depuis très longtemps sur les cartes marines, avant le méridien de Paris ! Il faut savoir qu'il y eut aussi dans l'Histoire le méridien de Berlin, le méridien de Tolède, et même le méridien d'Uppsala, en Suède. Utilisés à chaque fois par les marins de ces pays pour leurs cartes et leurs calculs de routes.

En 1884, pour mettre tout le monde d'accord, on essaie le méridien de Rome et celui de Jérusalem. Sans succès. La conférence de Washington doit trancher. Les Britanniques mettent alors dans la balance un argument de poids : si l'on choisit Greenwich, la Grande-Bretagne soutiendra l'adoption du système métrique, inventé par les Français, comme système international de poids et mesures. Banco ! Seuls la France, la République dominicaine et le Brésil s'abstiennent, face à vingt-cinq voix pour. Le méridien de Greenwich devient la référence planétaire. Seulement, jusqu'à preuve du contraire, les routes et les voitures anglaises, et américaines aussi d'ailleurs, continuent à mesurer les distances en miles. Et l'on achète l'essence en galons ! Et Greenwich s'est imposé.

Mais l'histoire de la bataille des méridiens ne s'arrête pas là. Lorsque le méridien de Paris est créé, il est symbolisé par un trait rouge sur les cartes. Et au sol de l'Observatoire de Paris, par une ligne de cuivre. Greenwich l'emporte en 1884, mais c'est la France qui marquera le point en l'an 2000. Parmi les projets sélectionnés par le comité d'organisation de l'an 2000, présidé par Jean-Jacques Aillagon, sort en effet du lot la méridienne verte. Une rangée d'arbres plantés tout le long du méridien de Paris. D'arbres verts bien sûr, pour une méridienne verte, destinée… à faire la nique à la… verte sorcière (*green which*).

## Comment les présentateurs de la météo se promènent-ils devant la carte de France tous les soirs ?

Ne souriez pas : vous vous êtes déjà posé la question plusieurs fois. D'autant que la météo n'est plus désormais la seule émission à utiliser les trucages vidéo pour superposer des images entre elles en temps réel. La chaîne BFM TV, pour ne citer qu'elle, construit tous ses programmes à l'aide de décors virtuels. Quand vous pensez que l'animateur et son invité se trouvent dans un immense studio design, ils sont en fait assis devant un mur de couleur verte, qu'un ordinateur remplace en temps réel par des images de synthèse.

Reprenons depuis le début. Le trucage vidéo n'a rien de très nouveau. Depuis des décennies, l'on sait remplacer une couleur, le plus souvent le bleu ou le vert, par une autre image. Il suffit pour cela de filmer un animateur, présentateur météo, devant un mur peint, puis de supprimer en régie cette couleur par une autre source vidéo, en l'occurrence le plus souvent des images.

Pourquoi le bleu ou le vert ? Tout simplement parce que... nous ne sommes pas des Schtroumpfs ! Souvenez-vous de vos ateliers de peinture dans les petites classes : les trois couleurs primaires, le cyan, le jaune et le magenta, permettent en les mélangeant de recréer toutes les autres. On parle de synthèse soustractive, car l'addition de ces couleurs crée des couleurs secondaires toujours plus sombres que celles d'origine. Le mélange complet des trois donne du noir.

Pour la vidéo, même chose, mais à l'envers. On parle dans ce cas de synthèse additive, le but étant d'obtenir des couleurs plus claires que celles d'origine. Les trois mélangées donnant du blanc. Les couleurs retenues sont alors le rouge, le vert et le bleu, d'où le sigle RVB que vous trouvez sur la plupart des notices d'appareils vidéo ou au dos de ceux-ci.

Revenons à notre mur bleu ou vert. Si nous étions des Schtroumpfs, placés devant un mur bleu, la régie, en supprimant cette couleur, ferait disparaître dans le même temps le visage du grand Schtroumpf ou du Schtroumpf à lunettes. Vous avez compris l'idée. Puisque nous ne sommes ni bleus ni verts de peau, supprimer ces couleurs de l'écran est sans incidence, si ce n'est sur la tenue vestimentaire des présentateurs et présentatrices. Vous ne verrez jamais en effet ceux-ci habillés dans ces teintes, pour éviter que celles-ci ne disparaissent devant la carte météo !

D'ailleurs, tout cela est *has been*. Désormais, ce sont des images de synthèse complètes qui habillent les programmes télévisés, en temps réel. La méthode est la même : le présentateur ou l'animateur sont toujours installés dans un décor neutre, de couleur bleue ou verte. Mais pour habiller ce décor, il faut cette fois de gros ordinateurs, qui calculent en temps réel les images de synthèse qui donneront une texture aux murs, habilleront un mobilier virtuel, créeront des murs d'images vidéo animées – en simulant des éclairages, forcément virtuels, mais aussi en tenant compte des caméras qui bougent autour du présentateur !

La technique est tellement aboutie que bientôt, même le présentateur pourra être entièrement virtuel, sans que l'on s'en rende compte. Sauf que jamais un ordinateur ne saura simuler la spontanéité d'un Nagui ou l'insolence d'un Delarue !

## Comment le micro-ondes chauffe-t-il les aliments ?

Cling ! Cinq minutes avant de mourir, il vivait encore, disait les soldats de La Palisse. Cling, cinq minutes avant d'être cuit, il était congelé, diriez-vous d'un couscous en barquette glissé dans le micro-ondes.

Ce four ô combien magique a envahi nos cuisines bien plus rapidement que le lave-vaisselle, qui a mis plus de vingt ans à se populariser. Et encore, il n'équipe que deux foyers français sur trois, contre près de neuf sur dix pour le micro-ondes. Forcément, on en trouve à moins de trente euros, et ces appareils premier prix sont aussi sûrs que des fours dix fois plus chers. Car il faut bien le dire, le four à micro-ondes n'est pas à mettre entre toutes les mains. Endommagé, il peut être très dangereux. Il se vend des petits boîtiers détecteurs de fuites de micro-ondes. Achetez-en un et testez les fours de vos amis, ça vous fera toujours un sujet de conversation dans les dîners. À défaut, voici l'histoire de l'appareil, utile pour comprendre son fonctionnement. Comme la tarte Tatin ou les bêtises de Cambrai, le micro-ondes ou plutôt des effets des micro-ondes ont été découverts un peu par hasard. En 1945, juste après la guerre, un ingénieur américain qui travaille sur les radars oublie un sachet de maïs près de l'un deux en fonctionnement. De retour dans la pièce, le maïs s'était transformé en pop-corn. Les radars et les fours à micro-ondes ont une pièce en commun, le magnétron. C'est lui qui émet les ondes permettant de détecter les avions, ondes qui, concentrées dans votre four et diffusées uniformément par un agitateur, sorte de ventilateur à ondes, chauffent les aliments. Mais comment? Tout bonnement en agitant non pas les aliments eux-mêmes, sinon vous verriez des spaghettis danseurs ou des petits pois sauteurs dans votre four, mais les molécules d'eau qui se trouvent à l'intérieur. À raison de 2,45 milliards d'oscillations par seconde, les petites molécules s'entrechoquent à toute vitesse, et donc s'échauffent très vite. C'est d'ailleurs en raison de cette agitation moléculaire qu'il est hors de question de cuire des œufs au four à micro-ondes, sauf si vous tenez à le repeindre de l'intérieur… Au passage, notez la fréquence. Elle est très proche de celle de nos téléphones mobiles (0,9 ou 1,8 MHz) et encore plus de celle des téléphones sans fil Dect ou encore du Wi-fi, qui fonctionnent sur une fréquence de 2,4 Ghz. Mais, nous assure-t-on, à des puissances infinitésimales, par rapport à celles du micro-ondes! C'est pour cette raison que votre four, qui laisse forcément échapper quelques micro-ondes malgré son blindage, peut perturber le fonctionnement de votre réseau Internet sans fil, ou encore de votre téléphone Dect, ou même de votre GSM. Cling ! Votre couscous est prêt.

## Pourquoi le miroir inverse-t-il l'image de gauche à droite, mais pas de haut en bas ?

En voilà une question complexe, tellement complexe qu'il m'a fallu lire et écouter des tas d'explications différentes du phénomène avant de comprendre vraiment pourquoi le miroir inversait l'image de gauche à droite, mais pas de haut en bas.

En fait, il faudrait plutôt dire *semble* inverser. Car si l'on y réfléchit bien, le reflet que vous voyez dans le miroir n'inverse rien du tout. Le grain de beauté que vous avez sur la joue gauche ne passe pas à droite ; il se trouve bien également à gauche de l'image ! Si vous avez l'impression depuis toujours que le miroir inverse les choses, c'est parce que face à lui, vous ne restez que très rarement passif, sauf pour les narcissiques. En temps normal, on se maquille, on se rase, on se coiffe face au miroir, et c'est là que les ennuis commencent. Le bras qui part dans la mauvaise direction, la main qui cherche au mauvais endroit sont chose courante. La faute en revient à notre cerveau, qui se comporte avec notre reflet comme s'il s'agissait d'un autre humain placé face à nous. Si vous commandez le mouvement de votre bras ou de votre main en regardant son image dans le miroir, vous ferez à coup sûr n'importe quoi ; essayez ainsi de transvaser le contenu d'un flacon de parfum dans un vaporisateur : je ne sais pas, par exemple du Chanel numéro 5. À coup sûr, vous en renverserez la moitié à côté ! Quel gâchis... Tout cela parce que nous sommes programmés pour tout voir et tout penser symétriquement. Un avion, une voiture, un visage sont symétriques.

Maintenant, vous allez me dire que certains miroirs trichent. J'ai pensé à vous en emmenant mes enfants au Jardin d'Acclimatation à Paris où la première attraction, ce sont des miroirs déformants. On ne s'en lasse pas, ils étaient déjà là quand j'étais tout petit ! Eh bien, parmi tous ceux qui nous grossissent, nous amincissent, nous allongent, il y en a un qui inverse notre reflet. Indice : il est concave, c'est-à-dire courbé vers l'intérieur, par opposition avec le miroir convexe, courbé, lui, vers l'extérieur, et qui donne l'impression que je fais trois mètres de haut. Ce miroir concave, non seulement me ratatine, mais aussi montre un autre moi, la tête en bas ! Pour vérifier, allez chercher à la cuisine une cuillère à soupe. À l'intérieur, ce sont bien deux « vous » que vous retrouverez. Pour comprendre, il suffit d'imaginer les rayons lumineux qui forment toute image, partant de votre visage, et frappant la cuillère, ou le miroir concave du Jardin d'Acclimatation. La surface n'étant pas plane, le chemin parcouru par les rayons va être modifié, à tel point que ceux qui auraient dû être renvoyés vers le bas, le seront vers le haut, et vice versa... tant et si bien que l'image ainsi formée apparaît inversée ! Si vous avez un doute, prenez des brins de laine, collez-vous-les sur le front et sur le menton, et reliez-les au reflet de ces deux extrémités de votre visage, sur la cuillère. Oh, surprise ! Les brins de laine vont se croiser à mi-chemin. Et si l'on vous surprend dans cette curieuse posture, gardez bien précieusement ce livre à portée de main, pour défendre votre version « Je fais une expérience scientifique ». Sinon, c'est l'internement assuré !

## Pourquoi les mois ne comportent-ils pas tous 30 jours ?

Le problème n'est pas récent. Déjà, du temps des Babyloniens, le calendrier était un souci, puisque les mois étaient calés sur les phases de la Lune, qui durent 29 jours... Tant et si bien qu'en quelques années à peine les saisons légales avaient glissé par rapport au rythme des saisons naturelles. On aurait fini par fêter Noël en mars, même si Noël n'existait pas à cette époque. Bref. Il est donc décidé d'établir des mois de 30 jours. Mais à la fin de l'année babylonienne, qui ne compte que 354 jours, il manque encore 11 jours à l'appel. Les Babyloniens avaient en effet déjà parfaitement calculé que l'année terrestre durait 365 jours, en observant la position des étoiles dans le ciel d'une année sur l'autre. Fortiches ! Pour rattraper ces 11 jours, un treizième mois de 33 jours fut ajouté tous les trois ans. Pratique, pour les fêtes et anniversaires : pas de cadeau pour les natifs du treizième mois deux années sur trois ! Le système, copié par les Grecs, montre vite ses limites. Les Romains, eux, décideront de porter certains mois à 31 jours... mais en adoptant un rythme de 10 mois par an ! Autant dire que, très vite, c'est à nouveau la pagaille. Il faudra attendre - 700 avant J.-C. pour qu'un empereur décide de porter l'année romaine à 12 mois. Je vous fais grâce des multiples ajustements, notamment autour du mois de février. Retenez simplement que nos mois de septembre, octobre, novembre et décembre signifient en fait septième, huitième, neuvième, et dixième, lointain souvenir du temps ou le calendrier ne comptait que dix mois.

## Pourquoi les montres se portent-elles au bras gauche ?

De prime abord, j'avais envie de vous dire qu'étant moi-même gaucher, je portais ma montre à la main droite. Mais pourquoi ? Justement parce que les droitiers la portent à la gauche, pour me distinguer de leur masse. *A contrario*, je doute que les droitiers portent leur montre à la main gauche pour se distinguer des gauchers… Il y a bien sûr une autre raison : les premiers bracelets-montres ont été inventés par Louis Cartier, le célèbre joaillier, en 1904. Cartier aurait créé la première montre qui se portait au poignet pour son ami aviateur Santos Dumont, qui se plaignait d'avoir du mal à sortir sa montre du gousset en plein vol. Mais la montre reste un objet fragile, qu'il faut à tout prix soustraire aux chocs. Or, quelle main, quel bras utilise préférentiellement un droitier pour accomplir une grande partie des tâches quotidiennes, mais aussi les tâches exceptionnelles ? La droite. Ouvrir une porte, serrer une main, chercher un boulon perdu au fond d'un moteur d'avion, tout cela, le droitier le fait avec la main droite. Porter la montre au poignet gauche, c'est donc la protéger des chocs. *De facto*, il est aussi logique pour un gaucher de porter sa montre au poignet droit, même si les mécanismes sont toujours conçus pour les droitiers, et placés à droite du boîtier...

## Pourquoi les montres indiquent-elles souvent 10 h 10 dans les vitrines des horlogers ?

Comme souvent, il y a deux réponses, au moins, à cette question. La première est esthétique : c'est la manière la plus élégante de présenter les aiguilles d'une montre. Réglée sur 12 h 00, une aiguille manquerait à l'appel, sur 3 h 45 ou sur 12 h 30, leur position serait trop symétrique ; bref, le 10 h 10 est plus agréable à l'œil. Une autre explication plus historique, mais pas totalement officielle, soutient que c'est l'heure à laquelle les représentants des grandes puissances décidèrent d'adopter le méridien de Greenwich comme point de départ des fuseaux horaires dans le monde. Allez savoir si c'est vrai ! C'était voici plus de cent ans, les témoins sont rares...

## Comment fait la mouche pour se poser n'importe où ?

Alors celle-là, elle est particulièrement énervante, collante même ! Bzz bzz bzz, fait la mouche, narquoise, posée juste au-dessus de votre tête sur le mur. Après avoir flirté avec l'abat-jour. Le plafond. Le couvre-lit. La poignée de la porte. Un rideau. Un carreau de la fenêtre... C'est simple, elle se pose partout, dans tous les sens, sans trébucher, glisser, déraper ! D'accord, madame la mouche a un avantage concurrentiel fort sur nous, ses six pattes. Pour autant, l'araignée, avec ses huit pattes, ne fait pas tout ce que s'autorise madame la mouche, en particulier marcher sur les vitres. Cela arrive au moins une fois dans une vie, se trouver nez à nez avec une araignée coincée dans la baignoire ou dans le bac de douche, essayant désespérément d'escalader les bords pour s'échapper. Qu'avez-vous fait ? Assassin ! Avec une mouche, c'est une autre histoire. D'abord, elle vole, difficile donc de la noyer. Ensuite, elle se pose et marche absolument partout, y compris les surfaces les plus glissantes en apparence : à l'endroit, à l'envers, sur le côté, bref, rien ne l'arrête. C'est que contrairement à l'araignée qui n'a que des pattes, dotées de micro-griffes à ses extrémités, qui lui permettent de marcher au plafond par exemple, la mouche, elle, est également équipée de petites ventouses. La suite est aisée à comprendre : posée sur une vitre, madame Bzz se tient grâce à l'effet de succion. Ses ventouses sont tellement efficaces qu'elle peut se payer le luxe de faire sa toilette avec ses pattes avant, ne tenant que sur quatre pieds. Vient-elle à se poser juste au-dessus de vous, voire sur vous ? Ce sont là ses griffes qui entrent en jeu et s'accrochent à la surface d'atterrissage, même quand elle est en apparence toute lisse. Fortes de leurs capacités hors du commun, les mouches nous narguent et volent absolument partout. C'est encore ce qui les perdra : l'efficacité du papier tue-mouches, particulièrement ragoûtant dans une cuisine, reste indéniable, contrairement à certains insecticides contre lesquels elles ont appris à résister.

## Pourquoi le moustique pique-t-il ?

À noter que c'est dame moustique qui pique. Et c'est pour la bonne cause : les protéines contenues dans le sang (humain ou animal) permettent la maturation des œufs. Ne portant pas les petits, monsieur n'a pas besoin de sang, lui préférant le nectar des fleurs. Vous piquer, c'est en quelque sorte pour la femelle moustique obéir à une irrésistible envie de fraises, sauf que la grosse fraise bien juteuse, bien rouge, c'est vous. Manque de bol. Bonne nouvelle cependant : normalement, une moustique ne pique qu'une fois dans sa carrière. Mais si la première piqûre ne lui a pas permis de faire le plein (jusqu'à deux fois son propre poids), elle ira voir ailleurs, avec les risques de transmission de maladies, comme la malaria. Gare au moustique !

## Pourquoi les moutons ne rétrécissent-ils pas quand il pleut ?

Le mouton, ou plutôt sa laine, réagit à la pluie, mais pas comme le pull en laine passé à la machine. Ce qui fait rétrécir ou non la laine, c'est la température de l'eau. Chaude, l'eau contracte les fibres. Impossible à rattraper comme bêtise, car une fois les fibres rétrécies, et si on tire dessus, eh bien… ça craque, et c'est tout. Les moutons, eux, avec leur laine sur le dos, sont comme nous avec nos cheveux. Ça frisotte ! Enfin, ça frisotte plus que cela ne frisottait déjà. Maintenant, si vous voulez faire le test de prendre un bain chaud avec un mouton, vous ne serez pas déçu. Outre la salle de bains saccagée, la laine de la pauvre bête sera alors difficile à exploiter… beeeeeh !

# N

# comme...

## Pourquoi ne glisse-t-on pas sur la neige ?

Une semaine par an, c'est trop court, et encore, estimez-vous heureux d'avoir la chance de glisser sur les pistes enneigées : le ski est encore un sport que moins d'un Français sur deux pratique plus ou moins régulièrement. Un chiffre qui chute sous la barre des 20 % chez la plupart de nos voisins européens. Et pour cause : c'est en France que se trouve le plus grand domaine skiable au monde. Les Anglais doivent faire dix heures de train de nuit pour rejoindre nos montagnes, quand ils n'achètent pas à prix d'or les chalets de nos stations. Mais tout cela ne répond pas à notre question. Diable oui, pourquoi finissons-nous lamentablement les pattes, pardon, les skis en l'air, après avoir dérapé sur une traîtresse plaque de verglas ? Et pourquoi sommes-nous scotchés à la piste en passant sur de la neige fondue ?

D'abord, il faut comprendre que le ski est une affaire d'électricité. D'électricité statique s'entend. Ne cherchez pas de piles à changer dans votre équipement, fût-il du dernier cri... Remémorez-vous vos cours de sciences physiques au collège. Le bâton d'ébonite frotté sur un pull en laine attirait les cheveux, le papier, la poussière. Si nos skis étaient faits d'ébonite ou de toute autre matière susceptible de se charger électriquement, la neige se collerait irrémédiablement sous nos skis, et nous serions lamentablement collés à la piste, ou en tout cas considérablement freinés dans nos évolutions. Pour éviter cela, la semelle de nos skis est composée de matériaux conducteurs, comme le graphite.

L'électricité produite par les frottements est aussitôt renvoyée à notre bonne vieille terre, par l'intermédiaire de la blanche neige. Le skieur ne se charge donc pas comme une batterie au fur et à mesure qu'il descend de la montagne!

En revanche, à défaut de se charger électriquement, nos skis s'échauffent. C'est d'ailleurs indispensable à la bonne glisse. Forcément: tout frottement provoque une élévation de la température localisée sur les points de contacts. Que ce soit en vous frottant les mains ou en passant la serviette de bain dans votre dos au sortir de la douche, le résultat est le même: ça chauffe!

Aux sports d'hiver, cet échauffement est recherché car, quand vous skiez, vous ne le faites pas sur la neige mais sur une très fine pellicule d'eau. Les micro-gouttelettes qui se forment sous la semelle servent en quelque sorte de lubrifiant, permettant aux skis et donc au skieur de glisser sur la neige.

Là où cela se corse, c'est que trop d'eau tue la glisse. Et vous voilà au ralenti pour avoir cru qu'on pouvait encore dévaler les pistes à 1 200 mètres d'altitude au mois d'avril par 5 °C, avec du soleil en prime. Quand la neige est déjà fondue, vous ne faites plus du ski mais du ski nautique, et il faudrait des planches beaucoup plus larges pour glisser efficacement. C'est d'ailleurs pour cela que les snowboardeurs souffrent moins de la neige fondue que les skieurs.

Sur la glace ? C'est tout l'inverse. Les pauvres petits flocons de neige sont bien trop fragiles pour résister au choc avec vos skis, et se transforment aussitôt en gouttelettes. Les cristaux de glace, eux, sont bien plus costauds. Résultat, vous ne glissez plus sur des millions de microbilles d'eau, vous dérapez sur un matériau dur et résistant, qui abîme vos semelles et arrache le fart. Tant et si bien que plus vous déraperez sur du verglas, moins vous glisserez sur les pentes enneigées. Alors, ça farte ?

## Pourquoi la neige est-elle blanche ?

Si tant est qu'elle soit propre, « immaculée » dirons-nous ! Le blanc comme le noir ne sont pas vraiment des couleurs. Le noir, c'est l'absence de couleurs, et le blanc, toutes les couleurs réunies. La preuve par l'arc-en-ciel, qui est en fait la décomposition de la lumière blanche, émise par le soleil, en toute la gamme de couleurs – on parle de spectre – qui la compose. Aussi, la neige n'est blanche que parce qu'elle renvoie telle quelle la lumière qu'elle reçoit, du soleil le jour, et de la lune, la nuit.

## Pourquoi appelle-t-on New York « Big Apple » ?

Il est des questions pour lesquelles jamais personne ne pourra donner une réponse absolument définitive et certaine. Et je ne parle pas là des questions métaphysiques qui feront débat tant que l'humanité existera, mais bien de questions qui paraissent parfois simples et dont les réponses le sont moins.

C'est ainsi le cas du surnom « Big Apple » donné à la ville de New York. Il existe au moins dix versions différentes, toutes apparemment crédibles, même si certaines semblent un brin capillotractées, pardon, tirées par les cheveux.

Ma préférence va forcément à la version la plus francophile : au XIXe siècle, parmi les émigrants qui s'installent à New York, on trouve nombre de Français, et plus particulièrement d'aristocrates, venus tenter leur chance dans le Nouveau Monde, fuyant les désordres qui secouent la France et l'Europe depuis 1789. N'oublions pas, en effet, que si nous sommes aujourd'hui encore marqués par le séisme de la Seconde Guerre mondiale, celle-ci ne dura réellement « que » cinq ans. Et pourtant, ses cicatrices sont profondes et ont durablement marqué l'Occident. Alors, imaginez les conséquences d'une révolution, suivie par des années de flou juridique et politique, la prise de pouvoir par un ambitieux qui devient empereur et part à la conquête de l'Europe, finalement la défaite et l'humiliation de l'occupation, une restauration, puis une nouvelle révolution... tout cela pendant plus d'un demi-siècle ! Avec des millions de morts à la clef. On comprend aisément ceux qui prirent armes et bagages pour embarquer à destination des États-Unis.

Dans le lot, donc, des Français. Et qui dit des Français dit aussi des Françaises. Certaines vont faire commerce de leurs charmes. Les courtisanes qui ne trouvent plus leur place à Versailles et sont souvent chassées par les milices populaires, sans le sou, partent pour le Nouveau Monde commencer une nouvelle vie. C'est ainsi qu'on attribue à Évelyne Claudine de Saint-Évremond la paternité des premiers hôtels de rencontres, pour gens fortunés. Attention, pas question de médiocrité : les clients d'Évelyne sont la fine fleur de la bourgeoisie new-yorkaise. On se repasse le tuyau. En utilisant un langage codé. En parlant de « pommes d'Ève », en référence au péché originel, incarné par une pomme ! Rapidement, sa réputation dépasse la ville, et l'on vient de loin pour cueillir ces pommes. Voici New York associé à la pomme pour la première fois dans l'Histoire. Suffisant ? Non.

Au XIXe siècle, New York devient la capitale des courses de chevaux. Un chroniqueur sportif du *Morning Telegraph* constate que, partout en Amérique, les amateurs ont les yeux tournés vers New York, et parlent entre eux de Big Apple pour la désigner. Sans trop chercher pourquoi, il consacre en tout cas une chronique à ce phénomène, reprenant en titre l'expression « Around the Big Apple ». C'est sa première trace écrite. Plus tard, avec l'avènement du jazz, les musiciens qui montent pour la première fois sur les planches des scènes de music-hall parlent de la « Big Apple » qui leur serre la gorge avant leur premier concert.

Comme vous le voyez, ce n'est là qu'un faisceau de pistes, rien de bien définitif. Une chose est sûre, le terme devient un slogan officiel dans les années soixante-dix, quand l'office du tourisme s'approprie le terme pour faire la promotion de la ville. Au final, tout cela est une belle opération marketing. La pomme est un fruit attachant, porteur de valeurs saines, même si du serpent à la belle-mère de Blanche-Neige, il peut aussi incarner le mal…

## Pourquoi avons-nous le nez qui coule ?

Un coup de froid et vous voilà transformé en fontaine, avec un nez de clown, des yeux de Chinois et une voix de camionneur(se). Le paquet de mouchoirs (trop) vite vidé de son contenu à côté de vous. Pourquoi est-ce qu'à chaque début de rhume, ça ne loupe pas ? L'organe cher à Cyrano de Bergerac, qui trônait jusque-là sereinement au milieu de votre face, se met à faire parler de lui.

Je vais vous mettre au parfum. La fosse nasale n'a rien d'une caverne d'Ali Baba. On y trouve beaucoup de choses, surtout en période hivernale, rien de foncièrement appétissant.

Il peut y avoir plusieurs raisons à ce festival nasal. Soit les microbes qui vivent naturellement dans vos narines, confortablement installés à l'année, deviennent tout à coup virulents sous l'effet d'un coup de froid. On parle alors d'agression microbienne. Soit c'est un virus dans l'air – que votre cher collègue ou voisin de métro lui-même malade vous aura transmis, sans le vouloir – qui s'attaque à vos narines. On parle alors d'infection virale, et là, inutile de harceler votre médecin pour avoir des antibiotiques, ça ne marchera pas.

Mais dans les deux cas, vous risquez d'avoir du mal à sentir les trois mille odeurs que vous discernez en temps normal. Surtout si les six centimètres carrés de muqueuse qui tapissent vos sinus, cachés derrière vos sourcils, s'en mêlent. Eh oui, s'ils s'enflamment à leur tour, l'orifice étroit qui sépare lesdits sinus des fosses nasales va alors se boucher. Et le piège se refermer. Le sinus s'infecter. C'est la sinusite. Adieu grand air, yoga, et voix de ténor. Mais au moins, votre nez, lui, a arrêté de couler ! Jusqu'au prochain coup de trompette sonore, et parfois douloureux. Dame, c'est qu'il faut les déboucher, les sinus enflammés.

Tout cela est valable chez des adultes normalement constitués. Chez les petits, le nez coule pour d'autres raisons. Précisément, pour une raison d'adaptation. Pour son bien-être futur en quelque sorte ! À la naissance, l'enfant ne possède comme moyen de défense que les anticorps de sa mère. Vers l'âge de quatre à huit mois, ils disparaissent pour laisser la place aux anticorps développés par l'enfant lui-même lors de ses rhumes. C'est donc « grâce » à ces infections que l'enfant va développer une production d'anticorps au niveau des amygdales et des végétations. Lesquelles grossissent en fonction de leur activité. Le nez de votre chérubin coule donc, mais pour la bonne cause. Pas d'inquiétude à avoir : la rhino-pharyngite est la pathologie la plus fréquente chez l'enfant entre six mois et sept ans.

En attendant, vous avez toujours le nez bouché et vous vous demandez s'il vaut mieux renifler, ou se moucher. Avouez, vous vous êtes déjà posé la question plus d'une fois. Il n'y a pas l'ombre d'un doute. C'est le pire à faire. Et renifler puis... la suite, c'est encore pire à faire. Les mouchoirs n'ont pas été inventés seulement pour faire des signaux aux galants ou leur donner l'occasion de les ramasser !

## D'où vient l'expression « Nickel » ?

La véritable expression est « Nickel-chrome ». C'est l'usage qui, à force, ne retiendra plus que « nickel ». Le nickel-chrome est un alliage utilisé en décoration pour faire des soudures « propres ». Par opposition avec les soudures au plomb, qui sont grises, les soudures au nickel-chrome ont une belle couleur argent. Le même alliage est également utilisé pour les alliages dentaires, c'est fort probable que l'expression nous vient du monde de la déco !

## Pourquoi le noir attire-t-il la chaleur ?

Si vous placez votre main sous une lampe, vous remarquerez bien évidemment qu'elle chauffe. Déduction logique, la lumière transmet de la chaleur, donc, elle transporte de l'énergie. Mais la lumière d'une ampoule ou du soleil n'est pas « une et indivisible ». C'est l'association de plusieurs rayons électromagnétiques de longueurs d'onde différentes. Compliqué, je sais. Pour faire plus simple, pensez à l'arc-en-ciel : il est une expérience scientifique à lui tout seul, puisqu'il décompose la lumière blanche en un spectre de différentes couleurs. Continuons notre expérience avec la lampe : si vous remplacez l'ampoule par une ampoule de couleur, ô curiosité, en approchant votre main, vous aurez moins chaud. Avec une ampoule rouge, verte ou bleue, seule une partie des rayons lumineux traverse le colorant : les rayons rouges, vert ou bleus. Les autres sont arrêtés, et ne viendront pas frapper votre main pour la chauffer. Alors, pourquoi le noir attire-t-il la chaleur ? Parce que le noir, c'est l'absence de couleur. La matière noire absorbe l'ensemble des rayons de couleur, et donc, l'énergie qui les accompagne. Ainsi, une chemise blanche – qui renvoie toutes les couleurs du spectre, donc n'emmagasine pas d'énergie –, en été, sera supportable, une chemise noire attirera considérablement la chaleur, et fera transpirer celui qui la porte.

## Pourquoi ne voit-on pas dans le noir ?

Le noir, comme vous l'avez déjà lu plus haut, c'est l'absence de lumière, soit parce qu'il n'y en a pas, soit parce que le noir l'absorbe. Une chemise noire, en plein soleil, absorbe tous les rayons de lumière. La chemise vous paraît noire parce qu'elle ne renvoie pas de rayons, ou très peu. Dans une pièce sans fenêtre, sans électricité, vous ne voyez rien parce qu'il n'y a pas de rayons électromagnétiques pour transporter les informations de position forme et couleur des objets qui se trouvent dans la pièce. C'est d'ailleurs pour cela que les lunettes ou les caméras de vision nocturne, ou à amplification de lumière, sont toujours monochromes. Elles arrivent à récupérer les quelques rares rayons présents mais invisibles à l'œil nu: les rayons infrarouges, autrement dit situés en dessous de la longueur d'onde du rouge, et qui sont émis par tout objet inerte ou animal, selon sa température. Les lunettes spéciales convertissent ces signaux invisibles par l'œil en signaux lumineux.

## Pourquoi portons-nous un nom de famille?

Que ce soit en ouvrant la Bible, ou en regardant un péplum, difficile de ne pas s'apercevoir qu'aucun personnage ne porte de nom de famille, mais tous sont, en revanche, affublés d'un prénom, auquel est associé le prénom de leur père. Isaac, fils d'Abraham, Judas, fils de Simon Iscariote, Alix, fils d'Honorus Galla, etc. Certains noms de famille juifs conservent d'ailleurs cet héritage. Mendelssohn, par exemple, signifie le «fils de Mendel». C'est autour du x^e^ siècle qu'il est devenu nécessaire, pour limiter les homonymies, d'associer un nom de famille à un prénom. Fort naturellement, c'est bien souvent le nom du lieu d'habitation qui va donner naissance au nom de famille (Dupont, Duval...), en particulier chez les nobles, associant le nom de leur fief à leur prénom. En France, ce n'est qu'en 1539 pourtant que la tenue de registres d'état civil sera rendue obligatoire par la fameuse ordonnance de Villers-Cotterêts. Les noms de famille étaient officiellement nés.

## Pourquoi parle-t-on de «nuit blanche»?

L'expression nous vient des pays nordiques, où le soleil ne se couche pas pendant plusieurs semaines, entre la mi-mai et la mi-juillet. Une époque bénie où il fait chaud, en tout cas plus chaud qu'en hiver (il peut faire jusqu'à -40 °C à Saint-Pétersbourg, où le mercure grimpe à + 40 °C en été !) et où l'on peut faire la fête le soir, la nuit, sans avoir besoin d'éclairage, puisque la nuit est blanche !

# O

# comme...

## Pourquoi ne s'est-il rien passé entre le 5 octobre 1582 et le 15 octobre 1582 ?

Parce que… ces jours n'ont jamais existé ! L'année tropique compte en effet 365,2422166 jours et non 365,25 jours, ce qui provoqua un décalage progressif du calendrier julien (instauré par Jules César) sur le mouvement réel de la Terre autour du Soleil, retard qui s'élevait à dix jours en 1582. Le pape Grégoire XIII, qui a donné son nom au « calendrier grégorien » que nous utilisons toujours, décida alors que le 5 octobre 1582 deviendrait le 15 octobre 1582, afin de rattraper la différence. Pour que le phénomène ne se reproduise pas, il supprima trois années bissextiles séculaires sur quatre. Depuis cette correction, le calendrier est toujours en retard sur les planètes, mais d'un jour tous les quatre mille ans…

## Pourquoi pleure-t-on en épluchant un oignon ?

Confit d'oignons, omelette à l'oignon, soupe à l'oignon gratinée, tarte à l'oignon… Le point commun entre tous ces plats ? L'oignon, bien sûr. Je vous vois déjà vous lécher les babines, prêt à bondir dans votre cuisine pour vous mijoter un festin. Vous vous imaginez déjà en train de déguster ce bœuf braisé aux oignons dans la salle à manger, avec les enfants, beau-papa et belle-maman. Mais il faut maintenant le préparer, ce plat, et vous faites la grimace. Non pas que vous détestiez cuisiner. Mais, enfin, éplucher des oignons, c'est pleurer toutes les larmes de son corps à ne plus rien y voir ! Oui, vous voulez bien porter le tablier du chef, mais non, vous ne voulez pas souffrir en épluchant les oignons ! Je vous imagine très bien, les yeux plissés, la bouche tordue, le couteau tenu dans une main tremblotante. Long soupir, inspiration… stop !

*Flash-back.*

Les autres fois où vous avez émincé vos oignons, vous les avez tranchés, comme indiqué sur la recette, en fines lamelles. En réalité, dès que vous commencez à débiter les couches du légume avec votre couteau, vous coupez aussi ses cellules ! Eh oui, l'oignon est constitué de cellules (unités fondamentales d'un organisme vivant), qui contiennent de l'alliinase, un composé volatile et soufré. Celui-ci, en s'échappant dans l'air, a le même effet qu'un gaz lacrymogène, sans les picotements à la gorge. D'où les pleurs… Mais alors, pourquoi avons-nous la sensation de picotements ?

Tout simplement parce que, dans le même temps, cette alliinase entre en contact avec le liquide qui protège nos yeux des poussières, baignant dans notre cornée (membrane bombée transparente située devant l'œil). Ce contact forme un acide sulfurique très irritant, à l'origine de la démangeaison. Quand le cerveau est alerté de la présence de ce corps étranger, les larmes coulent de plus belle. Et plus on pleure, plus ça pique, et plus ça pique, plus on pleure ! Trop démangé, vous vous êtes accordé une pause, pour vous essuyer les yeux ou respirer par la fenêtre.

Retour à la scène.

Il faut mériter l'oignon. L'homme ne se laisse pas berner de la sorte ! Il suffit d'être malin. Attrapez vos lunettes de piscine, enfilez-les fièrement, la peau tirée virant au rouge, mais, incontestablement, les yeux au sec ! Oui, il existe des méthodes farfelues mais efficaces pour ne pas pleurer. Mis à part celle-ci, éplucher les oignons sous l'eau permet par exemple à l'alliinase de ne pas s'échapper dans l'air, et donc, *bye bye* les larmes ! D'autres astuces ? Mâcher un chewing-gum ou tenir une allumette éteinte à moitié brûlée entre les dents. Loufoque, mais au moins le charbon de bois absorbe les gaz… Encore faut-il réussir à maintenir l'allumette en place. Rien de mieux pour amuser les enfants ! Et puis, s'ils se moquent trop de vous, vous n'avez qu'à leur demander d'aller s'occuper de leurs oignons.

## Pourquoi les oiseaux chantent-ils le matin de bonne heure ?

Il n'y a rien de plus obsédant que ces chants d'oiseaux le matin à cinq heures ! Ne pourraient-ils pas chanter ailleurs, ou un tout petit peu plus tard ? Non. Ailleurs d'abord, ce n'est pas possible, car le chant sert à marquer le territoire de l'oiseau. Là où il chante, il est chez lui. Et pourquoi pas à un autre moment ? Mais parce que le fond de l'air est frais ! C'est au petit matin, quand le soleil commence tout juste à poindre à l'horizon, que les températures sont les plus fraîches, après toute une nuit dans l'obscurité. Or, qui dit air frais dit air plus dense. Et qui dit air plus dense dit également sons qui portent plus loin. Les oiseaux chantent le matin aux aurores, car c'est le meilleur moment pour dire aux autres, même aux plus éloignés, *« Je suis ici chez moi »*. Et le coq ne se fait pas prier pour agiter son titre de propriété. Non seulement il chante pour dire qu'il est chez lui, mais encore pour rappeler à ses poules qu'il est le chef. Non mais !

## Pourquoi les oiseaux ne s'électrocutent-ils pas sur les fils électriques ?

Ne cherchez pas, vous ne trouverez pas de cadavres d'oiseaux au pied des lignes électriques. Les oiseaux posés sur les fils ne s'électrocutent pas. Pour ce qui est des lignes de téléphone, rien de magique bien sûr. La tension, l'intensité du courant qui y circule, ne dépasse pas 48 volts. Or, l'on estime qu'en dessous de 50 volts, il n'y a pas de danger pour les êtres vivants. Tant et si bien que vous pouvez tenir, entre vos doigts, les deux fils du téléphone sans risque, si ce n'est d'un léger fourmillement. En revanche, avec le courant, de 200 volts, c'est une histoire qui finira à coup sûr à l'hôpital… si ce n'est au cimetière ! Ne vous y risquez pas. Mais alors, les oiseaux ? D'autant que les fils sur lesquels ils se posent ne transportent pas que du 220 volts, mais bien souvent du courant « basse tension », inférieur à 1 000 volts, voire du courant « moyenne tension », jusqu'à 50 000 volts. Alors ? Alors, c'est un problème de « différence de potentiel ». Si vous touchez un fil électrique hissé sur une échelle, vous créerez cette fameuse différence de potentiel :

les électrons retourneront à la terre en traversant votre corps, et boum badaboum, vous voilà tombé de l'échelle, carbonisé au passage. Mais si vous portez de bons gros gants isolants, monté sur un camion nacelle, lui-même isolé du sol par de bons gros pneus en caoutchouc, alors, vous ne créerez pas de différence de potentiel, et les petits électrons continueront sagement leur chemin sur le fil. Avec les oiseaux, c'est pareil ! Les électrons préfèrent continuer sur le fil que de passer par leurs petites pattes. Attention, petites est le mot important : en Alsace où les cigognes sont légion, leurs longues pattes peuvent au contraire créer une différence de potentiel significative. Aussi, à l'Est, des dispositifs anti-cigognes sont installés sur les fils électriques pour les empêcher de s'y poser !

## Pourquoi les oiseaux volent-ils bas quand il va pleuvoir ?

En général, ce sont les hirondelles ou les étourneaux que l'on voit faire du rase-mottes certains soirs. Au moment où ils chassent les insectes. Or, les soirs d'orage, il fait lourd. Pour les hommes comme pour les insectes. Ceux-ci volent en rase-mottes, comme si le temps les empêchait de s'élever plus haut dans le ciel. C'est donc tout bêtement pour aller chercher leur dîner que les oiseaux volent alors au ras du sol...

## Comment le téléphone mobile ou le wi-fi traversent-ils les murs ?

C'est en effet difficile à concevoir. Comment, dans un parking souterrain, parfois au deuxième ou troisième sous-sol, votre téléphone mobile peut-il soudain vibrer dans votre poche, malgré les tonnes de béton placées entre l'émetteur et vous ? D'abord, il faut savoir que dans certains parkings, dans les grandes villes, les opérateurs mobiles ont installé de petites antennes répétitrices, comme il en existe maintenant sur la plupart des lignes du métro parisien, lyonnais, marseillais ou toulousain. Si vous recevez un appel au troisième sous-sol, avec en prime toutes les barres à côté de la petite icône en forme d'antenne, ne cherchez pas : l'émetteur est peut-être juste derrière vous. De la taille d'une boîte d'allumettes. Si, en revanche, la conversation est difficile à établir, et qu'en tout cas vous n'avez qu'une barre, à peine, à côté de la petite antenne, alors oui, vous pouvez louer les prouesses de la technologie. Ou les craindre.

Pour comprendre, il faut tout d'abord vous figurer une onde : pensez au clapotis de l'eau de votre bain, ou aux vaguelettes dans un bassin. C'est ça, une onde. Et la longueur d'onde, l'écart entre chacune des bosses (ou entre chaque creux, c'est la même chose). Dans le cas du téléphone mobile, la distance entre chaque creux ou chaque bosse de l'onde est de quelques centimètres, tant et si bien que le signal radio du téléphone mobile traverse les murs. Comment ? En faisant vibrer les atomes de béton (ou de bois, ou de verre) sur toute son épaisseur ! Bien entendu, plus le mur est épais, et plus l'énergie de l'onde est absorbée, jusqu'à ce qu'il ne reste parfois plus rien de l'autre côté. Au passage, vous noterez que je parle aussi du bois et du verre, qui opposent une moins grande résistance aux ondes que le béton. Question de densité du matériau, tout simplement. Il y a en effet plus de place entre les atomes de bois ou de verre qu'entre les atomes de béton.

Et s'il s'agissait de métal ? Vous avez mis le doigt dessus : ce n'est pas un hasard si téléphone mobile et ascenseur ne font pas bon ménage. La cabine étant bien souvent en acier, votre portable y devient généralement muet. Les atomes de métal sont tellement serrés les uns contre les autres que les ondes ont du mal à les traverser ! C'est pour cette raison que les ondes du four à micro-ondes restent bloquées à l'intérieur de l'appareil. La porte vitrée, me direz-vous ? Mais si vous regardez de près, vous remarquerez que celle-ci est couverte d'une sorte de grillage, comme des nids d'abeille métalliques. La taille de ces nids n'a pas été calculée au hasard : chacun d'entre eux est au moins égal au quart de la longueur d'onde du micro-ondes. Si vous voulez en savoir plus sur le micro-ondes, il vous faudra vous porter acquéreur de *Pourquoi les rayures ont-elles des zèbres…*

Quant au wi-fi, rien de bien différent. Tout comme d'ailleurs le téléphone sans fil Dect, qui existe depuis des années déjà. Tous émettent des ondes qui traversent murs, portes et fenêtres, jusqu'à ce que ces matériaux traversés aient absorbé toute l'énergie du signal radio. Bien entendu, lorsque l'onde frappe un mur, et la porte en bois ou la fenêtre qui s'y trouvent installées, le signal n'a pas d'état d'âme : il choisit le chemin le plus facile, celui qui oppose le moins de résistance !

Vous l'avez compris, avec tout ça, si les murs, portes et fenêtres absorbent tout ou partie de l'énergie du signal radio de nos téléphones mobiles, de nos téléphones sans fil de la maison, ou du tout récent Internet sans fil, il va de soi que nous aussi en absorbons un maximum. Nocif ? Certainement. À quel point ? Personne n'est capable de le dire, à ce jour. Une chose est certaine : passer une heure sur la plage en plein été sans protection, c'est le coup de soleil assuré. Y passer la journée, la brûlure au deuxième degré. Or, comme les ultraviolets (les fameux UV-A et UV-B dont parle votre tube de crème solaire) ne sont ni plus ni moins que des ondes... La question demeure : jusqu'à quel point les ondes radios sont-elles nocives ? Réponse malheureusement dans cinq à dix ans, quand les très probables premiers problèmes de santé graves leur seront directement imputables. Allez, dodo, et surtout, éteignez-moi ce téléphone portable posé allumé à côté de la tête de votre lit !

## Pourquoi avons-nous des ongles ?

Vous les pensez inutiles ? Rien n'est moins vrai : les ongles ont une réelle fonction, même si vous ne vous en rendez pas compte. Plusieurs fois par jour, à votre insu, vos ongles... grattent.

Tête, joue, jambe, bras, on ne prend conscience de leur impérieuse raison d'être que lorsqu'ils sont coupés à ras. Au quotidien, vous vous en servez énormément, toujours sans y penser : ils ouvrent les lettres, décollent les autocollants, soulèvent les couvercles des yaourts, déchirent les emballages… la liste est interminable. Oui, la nature est bien faite, nous avons besoin d'un outil particulier au bout des doigts, et paf, il est là. Les ongles sont les lointains cousins des griffes de nos ancêtres, singes ou lémuriens, griffes qui permettaient de faire tout un tas de choses géniales comme de grimper aux arbres ou d'éplucher les bananes. Aux arbres, on ne grimpe plus, mais les bananes, on les épluche encore.

## Pourquoi l'éclair et le bruit du tonnerre sont-ils souvent décalés ?

Si vous les entendez en même temps, c'est que l'orage est au-dessus de votre tête, ça, tout le monde le sait. En revanche, quand on voit au loin des éclairs, et que, quelques secondes plus tard, parfois près d'une demi-minute, on entend le caractéristique grondement du tonnerre, cela intrigue. L'explication est pourtant très simple. La lumière, donc les éclairs, voyage à près de 300 000 kilomètres à la seconde. Sur terre, la lumière d'un phare à une distance de 40 kilomètres met une fraction de seconde à vous parvenir. *Idem* pour l'éclair. Pour le son, c'est une autre histoire. La propagation des ondes sonores dans l'air ambiant prend du temps. Le son se déplace lui à… 340 mètres à la seconde, un million de fois moins vite que la lumière. C'est ce décalage qui explique que l'éclair et le tonnerre ne vous parviennent pas ensemble aux oreilles et aux yeux, sauf lorsque l'orage est juste au-dessus de vous. Pour connaître la distance entre vous et l'épicentre de l'orage, comptez les secondes qui séparent le flash lumineux du caractéristique « Bodobodom… » et multipliez leur nombre par 300 mètres. Cette distance vous laissera peut-être le temps de trouver un abri.

## Pourquoi le mot « ordinateur » n'est-il pas la traduction de « computer » ?

C'est vrai : vous pourriez avoir un calculateur (*computer*) à la maison. Le mérite de l'invention du mot « ordinateur », ou plutôt de son emploi – car le mot existait déjà de longue date –, pour désigner nos bijoux informatiques, revient à Jacques Perret, professeur à la Sorbonne, ainsi qu'à IBM. Le second demanda, en effet, au premier d'inventer un mot pour franciser le nom des premiers « *computers* » importés des États-Unis, au milieu des années 1950. Perret proposa toute une liste de mots, en insistant sur « ordinateur », le plus à même à son sens d'être utilisé pour nommer ces machines, dont on ne savait pas encore grand-chose. Un mot tiré du vocabulaire ecclésiastique et qui n'était guère plus utilisé. La sauce a pris quand, dans la plupart des autres langues, c'est le *computer* – qui n'a rien d'anglais, puisqu'il vient du latin – qui a triomphé.

## Pourquoi les oreilles sifflent-elles ?

Après un concert de heavy metal ou une soirée dans une boîte de nuit à la sono trop bruyante, il vous est peut-être arrivé d'avoir les oreilles qui sifflaient. Ce sont les pauvres cils vibratiles, qui se trouvent dans votre oreille et captent une partie des ondes sonores, qui ont la gueule de bois : on appelle cela un acouphène. Après quelques heures, les cils se remettent au travail, sauf s'ils ont été endommagés irrémédiablement par la musique trop forte... Par ailleurs, certaines personnes entendent des sifflements sans pour autant avoir soumis leurs oreilles à de mauvais traitements. On parle alors d'acouphènes subjectifs, produits par le système nerveux, quelque part entre l'oreille et le cerveau. Le cerveau croit entendre un son, qui n'existe pas en fait. Un souci qui peut devenir vraiment très handicapant, allant jusqu'à empêcher ceux qui en souffrent de dormir. Mais une chose est sûre : comme nos yeux, nos oreilles sont fragiles, et tout dommage qui leur est causé est irréversible. N'écoutez pas la musique trop fort !

## Pourquoi les oreilles continuent-elles à grandir après l'arrêt de la croissance ?

Ouvrez bien grand vos oreilles : figurez-vous que l'on n'est pas sûr, encore aujourd'hui, que les oreilles grandissent en vieillissant. Cela ne veut pas dire que les oreilles ne sont pas effectivement plus grandes chez certaines personnes âgées qu'à leur jeune âge, non.

Simplement, rien ne prouve que ce sont effectivement les oreilles qui grandissent, et non tout simplement la peau qui se détend. Le sujet, très sérieux, a fait l'objet de recherches, et les médecins, essentiellement les chirurgiens plasticiens, s'affrontent encore sur ce thème, et se... tirent les oreilles les uns les autres.

## Pourquoi a-t-on mal aux oreilles en avion?

C'est surtout au moment de la descente que l'on a mal aux oreilles, mais parfois aussi lors de la montée. La solution? Se boucher le nez et souffler très fort. Vous sentirez alors de l'air sortir par vos oreilles, et ce n'est pas qu'une impression. Les oreilles sont, en effet, reliées par des petits canaux aux sinus, situés derrière votre nez. Tout ce réseau sert à encaisser les différences de pression auxquelles nous sommes soumis au quotidien. Sauf que nous n'avons pas été conçus pour changer d'altitude à toute vitesse, comme à bord d'un avion justement. Lorsque l'appareil est à son altitude maximale, à 10000 mètres, la pression à l'intérieur de la cabine est artificiellement établie à 3500 mètres. Au-dessus, ce serait très inconfortable, pour ne pas dire invivable sans équipement adéquat! Lorsque l'appareil entame sa descente, la pression artificielle est progressivement réduite, sauf que nos sinus et nos tympans, eux, restent à l'ancienne pression, plus faible: c'est cette différence de pression qui fait mal aux oreilles et oblige à décompresser.

## Pourquoi l'orgasme rend-il euphorique ?

Alors là ! Ça n'est pas forcément vrai. Ovide, dans *L'art d'aimer* (en 20 avant J.-C.) explique déjà qu'après l'amour l'être aimé et tant désiré l'est nettement moins, et qu'il faut en faire une opportunité pour ne pas s'attacher. *« Triste est omne animal post coïtum »,* dit également Galien, médecin grec né à Pergame en 129 après J.-C. Ses écrits, base de plus d'un millénaire de savoir médical, expliquent déjà que le coït peut être suivi de tristesse ou de mélancolie. Pourquoi ? Tout simplement parce que le cerveau (on saura plus tard que les émotions siègent dans le néocortex), après avoir concentré toute son attention sur l'acte sexuel, retourne à son train-train quotidien. En résumé, si après l'amour vous avez un peu le blues, c'est tout à fait normal. Maintenant, les hormones qui se sont déversées dans le cerveau – essentiellement, les endorphines –, et qui ont provoqué l'orgasme, peuvent aussi prendre leur temps pour être assimilées par l'organisme. On redescend alors doucement, de son nuage. Chez les hommes, la conséquence est quasi immédiate et systématique : « ron-ron ». N'en prenez pas ombrage mesdames, c'est phy-sio-lo-gique ! Chez les femmes, cela peut se traduire, soit par des pensées heureuses, l'« euphorie de Lorraine », soit, au contraire, par du vague à l'âme, dû à un effet de manque, ou encore... par l'envie de recommencer, ce qui est aussi tout à fait naturel ! Mais si Monsieur s'est endormi, il faudra un peu attendre.

## Pourquoi les orties piquent-elles ?

« Qui s'y frotte s'y pique » ! Il faut se rappeler que, dans la nature, les plantes comme les animaux ne sont pas là que pour faire joli, mais pour perpétuer une espèce. Quand l'homme décime les thons rouges pour qu'ils finissent en steaks dans son assiette, l'espèce disparaît, et ce n'est pas bon pour la biodiversité. Le thon est capable de fuir ses prédateurs naturels, ou encore de se défendre contre eux, mais face aux navires-usines de pêche qui le traquent, il ne fait pas le poids. Les orties, c'est pareil. Elles n'ont pas forcément envie de terminer dans votre assiette, ou plus sûrement dans l'estomac des quadrupèdes. Alors, elles se défendent ! Si vous regardez de près une tige d'ortie, et même d'ailleurs ses feuilles, vous observerez des myriades de petits poils blancs, rapprochés, serrés. Ce sont eux qui vont vous irriter, une fois plantés dans votre peau, et ce durant plusieurs longues minutes. Et pendant ce temps-là, vous ne pensez pas à manger les orties, vous en êtes même plutôt dégoûté pour longtemps. Bien d'autres plantes se défendent ainsi des prédateurs. Tiens, en hiver, on se fait griller des châtaignes. Vous pensez qu'elles sont d'accord ? Non, c'est pour ça qu'elles ont une coque qui pique aussi !

## Pourquoi les trous dans la couche d'ozone sont-ils situés aux pôles ?...

... Et pourquoi d'abord n'en entend-on plus parler ? Parce qu'il paraît que ça va mieux : les mesures prises dans les années 1990 ont porté leurs fruits, et les trous ont, à défaut d'avoir disparu, rapetissé. Pourquoi aux pôles ? Question de densité de l'air. S'agissant des zones les plus froides de la planète, l'air y est aussi beaucoup plus dense et l'atmosphère plus « ramassée » sur elle-même. Conséquence, les couches de gaz, qui composent l'atmosphère terrestre en sorte de sandwich, y sont plus minces. C'est aussi le cas de la couche d'ozone au-dessus des pôles. Plus mince, donc plus fragile.

# P

# comme...

## Pourquoi y a-t-il toujours des pages blanches à la fin des livres ?

Je sais ce que vous pensez : « Ça y est, il va prendre la défense des éditeurs, et du sien en particulier, alors qu'ils nous arnaquent à chaque fois, en faisant croire que les livres qu'ils nous vendent sont plus gros qu'ils ne le sont réellement, en mettant des pages blanches à la fin. On ne nous la fait pas ! » O.K. je n'insiste pas ! Sauf que... ce n'est pas la raison de la présence de nombreuses pages blanches en fin (et souvent en début aussi) de livre ! Non, comme on me l'a dit à plusieurs reprises quand j'ai testé cette question autour de moi, ce n'est pas pour prendre des notes de lecture. Cela se saurait si les livres servaient de cahiers. La raison est purement technique. Prenez un journal. Un quotidien comme un magazine. Comptez le nombre de pages. Vous remarquerez qu'il est toujours pair. Forcément, même une feuille simple compte pour deux, avec son recto et son verso ! Pour un magazine, un quotidien ou un livre, c'est un peu la même chose. Leur nombre de pages est toujours pair, mais surtout, saute parfois de 4 pages en 4 pages, mais beaucoup plus souvent de 8 en 8, de 12 en 12, voire de 16 en 16, de 32 en 32 ou encore de 64 en 64 ! Plus les imprimeries sont modernes, plus ce chiffre est paradoxalement grand, là où l'on aurait pu s'attendre à plus de souplesse. La faute aux machines utilisées pour imprimer journaux, magazines ou livres. De plus en plus longues, grandes, rapides, elles permettent pour certaines d'imprimer 100 000 exemplaires d'un journal à l'heure ! En contrepartie, celles-ci se doivent d'imprimer plus de pages d'un journal, magazine, ou livre, simultanément. Ainsi, le livre que vous tenez entre les mains, ou le magazine que vous feuilletiez tout à l'heure ont-ils été imprimés par « cahiers » de 8, 16, 32 ou 64 pages, simultanément, afin de faire des économies de temps, et donc d'argent. Car l'impression, c'est d'abord une question de temps. Les machines étant très demandées, entourées de techniciens qui se doivent d'être rapides, efficaces et rigoureux, chaque seconde compte, et chaque seconde de perdue, c'est aussi de l'argent perdu.

Aussi, lorsque l'on décide d'imprimer un livre par exemple, l'éditeur décide avec son auteur du nombre de pages qu'il comportera. Comme toujours, l'auteur lui rendra un manuscrit en retard, comportant un nombre de pages différent de ce qui avait été convenu. Souvent moins, parfois, beaucoup plus ! Tant et si bien que le jour où le texte est mis en place dans le livre, soit il manquera de la place, et il faudra rajouter un ou plusieurs cahiers, soit, le texte sera un peu trop court… avec donc, à la clef, quelques pages blanches, qui seront élégamment réparties au début et à la fin de l'ouvrage.

## Pourquoi appelle-t-on les « pages jaunes » ainsi ?

Chose amusante, les pages jaunes sont assez universelles ! *Gelbe Seiten* en Allemagne, *Yellow Pages* aux États-Unis… Et ça tombe bien, puisque leur nom est né là-bas ! L'histoire veut qu'un imprimeur du Wyoming, en 1883, se trouvant à court de papier blanc pour imprimer un annuaire – qui ne devait pas être bien épais à l'époque, étant donné que le téléphone n'avait été inventé qu'en 1876 – se rabattît sur du papier jaune ! Les pages Jaunes ou *Yellow Pages* étaient nées et devinrent par la suite l'annuaire des professionnels.

## D'où vient l'expression « tomber dans le panneau » ?

Comment est-ce possible de tomber dans un panneau ? Se cogner dans le panneau, s'aplatir dans le panneau, rebondir contre le panneau… serait plus approprié. Mais on ne « tombe » pas dans un panneau ! Impossible. Physiquement parlant.

Pour cela, damoiselles et damoiseaux, un petit retour en arrière s'impose. Tout commence au XIIIe siècle. À l'époque où Blanche de Castille veille sur l'éducation du futur Louis IX et où Thomas d'Aquin (futur saint) rédige sa *Somme théologique,* d'autres s'en allaient chasser le gibier pour se nourrir. Par « gibier », je veux parler des ongulés sauvages et des lagomorphes, ainsi que des autres mammifères terrestres chassés par jeu, mais aussi et surtout à des fins gastronomiques. Au XIIIe siècle donc, le moyenâgeux était ingénieux ! Pour prendre ce fameux gibier, les chasseurs utilisaient un filet vertical appelé « penel », puis « panel », qui deviendra enfin « panneau » ! Petite parenthèse étymologique : ce terme vient du latin

« pannellus », dérivé de « pannus », qui désigne d'abord certains objets en tissu, puis un morceau d'étoffe. Le mot entrera ensuite dans le vocabulaire de la menuiserie, de l'architecture et de la décoration. Ça n'est qu'ensuite que la chasse s'approprie le mot.

Mais revenons à nos moutons. Après avoir repéré les passages empruntés par les animaux, les panneaux, donc, étaient tendus à l'aide de piquets. Au passage des sangliers (des ongulés), le filet retombait et emprisonnait les proies. Nul besoin donc de s'approcher des bêtes pour les attraper.

À l'image du gibier qui se faisait piéger sans avoir rien vu venir, on dit de quelqu'un qu'il est tombé dans le panneau lorsqu'il s'est fait avoir par une ou plusieurs personnes. En Allemagne, on dit plutôt « tombé dans la colle ». En Argentine, « s'est avalé l'hameçon ! ». De quoi paniquer un peu plus, quand on ne comprend pas l'expression.

## Pourquoi la feuille de papier A4 fait-elle 21 x 29,7 cm ?

Si vous n'avez pas fait dix fois ce calcul, vous l'avez fait cent. Une règle à la main, un crayon dans l'autre, vous voilà parti à la recherche du milieu exact de votre feuille de papier, tout simplement pour la couper en deux. Si elle mesurait 30 centimètres, cela serait nettement plus facile. Oui mais voilà, un tordu a voulu que la feuille fasse 29,7 centimètres de haut !

Pas si tordu que cela pourtant. Si vous ne l'aviez pas déjà remarqué, le format A4 et tous ses affiliés de A0 à A8 ont l'étonnante caractéristique de voir leur hauteur devenir leur largeur une fois plié en deux. Une propriété due au rapport entre la hauteur et la largeur de ces formats, qui est tout simplement la racine carrée de 2, à savoir 141,42135. Tant et si bien que le format A0, le plus grand de la série, correspond très exactement à une surface de 1 mètre carré. Ces standards de taille de papier, bien que normalisés en Allemagne en 1922 par la norme DIN et tardivement en France, en 1967, existaient déjà depuis bien longtemps. C'est Lazare Carnot, sous le Directoire, qui imposera deux formats obligatoires pour la tenue et l'enregistrement de documents administratifs, à savoir le grand registre, sur du papier de taille 420 x 594, et le moyen papier sur des feuilles de 297 x 420. Les connaisseurs ou les matheux auront vite reconnu les formats A2 et A3. Mais comme tout ce qui était standardisé et normalisé à cette époque s'accompagnait également de la perception d'une taxe pour l'enregistrement des actes administratifs (les caisses étaient désespérément vides, on cherchait de l'argent absolument partout), ces formats de papier peinèrent à s'imposer. Pour écrire, on préfère donc le papier ministre, qui mesure, lui, 210 x 270, jusqu'à la fin des années soixante. Maintenant, quand vous lancez une impression, votre ordinateur se règle parfois sur Lettre US. Vous avez dû remarquer que soit l'imprimante se bloque, faute de papier correspondant, soit votre document s'imprime de manière incomplète. Casse-pieds, le Canada et les États-Unis sont en effet les deux derniers pays au monde où le papier A4 n'a pas percé. À l'assaut!

## À quoi sert la ligne de partage des eaux?

Avec ou sans bulles? La question a son importance: au restaurant, l'eau gazeuse est le plus souvent vendue au même prix que l'eau plate, quand elle revient pourtant plus cher à produire. Pourquoi? Parce que le consommateur n'en a tout simplement pas conscience, et ne comprendrait pas la différence de prix. Pourquoi plus chère à produire? L'eau gazeuse est dégazéifiée et regazéifiée avec son propre gaz. Ces manipulations ont un coût. Vichy, Évian, même combat, séduire le consommateur à tout prix.

Mais il est un autre terrain sur lequel ces deux eaux se battent, mais cette fois côte à côte: la géographie. Les deux sources sont en effet situées du même côté de la ligne de partage des eaux. Kesako? Souvenez-vous, l'autoroute A6 en direction du Sud, non loin de Dijon, vers Pouilly-en-Auxois. Quand j'étais enfant, le panneau s'y trouvait déjà, ce qui ne le rajeunit pas, le panneau, et moi avec. Quel panneau? Celui qui indique la ligne de partage des eaux, pardi! Vous rouliez trop vite ou quoi?

C'est à ce point précis que les sources, qui commencent par former des ruisseaux – la Seine sort d'un robinet à Saint-Germain-Source-Seine, par exemple – décident du chemin qu'elles vont emprunter jusqu'à la mer en devenant rivière, puis fleuve. Au nord de cette ligne, c'est la Manche ou l'Atlantique qui l'emportent, au sud, la Méditerranée. D'ailleurs, c'est non loin de Pouilly, village qui a le mérite d'être au bord de l'autoroute et d'être aussi connu pour son vin, que se trouve la vraie ligne de partage des eaux, « le toit du monde occidental » comme le disait l'écrivain Henri Vincenot. C'est en effet à Meilly que les eaux choisissent réellement les trois directions, et pas simplement Atlantique ou Méditerranée. La définition de la ligne de partage des eaux peut sembler futile ou apparaître comme une lubie de géographe en manque de sensations fortes. Rien n'est plus faux ! Sur les 250 environ recensées dans le monde, nombre sont associées à des enjeux géopolitiques de premier plan. Ces lignes se jouant des frontières, celui qui se trouve sur l'une de ces lignes peut s'octroyer le droit de contrôler l'approvisionnement en eau de ses voisins, en détournant un fleuve, en construisant un barrage ou en polluant allègrement au mépris des usagers situés en aval… L'eau, finalement, ce n'est pas seulement la vie, c'est surtout le pouvoir, et le XXIe siècle devrait, plus encore que tout autre, nous le prouver.

## Pourquoi ne pouvons-nous pas arrêter de penser ?

Pour vous endormir, alors que votre esprit bouillonne d'idées, il vous est peut-être déjà arrivé de répéter mentalement *« J'arrête de penser, j'arrête de penser »*. Ouf, ça y est, je ne pense plus ! Sauf que *« J'arrête de penser »* et

«*Je ne pense plus*» sont aussi des pensées... Descartes disait: «*Je pense, donc je suis.*» Ne plus penser, c'est mourir ou plutôt être mort. Même à l'article de la mort, ceux qui en sont «revenus» le disent, l'homme pense. Bien sûr, allongé dans une chaise longue, profitant du soleil, il vous est peut-être arrivé de ne «penser à rien». Sans refaire la boucle «*J'ai pensé que je n'ai pensé à rien*», qui est une pensée, dites-vous que même lorsque vous ne «lisez pas dans votre tête» des pensées, profitant juste du bon temps, votre cerveau, lui, continue à penser, mais en «tâche de fond», comme le disent les informaticiens. Simplement, ces pensées ne remontent pas «à la surface», pas tout de suite. Ce qui nous donne parfois le «*Comment n'y ai-je pas pensé plus tôt?*» ou encore «*Je viens d'avoir une idée!*». Soyez-en certain, cela ne vous est pas tombé du ciel, mais de vos pensées «inconscientes»...

## Pourquoi le Père Noël est-il habillé en rouge?

La faute... à Coca-Cola! C'est en 1931 qu'un designer proposa à la marque de soda d'habiller le Père Noël, qui existait déjà, d'un costume rouge avec de la fourrure blanche. En Alsace et dans certains pays du nord de l'Europe, il existait déjà des personnages précurseurs du Père Noël – saint Nicolas par exemple – souvent habillés comme des évêques (et donc avec des attributs rouges), mais c'est bien cette publicité qui «uniformisa» la représentation du Père Noël, parce qu'elle a été vue absolument partout dans le monde.

## Pourquoi les Peugeot ont-elles toujours des zéros dans leur nom ?

De la 201 à la toute dernière 3008, la règle ne se dément pas. Toutes les voitures de marque Peugeot, à l'exception des utilitaires, ont un nombre en guise de prénom, et ce depuis 1930. C'est une question d'identité : Peugeot a le monopole des noms de voitures avec un zéro au milieu. Quand Porsche, qui utilise aussi des chiffres pour désigner ses modèles, a voulu lancer la 901, il a dû faire marche arrière : Peugeot avait déjà déposé tous les nombres de 101 à 909 avec un zéro au milieu ! La Porsche 901 devient dès lors la mythique… 911. Boeing en revanche réussit à appeler l'un de ses appareils « 707 », mais seulement après avoir négocié avec la marque au lion, qui ne craignait en effet pas de parasitisme de sa marque et de son identité par un avion, marché dont la firme sochalienne est absente. Depuis, Peugeot a aussi déposé tous les nombres à quatre chiffres avec deux zéros au milieu, brisant au passage le mythe du zéro central, par lequel passait… la manivelle ! Eh oui, il est loin le temps où les voitures se démarraient d'un bon coup de rein. L'expression « éviter le retour de manivelle » ne se comprend plus guère pour qui n'a jamais lancé un moteur à la main. Si l'on ne faisait pas attention, la manivelle qui ne s'était pas parfaitement désolidarisée du moteur pouvait vous donner un sérieux coup sur les avant-bras, un de ces coups dont on se souvient toute une vie… mais revenons à nos zéros. Comme les lanceurs à manivelle ont disparu des Peugeot, à partir de la série 006, le zéro central ne servait plus à rien. C'est seulement à partir de la série 007 (forcément) que les designers de chez Peugeot ont retrouvé une raison d'être au zéro central, en devenant… le bouton d'ouverture du coffre des 307 CC, 407, et 607. Il leur faudra faire preuve d'imagination à l'avenir pour trouver un usage aux deux zéros des nouveaux véhicules de la marque.

Une autre marque, qui se trouve être du même groupe que Peugeot, je veux parler de Citroën bien entendu, a elle aussi décidé d'adopter une règle stricte pour nommer ses voitures. Un C, bien sûr pour Citroën, suivi d'un chiffre. Sauf qu'à ce compte-là le tour sera vite fait. Verra-t-on arriver des C22, après la DS 21 ? Ils semblent que les hommes du marketing de Citroën y tenaient fermement en tout cas, car ils ont décidé d'acheter à BMW l'appellation C1, utilisée pour le scooter atypique de la firme munichoise, afin de désigner le véhicule d'entrée de gamme de la firme aux chevrons. Si vous êtes joueur, vous pouvez toujours tenter de déposer toutes les variantes de marques avec un C, peut-être que Citroën vous en rachètera une un jour…

## Pourquoi avons-nous peur ?

Il y a plusieurs réponses à cette question, mais je ne vous en ferai qu'une, la plus utile à mon sens : nous avons peur, car la peur… nous donne des ailes. La preuve ? La peur existe non seulement chez l'homme mais aussi chez l'animal, et la concrétisation de la peur chez un chien, un chat, un oiseau, c'est… la fuite. En déchargeant des doses massives d'adrénaline (le *« Oh, tu m'as fait peur!!!*» n'est que la conséquence de la réception de cette molécule par les capteurs *ad hoc* dans notre cerveau), la peur nous stimule, pour prendre la fuite donc, ou pour lutter. Elle hérisse le poil du chat, elle fait se dresser le lion sur ses pattes pour impressionner l'ennemi. J'entends d'ici certains dire que «*la peur paralyse*». C'est vrai aussi, mais c'est là toute la loi de la sélection naturelle. Certains se sauvent, d'autres se battent, et d'autres, paralysés par la peur, se font dévorer. *The End!*

## Pourquoi les pharmacies arborent-elles une croix verte ?

Cela ne fait pas si longtemps! Au début des années 1960, certaines pharmacies annonçaient encore leur présence à l'aide de croix rouges en néon, malgré les injonctions de l'ordre des pharmaciens qui imposait l'emploi du caducée. La croix rouge était en effet devenue l'apanage de l'organisation du même nom, créée en 1864, et avec l'arrivée des premières enseignes au néon dans les années 1930, beaucoup de pharmacies s'équipèrent naturellement de croix rouges, faciles à identifier de loin et dont le sens était connu. Pourtant la croix, qu'elle soit rouge ou verte, n'est pas à l'origine le symbole de la profession de pharmacien, mais c'est le caducée, que l'on voit encore d'ailleurs sur certaines enseignes, ou servant parfois de poignée de porte quand elle n'est pas automatique. Caducée, qui est bien souvent imprimé sur le sac en papier dans lequel le pharmacien glisse vos médicaments: un serpent enroulé autour d'une coupe. Un symbole dont on retrouve la trace en... 1222, chez les apothicaires italiens de Padoue! Mais comme la croix fait un bien meilleur logo qu'un serpent autour d'une coupe, il fallut bien se rendre à la raison. La croix rouge, devenue verte, s'est finalement imposée.

## Pourquoi certains pieds sentent-ils mauvais?

*«Alors là, on arrête tout de suite. Non, mes pieds ne sentent pas le fromage! J'ai juste eu un peu chaud!»* Pourtant, c'est un fait: quand Paul enlève ses chaussures, même le soir de sa nuit de noces, dans une suite de deux cents mètres carrés, c'est l'infection... Même si lui n'est pas réellement incommodé. On pourrait presque dire que cela ne lui est pas désagréable! Alors, imaginez s'il retire ses chaussures dans la voiture pour conduire pieds nus, en été (c'est tellement plus agréable...). Le divorce n'est pas loin!

Forcément: nos odeurs corporelles font tellement partie de nous-mêmes que nous y sommes habitués, accommodés. Tout comme il est quasiment impossible de se chatouiller soi-même, notre cerveau ne peut décemment commander un sentiment de répulsion ou de dégoût, en réaction aux odeurs du corps auquel il appartient! Et tant qu'on y est, allons jusqu'au bout: sniffer ses dessous-de-bras est sans conséquence, quand sniffer ceux des autres..., beurk! Vous pouvez essayer.

Pas de quoi en faire un fromage donc, même si, en fait, tout cela est intimement lié. Reprenons: vous avez chaud. Vos pieds transpirent. Circonstances aggravantes : vous portez des chaussettes en polyester ! Vous nagez la brasse coulée dans vos chaussures. Il y règne une atmosphère tiède (37 °C), moite (la sueur), bref, les conditions idéales pour que des armées de bactéries se mettent au travail, et prolifèrent sur vos pieds ! Gorgée de sels minéraux, votre transpiration est un terrain de jeu idéal pour ces bactéries qui s'en donnent à cœur joie et dégagent allègrement des odeurs qui ressemblent à s'y méprendre à celle du fromage. Pourquoi ? Parce que ces bactéries sont tout simplement de la même famille ! Le fromage fermente, vos pieds fermentent, et les mêmes causes provoquant les mêmes effets, l'un et les autres sentent pareil.

Mais il y a un hic : pourquoi l'odeur du fromage est-elle généralement alléchante (même si certaines personnes la redoutent, et même si ce sont les Français en particulier qui en apprécient le fumet, par tradition, et par éducation) et repoussante quand elle vient des pieds d'un tiers ? La réponse se trouve là encore du côté du cerveau. Si l'on masque à son détenteur la source de l'odeur, il ne saura pas quoi dire, quoi penser. Tout au plus pensera-t-il « ça sent le fromage », interloqué. Que l'on referme la porte du réfrigérateur et le cerveau sait à quoi il doit ce stimulus olfactif, et cesse de s'en inquiéter. Mais si, non loin de là, dans l'entrée, une paire de chaussures lâchement abandonnée semble être à l'origine de la nuisance, révolte ! « Qui a laissé ces chaussures qui puent dans le passage ? » Le pire, c'est que cela risque de durer encore quelques dizaines d'années…

## Pourquoi parle-t-on de « casser sa pipe » ?

Avant Ambroise Paré – nous sommes en pleine campagne d'Italie, Marignan, 1515 –, on ampute les blessés à même le champ de bataille, sans égards. On cautérise au fer rouge. Les douleurs sont si intenses que certains en meurent. Paré introduit des onguents, qui apaisent la douleur. Il recoud les blessures plutôt que de cautériser. Il bannit l'huile bouillante. Pourtant, rien n'évoluera vraiment en médecine militaire (et en médecine tout court d'ailleurs) jusqu'à la Première Guerre mondiale et l'arrivée des premiers anesthésiants. Avant cette immense boucherie, l'Europe en connaît d'autres, en particulier celle, continue, des guerres napoléoniennes. De la prise de pouvoir de Napoléon, au tournant du XVIII$^{e}$ siècle, jusqu'à son abdication définitive en 1815, un million de soldats périssent au champ d'honneur.

À l'époque, donc, pas d'anesthésiant. On donne au soldat dont on va amputer un membre blessé, pour lui éviter une infection fatale, une pipe en terre cuite, qu'il serre entre ses dents. Là encore, vous visualisez la scène, quelle résistance il fallait avoir, et quel courage des deux côtés de la scie. Les chirurgiens les plus efficaces (difficile de dire « brillants ») réglaient l'affaire en quelques dizaines de secondes. Seulement, si le patient succombait pendant « l'opération », la pipe qu'il tenait entre ses dents tombait au sol, et le plus souvent cassait. Une expression est née alors que s'éteignaient un million de belligérants français, belges, italiens, allemands, polonais…

## Pourquoi les filles pleurent-elles plus que les garçons ?

D'aucuns disent que c'est parce que l'homme est insensible, en tout cas, qu'il fait moins preuve d'empathie, cette capacité à éprouver les sentiments d'autrui. Mais c'est d'abord et surtout une histoire d'hormones. La femme, parce qu'elle est femme, mais surtout parce qu'elle est mère, ou en tout cas conçue pour l'être, produit des hormones différentes de celles de l'homme. Il en est ainsi de la prolactine, qui sert à la synthèse du lait, même quand la femme n'allaite pas. Or, quel est l'effet secondaire de la prolactine ? La production de larmes ! Ainsi, le baby blues, qui suit parfois la naissance, est en grande partie dû au bouleversement hormonal (ça, on le savait déjà), mais en particulier à la prolactine, qui afflue pour que les glandes mammaires se mettent en action.

## Pourquoi la pluie n'est-elle pas salée ?

Stop, erreur monumentale ! Contrairement aux apparences, l'eau de pluie *est* salée. Seulement, c'est imperceptible, en tout cas au goût. Car dans chaque goutte de pluie, il y a un cœur, un cœur qui est souvent de sel. Voyez-vous, pour que des gouttes de pluie se forment, il faut que la vapeur d'eau qui se trouve dans l'air se condense autour de quelque chose. Or, ce quelque chose est obligatoirement une poussière. Certains jours de pluie, les automobilistes européens retrouvent parfois leur voiture couverte d'une fine pellicule de sable rouge. À Paris comme à Bruxelles ou à

Londres. Dans ce cas précis, le cœur des gouttes de pluie était formé d'un minuscule grain de sable du Sahara, arraché par des vents violents au désert, et transporté à haute altitude. Mais l'on trouve de tout, au cœur de la goutte : suies (souvent industrielles), poussières de sable ou d'argile, poussières volcaniques qui naviguent en boucle autour de la Terre à haute altitude... Et la meilleure d'entre toutes les poussières est, et restera, un microscopique grain de sel, en raison de son inégalable pouvoir hygroscopique, c'est-à-dire sa faculté à emmagasiner d'énormes quantités d'eau. Aussi, si vous pensiez récupérer de l'eau douce en collectant l'eau de pluie, changez d'idée !

## Pourquoi la pluie ne lave-t-elle pas ma voiture ?

Votre voiture est sale. Couverte de sable du désert marocain, comme il en tombe parfois sur la France. De saletés d'oiseaux. De crasse tout simplement. Survient la pluie. Une belle et grosse pluie, celle qui tape sur les carreaux et sur les toits à tout briser. Celle qui fait s'arrêter les automobilistes sur le bord de l'autoroute car leurs essuie-glaces ne peuvent plus suivre.

À toute chose, malheur est bon, cela va laver la voiture. La pluie passe, votre route s'achève et la voiture est toujours aussi sale. Pourquoi ?

Reprenons notre goutte de pluie. Nos gouttes de pluie. Petites ou grosses, au final, ce n'est pas tant leur taille qui est importante, mais leur vitesse. Or, en temps normal, lors d'une bonne grosse pluie, les gouttes d'eau tombent à la modeste vitesse de soixante kilomètres à l'heure.

Ajoutons la vitesse de votre voiture, toujours sur l'autoroute, donc, disons cent trente kilomètres à l'heure. Même si par temps de pluie, il faut descendre à cent dix... Hypothèse supplémentaire : vous roulez contre le vent, autrement dit la vitesse des gouttes de pluie s'additionne à la vôtre. La petite goutte frappe votre pare-brise, votre carrosserie, à la vitesse de deux cents kilomètres à l'heure. Si vous passiez la tête à la fenêtre de votre voiture, la pluie vous ferait mal.

Mais c'est là que le bât blesse. Un nettoyeur haute pression, de ceux que l'on loue dans les laveries de supermarché, dispense de l'eau chaude et moussante, mais à haute pression, comme son nom l'indique. Ce qui veut dire haute vitesse. À la sortie du nettoyeur, dans les modèles professionnels, c'est une eau à près de huit cents kilomètres à l'heure qui sort de la buse du nettoyeur, soit quatre fois plus rapide que Perlette la goutte d'eau sur l'autoroute !

Vous l'avez compris. La pluie ne sera jamais assez forte pour laver les carreaux de nos appartements ou de nos maisons, les vitres ou la carrosserie de nos voitures. Il va falloir briquer ça, à la main...

## Pourquoi les pneus ne sont-ils pas increvables ?

Ras le bol, vous en avez ras le bol du coup de la panne ! À chaque fois, c'est la même chose.

Vous attendez pendant des mois le jour des vacances, vous vous réjouissez d'avance à l'idée de quitter la ville et ses soucis et, à peine parti, vous vous retrouvez sur le bord de l'autoroute à marcher pendant des kilomètres sous un cagnard d'enfer, à la recherche du fameux téléphone orange qui appellera une dépanneuse. Pourquoi ? Parce que le gendarme joint depuis votre portable, quand il vous a demandé où vous étiez et que vous n'avez pas su répondre autre chose que « sur l'autoroute, un peu après Lyon », a répondu dans un grand soupir qu'il attendait que vous le rappeliez depuis une borne d'appel, pour pouvoir vous envoyer une patrouille d'assistance au bon endroit...

Ah, si seulement les pneus étaient increvables, à l'heure qu'il est, vous seriez déjà à Palavas-les-Flots ! D'ailleurs, pourquoi ça n'existe pas, les pneus increvables ?

Je vous arrête tout de suite : les pneus increvables existent ! Sur les gros engins, comme les tracteurs, par exemple. Mais si vous avez déjà eu l'occasion de monter à bord d'une telle machine, votre arrière-train doit encore s'en souvenir. Car qui dit pneus increvables dit également grande rigidité du pneu. Pour ne pas qu'il se perce, le pneu doit en effet être extrêmement épais et gonflé. Mais à cause du manque de souplesse, au moindre nid-de-poule et autres gendarmes couchés (faux, bien sûr), les secousses du véhicule seraient insupportables avec de tels pneus montés sur nos voitures de tous les jours. Il existe également une raison plus pragmatique. Sachant qu'il faut rechausser régulièrement son auto et vu le nombre de véhicules circulant dans le monde, les fournisseurs de pneumatiques ont du travail garanti tous les jours. C'est un peu comme les pompes funèbres : que l'économie mondiale soit en récession ou en pleine croissance, qu'il pleuve, vente, neige ou qu'il fasse grand soleil, c'est triste à dire, mais les croque-morts auront toujours des clients. Et parfois malheureusement plus que de coutume, quand il fait très chaud… la canicule de l'été 2003 qui a frappé une bonne partie de l'Europe nous l'a démontré.

Aussi, si un jour les pneus increvables débarquent, que deviendrait l'industrie du pneumatique ? Qu'adviendrait-il des usines, des employés ? À quel triste sort serait condamné notre Bibendum national ? Et une France sans Bibendum, c'est comme une table sans pain, cela ne se conçoit pas. Pour que ce scénario catastrophe ne devienne pas réalité, les professionnels maintiennent donc le marché en distribuant des pneus qui crèvent ! Jusqu'à preuve du contraire… En fait, l'histoire industrielle se répète : prenez les bas. Bas de nylon après avoir été de soie, matière inventée juste avant la Seconde Guerre mondiale. D'abord utilisé pour les brosses à dents, le nylon s'invite dans les bas dès 1940, ce qui vaut à l'acronyme d'avoir été traduit par « Now You've Lost Our Nippons », « maintenant vous avez perdu vos Japonais », les bas de soie étant produits jusqu'ici avec de la soie du Japon. Le rapport entre les bas et les pneus, me direz-vous ? Comme les chaussants pour voitures, les chaussants pour femmes ont une fâcheuse tendance à... crever. Trous, déchirures, le bas file et les finances pour en racheter tous les deux jours, avec. Pourtant, les chimistes sont formels: fabriquer des bas de nylon indéchirables est tout à fait possible! Sans grande conséquence sur leur confort ou leur élégance. Seulement voilà, des bas qui ne filent pas, s'ils sont un excellent argument marketing, n'ont aucun sens économique! C'est la faillite assurée pour Dim, Well et consorts. Rendons à Michelin ce qui lui appartient: le « Pax system », lancé au début des années 2000, n'est pas à proprement parler un pneu increvable, mais un pneu qui permet de garder le contrôle du véhicule en cas de crevaison. Grâce à un appui fixé sur la jante, donc sous le pneu, le véhicule peut rouler « à plat » pendant 200 kilomètres à 80 à l'heure. Le système est si efficace qu'il faut que le véhicule soit équipé de capteurs de pression au tableau de bord, pour que le conducteur ne continue pas à rouler avec un pneu crevé sans s'en apercevoir. De même, la plupart des constructeurs proposent des pneus spéciaux dits « autoporteurs », plus chers que les pneus normaux, dont les flancs renforcés portent la charge du véhicule, même à pression nulle. Les 4 x 4 sont les premiers clients de ces équipements, ne pouvant se permettre de se retrouver en rade sur un obstacle. Mais là encore, pas question de parler de pneus increvables.

Finalement, il n'y a guère que les vélos dont on peut dire qu'ils sont équipés de pneus à toute épreuve. Matra Sports propose ainsi sur ses vélos haut de gamme de tels pneus, remplis d'un gel qui vient aussitôt colmater le trou causé par un obstacle contondant ou perforant sur la route. Mais pas question d'en équiper les coureurs cyclistes : ces pneus sont en effet nettement plus lourds que les autres ! Les équipementiers des champions de la petite reine luttant en permanence contre chaque gramme superflu, pas question d'en rajouter, même pour conquérir l'increvabilité... En attendant, tout ça vous fait une belle jambe ! Vous êtes ravi pour les employés de Michelin, mais commencer vos vacances par un tour en dépanneuse n'est pas exactement ce que vous aviez prévu. La prochaine fois, c'est décidé, vous prendrez le train.

## Pourquoi avons-nous des poils ?

Nous avons des poils sur tout le corps, ou une partie, pour les mêmes raisons que les bébêtes. D'abord, afin de nous protéger de notre environnement, les poils servant de protection contre les griffures, ensuite, pour nous permettre de réguler notre température, en particulier quand il fait froid, ou de nous protéger des coups de soleil. Mais alors, pourquoi en a-t-on encore à certains endroits, et plus à d'autres ? Des poils sur la tête, pour nous protéger du soleil, on en a encore. Ceux qui n'en ont plus, c'est « la faute à pas de chance ». Sur le reste du corps, nous portons des vêtements depuis quelques dizaines de milliers d'années : la loi de l'évolution a fait tomber progressivement notre fourrure. Et pourquoi, sous les bras, et sur le pubis et les aisselles ? Parce que ce sont des parties du corps encore fragiles.

## Pourquoi avons-nous des poils au pubis ?

On se sent devenir homme, ou femme, quand on arrive à la puberté et que des poils commencent à couvrir certaines zones de notre anatomie ! Autrefois, quand nous chassions encore le bison et dormions dans des cavernes, tout notre corps était poilu, pas seulement notre pubis. Ces poils, comme pour les animaux, nous servaient de vêtements. Avec l'évolution, la pilosité a pratiquement disparu mais pas sur le pubis. Il est un point fragile de notre organisme et les poils sont restés pour continuer à le protéger. C'est pour la même raison que nous sommes encore poilus sous les aisselles, fragiles aussi. Certains avancent une deuxième raison, sujette à caution : plusieurs sources médicales nous ont affirmé que les poils pubiens jouaient un rôle d'amortisseur, pendant l'accouplement. Pourquoi pas… Mais ça n'explique pas les poils sous les bras !

## Le poisson d'avril existe-t-il ?

Il est de ces traditions qui vous rappellent votre enfance, par exemple lorsque les guirlandes lumineuses commencent à scintiller aux coins des rues avant Noël, ou encore, le premier avril, quand toutes les blagues sont permises et que l'on prépare en grand secret (croit-on !) de petits poissons en papier, coloriés avec soin, pour les coller au dos de nos camarades de classe… ou de nos parents.

Premier avril, une date importante dans l'imaginaire des petits comme des grands, ponctuation d'humour annonçant l'arrivée des beaux jours. Mais pour expliquer l'origine de cette tradition, on nage encore en eaux troubles, comme les poissons d'avril (permettez-moi l'expression), car plus la tradition est ancienne, moins l'on en connaît la source…

L'origine du poisson d'avril remonterait ainsi à 1564, quand le roi Charles IX décida de changer la date du début de l'année, qui était à cette époque le 1er avril, pour commencer l'année le 1er janvier. Eh non, ce n'est pas un poisson d'avril mais strictement authentique ! Bref. Le changement ayant été fait, l'année s'écoule et c'est seulement l'année suivante que l'histoire du poisson d'avril commence.

Car que fait-on le 1er janvier, à part prendre de bonnes résolutions et s'embrasser sous le gui pour se souhaiter la nouvelle année ?

Eh bien, le 1er janvier, si vous faites partie des gens qui n'ont pas encore tout dépensé à Noël, vous offrez des étrennes. En tout cas, cette tradition existait déjà au XVIe siècle. Dans la suite de notre histoire, le 1er janvier 1565, comme à leur habitude, les Français se sont offert des étrennes, comme tous les débuts d'année. Vous ne voyez pas le rapport avec le 1er avril ? Un peu de patience, j'y viens ! Le 1er avril, certains blagueurs, les premiers « poissonniers d'avril » en fait, ont eu l'idée de se faire encore des cadeaux pour se rappeler l'ancienne date du début de l'année. Mais comme ça n'était plus la bonne, les cadeaux furent de faux cadeaux, des cadeaux sans véritable valeur. Objection votre honneur. Si Charles IX a bien décidé par édit de fixer le jour de l'an au 1er janvier, c'était pour uniformiser des dates qui étaient en fait très différentes à l'époque selon les différentes régions de France.

Une chose est sûre en revanche : du temps de la Grèce antique, au jour qui correspondrait à notre 1er avril, on fêtait le dieu du rire.

En attendant, tout cela n'explique pas le pourquoi du comment du poisson dans le dos. En fait, beaucoup disent que le mois d'avril étant le mois où la pêche était interdite, car période de frayage des poissons, certains auraient eu alors l'idée de faire des farces aux pêcheurs en jetant des harengs dans la rivière. Peut-être qu'ils s'écriaient « poisson d'avril » en jetant ces poissons, sachant qu'un poisson pêché en avril était tout aussi improbable que d'offrir des étrennes le 1er avril ! ?

Autre explication, le 1er avril coïncide peu ou prou avec la fin du carême pour les chrétiens, période de jeûne de quarante jours avant Pâques. Le poisson est en effet le symbole que les premiers chrétiens utilisaient pour se reconnaître entre eux, car les lettres du mot « poisson », en grec, *ichtus,* forment les initiales de Jésus-Christ, fils de Dieu et sauveur. Cela explique beaucoup de traditions chrétiennes autour du poisson. C'est d'ailleurs pour cela aussi que l'on offre des poissons en chocolat le jour de Pâques.

Sans vouloir noyer le poisson, il existe une autre explication, zodiacale cette fois. La Lune sort en effet du signe zodiacal des poissons le 1er avril. Plaisant. Moins glorieux, Le mot « poisson » désigne aussi les souteneurs, les maquereaux. Qui eux ne se trouvent pas forcément que dans les eaux claires... si vous me suivez bien. Or la meilleure pêche de ces poissons se trouve être en avril, au début du printemps, début aussi des amours illégitimes : l'expression « poisson d'avril » désignerait alors l'entremetteur qui agit dans notre dos !

Je ne finirai pas en queue de poisson sur ces explications qui ne vous ont peut-être pas convaincu. Sachez que les Hindous célèbrent fin mars une fête appelée le Huli, fête où l'on se moque d'un pauvre niais qui n'a pas su se défendre. On pourrait tout aussi bien faire le rapprochement avec notre poisson d'avril !

En tout cas, le prochain 1er avril, faites attention aux nouvelles données par les médias, car ils rivalisent d'ingéniosité chaque année pour vous piéger. La plus belle ? Sans doute cette chaîne de télévision qui fit croire aux téléspectateurs que l'on commençait à démonter la tour Eiffel avec reportage et montage vidéo à l'appui !!

## Pourquoi la gauche s'appelle-t-elle « la gauche » et la droite « la droite » ?

Cocorico ! Encore une invention française, qui s'est exportée dans de nombreux pays à tradition parlementaire. Une invention née de la Révolution. Lors d'un débat portant sur la possibilité du roi de s'opposer à une décision de l'Assemblée, en septembre 1789, il fut demandé aux députés favorables au veto royal de se placer à la droite du président de séance, et aux députés qui s'y opposaient d'aller à gauche. Lors de ce vote, les représentants de l'aristocratie et du clergé se placèrent majoritairement à droite, et ceux du tiers état, à gauche. Et pourquoi la droite n'est-elle pas la gauche, et la gauche, la droite ? Autrement dit, pourquoi les députés du tiers état ne se sont-ils pas placés à droite ? Lorsque vous voulez honorer un invité à votre table, la place de choix est à la droite de la maîtresse de maison. Dans le même esprit, en septembre 1789, il n'était pas possible pour le président de séance de proposer autre chose aux défenseurs du droit de veto royal que la place d'honneur : à sa droite. Fort logiquement, dans tous les régimes parlementaires qu'a connus la France, on a toujours classé à l'extrême droite les monarchistes, et à l'extrême gauche les ultra-révolutionnaires.

## Pourquoi les policiers sont-ils appelés « poulets » ?

Bien souvent, les mots d'argot sont nés par analogie ou comparaison. L'origine de cette appellation vient de la préfecture de police de Paris, qui prit ses quartiers sur l'île de la Cité en 1871, en lieu et place de l'ancien marché aux poulets de la capitale. Et, comme bien souvent, les nouveaux occupants du lieu prirent le nom de celui-ci. En aurait-il été de même si l'île de la Cité avait accueilli un marché aux cochons au même endroit ?

## Pourquoi existe-t-il la police et la gendarmerie ?

Du point de vue du « consommateur », la chose semble curieuse. Car en matière de services publics, il n'y a par exemple qu'une Poste, même si l'ouverture à la concurrence, imposée par l'Europe, permet aux messageries privées de proposer leurs services aux particuliers, pour les plis de plus de vingt grammes. De même, avant l'ouverture à la concurrence du téléphone fixe, n'y avait-il qu'un opérateur, France Télécom. Alors, la gendarmerie et la police, deux services publics en compétition ? Eh bien... en fait, oui ! La preuve ? Lors d'une manifestation, les préfets envoient soit des policiers (les CRS, compagnies républicaines de sécurité, inventées après la Seconde Guerre mondiale), soit les gendarmes mobiles. Ces deux forces de police, notez-le au passage, ont des équivalents un peu partout dans le monde, s'appelant bien souvent d'ailleurs « gendarmerie », alors même que le nom est tiré du vieux français « gens d'armes ». Oui, la gendarmerie est une invention française, datant de 1337 précisément, et qui s'est très bien exportée. Dès l'origine, la gendarmerie est constituée de militaires chargés de l'ordre public, à l'échelle du territoire contrôlé par le roi. Rappelons que nous sommes au Moyen Âge et, au Moyen Âge, l'ordre public est assuré par les seigneurs... sauf là où le roi est totalement chez lui, sans vassal. Bien sûr, pas question de vous faire un cours d'histoire ici, ce serait trop long, mais retenez que les gendarmes sont des militaires depuis toujours. Et les policiers, des civils. C'est là le « truc ». Les devoirs des militaires étant nettement plus sévères et contraignants que ceux imposés aux civils – interdiction de faire grève, de se syndiquer, devoir de réserve, juridiction militaire en cas de faute, etc. –, les autorités ont toujours entretenu deux forces de police aux statuts distincts. Pourquoi ne pas avoir des forces de police exclusivement militaires, si celles-ci sont taillables et corvéables à merci ? Il en est ainsi, dans certains pays. Mais ce sont essentiellement… des dictatures. Conserver une force de police civile, c'est limiter les risques d'une prise du contrôle du pouvoir par l'armée, d'autant plus facile si le maintien de l'ordre, le contrôle de la population, est 100 % militaire. Aujourd'hui, en France, les deux forces de police sont sous le contrôle du ministre de l'Intérieur, mais c'est tout récent. Jusqu'en 2007, la gendarmerie dépendait du ministre de la Défense.

## Pourquoi compose-t-on le 18 pour les pompiers, le 17 pour la police et le 15 pour le Samu ?

Je vais vous parler d'un temps que les moins de vingt ans ne peuvent pas connaître : celui du téléphone à cadran… Sauf, à la rigueur, s'ils ont eu le fameux téléphone jouet Fisher-Price, celui avec un chien dessiné dessus. En ce temps-là donc, un nombre très limité de services publics disposait d'un numéro à deux chiffres, les plus rapides à composer sur ces appareils qui exigeaient de faire tourner le cadran à chaque chiffre pour composer un numéro. Par exemple, les renseignements ne s'obtenaient pas en composant le 118 00 quelque chose, mais tout simplement le 12. Pourquoi un 1 au début ? Mais parce que le 1 était le plus facile à composer, le plus « rapide » à revenir : Tzzzrrrrtttt – Tac. Un. 1.

Un problème sur la ligne ? Il fallait composer le 13 pour les dérangements, et le 14 pour l'agence commerciale. Restait à caser police, pompiers, et Samu, mais aussi les appels vers la province (le 16) et à l'international (le 19). Les services de secours souhaitaient avoir des numéros qui se suivent, on leur attribua donc le 17 et le 18. Bien plus tard, le Samu hérita du 15, le dernier numéro court resté disponible dans la famille, puisque le 11 était affecté au Minitel (lancé en 1984 !), avant de devenir 36 11... Un numéro qui a été définitivement mis hors-service avec le Minitel le 30 juin 2012.

## Pourquoi est-il interdit de téléphoner avec son portable dans les stations-service ?

Légende, rumeur. Vous avez déjà entendu parler de cette histoire de seringues contaminées par le virus du Sida, que l'on aurait retrouvées planquées dans la doublure de fauteuils de cinéma ? Légende urbaine. Dans le cas du téléphone mobile qui pourrait faire exploser la station-service (et vous avec), c'est exactement la même chose. À bien y réfléchir, la simple idée qu'un portable puisse provoquer des étincelles et faire sauter la station est tout bonnement ridicule. Il suffit d'imaginer un instant toute la gamme de véhicules qui viennent s'approvisionner en essence pour saisir tout l'improbable de la chose. Des étincelles indésirables, de la vieille moto au gros camion en passant par la plupart de nos voitures, quand on appuie sur le frein, qu'on allume les phares, ou qu'on démarre simplement, il y en a plein... Sans conséquence. On trouve pourtant des tas de sites sur Internet qui rapportent des histoires d'explosions de stations-service, dont l'origine serait un téléphone portable recevant (ou émettant) un appel. Même une grande compagnie pétrolière explique pourquoi le portable est dangereux sur son site institutionnel, et distribue des prospectus en station, pour répondre à la rumeur...

Seulement voilà : le directeur de la sécurité d'une autre grande compagnie pétrolière a épluché ses archives sur une bonne dizaine d'années et, après une étude poussée..., il n'a trouvé aucune trace d'explosion provoquée par des téléphones portables ! En revanche, plusieurs des accidents avaient bel et bien pour origine la fameuse châtaigne que l'on se prend parfois en descendant de la voiture. Décharge provoquée par le différentiel de charge entre le véhicule, souvent chargé positivement, avec le sol, évidemment neutre, puisque c'est la Terre. Pourquoi ? Mais parce que votre voiture roule sur des pneus en caoutchouc, donc, isolants. Aussi, si vous voulez éviter le pire, et en tout cas la décharge d'électricité statique qui est parfois très désagréable (moins que de finir en chaleur et fumée toutefois), le truc est simple : en descendant, gardez la main sur la carrosserie jusqu'au moment où vous touchez le sol. La décharge, si décharge il doit y avoir, se fera au niveau de vos pieds, et non plus de vos mains, et sera totalement imperceptible. Et désormais, en station, vous pourrez répondre, ou passer un appel... jusqu'à ce que le pompiste vous saute dessus !

## Pourquoi découvre-t-on le « pot aux roses » ?

C'est fou le nombre d'expressions que l'on utilise comme ça tous les jours sans savoir d'où elles viennent. Découvrir le « pot aux roses » et non pas le « poteau rose » signifie que l'on découvre un secret.

Au XIIIe siècle, on parlait déjà de « découvrir le pot », sans plus de précision. On sait que Charles d'Orléans, au XVe siècle, employait l'expression « découvrir le pot pourri », le « pot pourri » étant un ragoût de viandes diverses cuites ensemble, et même très souvent trop cuites. Ce qui explique l'emploi du mot « pourri ». Appétissant...

Nous sommes très loin de notre pot-pourri d'aujourd'hui, ensemble de pétales de diverses fleurs séchées. Ou même de la signification que l'on donnait au XVIIe siècle à ce mot, le « pot-pourri » désignant à l'époque un assortiment de morceaux de musique d'un même compositeur.

Pour mieux comprendre cette expression, il faut donner ici au verbe « découvrir », non pas le sens de « trouver », mais de « retirer le couvercle ». « Découvrir le pot », c'est donc libérer le secret qui y est contenu, autrement dit le parfum qu'il renferme, de fleurs... ou de viandes !

Au XIXe siècle, on a aussi avancé l'hypothèse que le « pot aux roses » pouvait être en réalité le « pot au rose », autrement dit le récipient qui contenait le rose destiné à donner de l'éclat au teint des femmes, au Moyen Âge. Ainsi, en ouvrant le pot se révélait le secret de son contenu. Après avoir « découvert » au double sens du terme le « pot au rose » d'une belle, il n'était plus possible de se faire d'illusion sur ce que sa beauté devait à l'artifice. De même, dit-on, le fond de ces pots, qui étaient plus des cassettes, servait bien souvent de cachette aux billets doux que leur envoyaient leurs soupirants ou leurs amants.

Et si leur légitime tombait sur la cachette, il découvrait par la même occasion, le « pot aux roses »...

## Pourquoi les poules ne volent-elles pas ?

Ce n'est pas qu'elles ne volent pas, mais elles sont peu adaptées au vol. L'évolution leur a donné de grandes aptitudes pour la course (trois doigts au sol), ce qui leur permet de fuir face à l'ennemi, plutôt que de courir derrière les vers de terre. Elles ont du mal à voler parce que leur poids est supérieur à ce que leurs ailes et leur musculature peuvent porter. Mais elles peuvent quand même voler sur quelques mètres au ras du sol, en battant frénétiquement des ailes. En fait, la portance de celles-ci ne suffit pas pour assurer un vol plané, mais permet d'allonger leurs sauts de plusieurs mètres chaque fois...

## Pourquoi la poussière existe-t-elle ?

Ça, diable, celui qui aura résolu cette équation et mis fin au diktat de la poussière qui s'immisce partout, tout le temps, se fera des amis chez des générations de femmes et d'hommes. En tout cas, de ceux qui tombent accidentellement sur le balai ou l'aspirateur une fois tous les six mois.

Déjà, vous avez dû le remarquer, on ramasse nettement moins de poussière dans une maison de campagne, par rapport aux tonnes de moutons – paradoxe – collectés dans un appartement en ville. Poussière égale pollution ? Ce serait bien trop simple. Tout est poussière, et ce n'est pas une phrase biblique. Terre, brins de feuilles, bout d'insectes, poussières de cheminées d'usines ou d'échappement automobiles, sable du Sahara (voir page 255), tout est source de poussière. Un vêtement frotté contre une porte, un cheveu qui tombe sans même que vous vous en aperceviez, la semelle de vos chaussures qui s'use à chaque pas, ou un meuble qui se patine avec le temps, des cellules de peau morte qui tombent quand on se gratte le nez ou l'oreille, tout cela, et des milliers d'autres sources de microparticules, forme de la poussière.

On pourrait être tenté de se préserver des poussières provenant de l'extérieur en se calfeutrant. Oui, c'est possible ! Dans les usines de fabrication de composants électroniques, en particulier dans celles qui fabriquent les microprocesseurs et les mémoires, l'air est tellement filtré qu'il contient dix mille fois moins de poussières que dans un bloc chirurgical. Cela n'empêche pas d'appeler ces salles des « salles blanches ». On y compte seulement trente « grains » de poussière par mètre cube d'air ! Autant dire, rien. Pourtant, si l'une de ces rarissimes poussières vient à se poser malencontreusement sur la puce électronique en cours de fabrication, c'est la panne assurée.

Inutile de préciser que l'on ne peut pas vivre dans ces salles blanches. Les ingénieurs et techniciens spécialisés qui y travaillent doivent prendre une douche à l'arrivée, enfiler des combinaisons spéciales totalement étanches (appelées *bunysuits*, « vêtements de lapin »), respirer avec des appareils filtrants, bref, le bagne.

Mais tout cela ne répond pas à la question philosophique et non technique, « pourquoi la poussière existe-t-elle » si ce n'est pour nous ennuyer ? Sans aucun doute parce qu'elle fait partie de l'ordre des choses dans la nature, abritant toute une population de bestioles qui font partie de la Création avec un grand C. Dans votre lit, vous êtes un ou deux, mais surtout quelques poignées d'acariens. Le chiffre le plus communément admis est de deux ! Deux millions... Et quand on sait que les acariens sont comme nous, à savoir sexués, avec donc des papas acariens (c'est plus drôle avec les *papas poux papous* et les *papas poux pas papous*), et des mamans acariens, et que tout ce monde-là se reproduit allègrement dans *votre* lit, à raison de 25 à 50 œufs pondus toutes les 3 semaines... Il y a de quoi s'affoler !

## Quelle différence entre un pull-over et un chandail ?

C'est énervant quand une petite tête blonde vous demande la différence entre un chandail et un pull-over au moment de s'habiller, le matin, et que vous constatez, premièrement, que vous êtes déjà très en retard, et deuxièmement, que vous n'avez pas la moindre idée de la réponse… Si l'origine du mot « pull-over » est évidemment anglaise, et qu'il est facile d'en comprendre le sens, chandail sonne aussi étrangement anglais, et l'on ne sait lequel privilégier si l'on se veut puriste. N'hésitez plus, optez pour ce dernier, d'autant que l'origine du mot vaut son pesant de cacahuètes, ou plutôt… d'ail. Eh oui, c'est bien à l'ail, et particulièrement aux marchands d'ail que l'on doit notre chandail d'aujourd'hui. Courant XIX$^{e}$, les maraîchers des halles, à Paris, portaient leurs cageots de légumes sur l'épaule, et se distinguaient des autres corporations par le tricot qu'ils portaient sur eux, alors appelé « gamesou ». « Marrrr-chands d'ail ! » s'écriaient-ils alors en chœur, notamment pour qu'on leur cède le passage, mais aussi pour montrer qu'ils existaient au milieu des poissonniers, bouchers et autres forains. Le temps, vous l'avez compris, fit tomber la syllabe « mar », pour ne plus garder que le « chand-ail », qui désigne alors leur vêtement qui est aussi un uniforme, signe de reconnaissance. Pour ma part, j'adore les marchés et ces forains qui hèlent les passants, chacun à leur manière : *« Aucu mesdames, aucu mesdemoiselles, aucu messieurs, aucune hésitation, ils sont beaux, mes potirons ! »*

# R

# comme...

## Comment le radar nous repère-t-il ?

C'est sans espoir. Dramatiquement, définitivement, le nombre de radars automatiques implantés sur le territoire français augmentera, jusqu'à rendre tout déplacement impossible, pardon, le plus sûr possible. Bien sûr, se faire flasher à 118 kilomètres à l'heure pour une vitesse autorisée de 110 est vexant, énervant, assommant et éreintant financièrement. Mais il est un fait incontestable : la chute de plus de 40 % de la mortalité routière en cinq ans à peine, de 2002 à 2007, n'est pas le fait de l'intervention du Saint-Esprit, mais bien de saint Radar.

Magique, la marmite ? Que nenni. Le radar routier n'est ni plus ni moins que le résultat de l'exploitation d'une technique très ancienne, puisque inventée par un savant autrichien en… 1842 ! Doppler, c'est son nom, expliquait alors que le bruit du train, tel que nous le percevons, change de manière prévisible, selon que celui-ci s'approche ou s'éloigne de nous. À l'aide d'une échelle facile à fabriquer, mettant en perspective la hauteur des sons perçus, avec une estimation de la distance, il affirmait être capable de calculer à quel endroit se trouvait le train à un instant donné… et, par conséquent, il était capable d'en déduire sa vitesse. Si à l'époque, c'était le « tchou-tchou » des bonnes vieilles machines à vapeur, dont la vitesse ne dépassait pas les 70 kilomètres à l'heure, qu'il disait pouvoir interpréter, aujourd'hui, vous ne seriez pas plus surpris que l'on puisse réaliser un tel calcul avec un TGV vous arrivant dessus à toute berzingue. Je parie d'ailleurs que vous entendez dans votre tête en ce moment même le bruit caractéristique du train, montant dans les aigus, pour redescendre dans les graves après vous avoir dépassé ! *Fiu fiu fiu*, font les wagons en passant à côté de vous...

Eh bien, pour le radar routier, c'est la même chose. Sauf que dans ce cas, le radar n'écoute pas le bruit des véhicules, mais celui des micro-ondes qu'il émet à raison de plusieurs millions de bips par seconde ! Bips qui lui sont renvoyés par la voiture en mouvement. Or, comme le véhicule avance, les bips reviennent de plus en plus vite vers le radar, permettant ainsi de déduire la vitesse de l'auto (ou de la moto) avec une grande précision. C'est ça, l'effet Doppler. Effet dont vous avez déjà entendu les bips caractéristiques au cinéma. Quoi ? Mais bien sûr ! Vous avez forcément vu au moins un des nombreux films mettant en scène des sous-marins en pleine bataille, que ce soit *À la poursuite d'Octobre Rouge* ou *U-517*. Souvenez-vous, les « *bips* » caractéristiques, émis par les sous-marins, ou par leurs torpilles, « *bips* » de plus en plus précipités, au fur et à mesure que l'objectif est proche, avant le « *boum* » final... La faute à Doppler. On dit les radars nouvelle génération indétectables ? Ce n'est pas totalement vrai : on le voit, les radars émettent bien en continu, et sont donc théoriquement piégeables. Seulement, en changeant de fréquence à toute vitesse, pour déjouer les détecteurs, il faut aujourd'hui du matériel très coûteux pour les repérer, matériel que seuls quelques privilégiés fortunés et peu respectueux de la loi peuvent se payer.

Pour le reste, il est sans doute inutile de vous expliquer en détail comment la photo de votre véhicule, avec vous (ou quelqu'un d'autre) au volant est traitée automatiquement. Intéressant tout de même, encore aujourd'hui, une photo sur quatre n'est pas exploitable : image mauvaise, plaque illisible, mesure contestable en raison de la présence de deux véhicules sur la photo, dans deux voies proches.

Conséquence, la France a le plus grand réseau de radars automatisés au monde. C'est aussi sans doute pour cela que contester leurs PV est devenu le sport favori des Français. Et aussi le plus aisé. Soixante mille réclamations en 2007, pour les seuls excès de vitesse, dont une partie aboutira. En effet, pour que les mesures des radars soient fiables à cinq kilomètres à l'heure près, il faut que l'installation de celui-ci respecte des règles très précises, pour ne pas fausser les mesures. Or, dans leur précipitation, certains sous-traitants auraient négligé les consignes du constructeur de radar, rendant ceux-ci parfois optimistes, parfois pessimistes. Mais le pompon revient forcément aux radars mobiles, dont l'installation à bord d'un véhicule, ou sur le bord de la chaussée, implique forcément un peu d'approximation ! Mais n'allez pas penser que vous pourrez toujours tout contester à tout bout de champ. Les jumelles radars dont on équipe à tour de bras police et gendarmerie sont, quant à elles, quasiment infaillibles. Elles n'ont de radar que le nom puisqu'elles utilisent en fait un laser pour effectuer la mesure de vitesse. Dans ce cas, votre seul espoir se trouve entre les jumelles et le képi : si l'agent verbalisateur lit mal votre numéro de plaque, il vous restera une petite chance de passer entre les mailles du filet.

## Pourquoi le Red Bull était-il interdit en France jusqu'en 2008 ?

Créé en 1987, le Red Bull, célèbre boisson énergisante, a d'abord conquis l'Autriche, mais s'est très vite heurté à des interdictions de mise en vente dans plusieurs pays européens, les autorités sanitaires le considérant comme un produit dopant, en raison de la très forte concentration en taurine et en caféine. Jusqu'en 2008, le Red Bull a été interdit sur le territoire français, puis autorisé dans une version sans taurine. Le 15 juillet 2008, sous la menace d'une condamnation par la Commission européenne, le gouvernement français a autorisé le Red Bull original, exigeant toutefois que le produit porte une mention le déconseillant aux enfants et aux femmes enceintes. Il est aujourd'hui commercialisé dans 25 pays européens sur 27. On ne connaît pas les effets de la taurine à long terme sur l'organisme. Aucun cas d'intoxication ou de dépendance n'a encore été rapporté à ce jour, en revanche, des malaises ont été provoqués par une surconsommation. À consommer donc avec modération !

## Pourquoi les régimes sont-ils bien souvent inefficaces ?

Avec une question comme celle-là, il y a de quoi se faire des ennemis un peu partout. Dans la presse féminine en particulier, qui fait son beurre quatre à six mois par an en vantant les miracles du dernier régime à la mode. Chez les géants de la pharmacie qui vendent à prix d'or des gélules de concentré d'ananas ou autres traitements miracles qui ne sont parfois que de simples placebos. Chez les adeptes de ces régimes enfin, qui mettent en eux tous leurs espoirs, bien trop souvent déçus.

Les conséquences d'un régime, et surtout des régimes à répétition, sont quasiment inéluctables. Après une perte de poids indéniable, sauf à s'imposer une discipline de fer avec toutes les conséquences psychologiques et sociales qui en découlent, la reprise de poids est mathématique.

Pourquoi ?

Reprenons. Soit le régime bazodien inspiré de la méthode du docteur Cinock avec une variante métozoïque. Je vous passe les détails, mais au final, vous gagnez de trois à cinq kilos. En moins, bien sûr. Content ! Pour perdre ces kilos en trop, l'organisme est allé puiser dans les réserves de graisse, les transformant en carburant pour nourrir les cellules : le glycogène, la réserve de sucre du corps. J'ai eu un 18 au bac option sciences naturelles grâce à lui, on se connaît donc bien tous les deux…

Tout va bien, un cran de ceinture en moins, des amis qui vous disent « tiens, tu as maigri ». On a eu raison de le faire, ce régime !

Seulement voilà. Au bout de quelques jours, votre corps va réclamer du carburant. Habitué aux restrictions que tout régime impose, même sans s'en donner l'air, le cerveau va aller le puiser là où il se trouve, en donnant l'ordre à l'organisme de s'attaquer (légèrement) à la masse musculaire pour la transformer en glycogène.

Cette transformation lourde fatigue. Vous voilà irritable, parce que avec le régime et son lot de privations, manger n'est plus un plaisir, mais une contrainte associée à un calvaire, celui de voir les autres consommer ce que vous vous devez de refuser. Arrive le premier écart. Puis le second, pour ne pas dire la rechute. Le cerveau se dit « chic, voilà du carburant, stockons en prévision des périodes de vache maigre ». Ce qui était du muscle quelques semaines plus tôt va redevenir de la graisse.

Voilà pourquoi les régimes sont globalement voués à l'échec, tout au moins quand ceux-ci ne s'accompagnent pas d'un changement radical d'hygiène de vie, avec en priorité la pratique intensive de sport, pour éviter la fonte des muscles. Sinon, l'autre solution toute simple si l'on n'envisage le régime que pour des raisons esthétiques, sans prescription médicale particulière : s'accepter tel que l'on est. C'est souvent le plus sain, le plus pratique et le plus économique !

## Peut-on ressusciter ?

La résurrection du Christ est célébrée à Pâques. C'est la Bible qui nous le dit.

Plus proche de nous, les histoires de miraculés sont légion. Un noyé qui reprend vie après avoir passé de longues minutes dans une eau glacée, des victimes de mort subite que l'on arrive à réanimer.

Alors miracle, pur fantasme, déformation, rumeur, ou vérité ? Évidemment, la résurrection du

Christ n'a jamais été prouvée scientifiquement. Elle relève du dogme. Vous y croyez ou non. En revanche, il est une autre forme de miracle, mais celui-ci scientifiquement reconnu : la ressuscitation. Ce n'est pas une erreur de langage. Le terme, moins connu, est pourtant employé dans le milieu hospitalier pour définir un retour à la vie après un arrêt cardiaque accompagné d'un arrêt ventilatoire.

La technique a été mise au point en France au CHU de Rouen : après un massage cardiaque prodigué par les premiers secours sont injectés deux litres d'un sérum froid faisant chuter la température corporelle aux alentours de trente-deux degrés Celsius. Arrivé à l'hôpital, le patient est aussitôt placé entre les mains d'une machine complexe qui régule ses fonctions respiratoire et cardiaque, et maintient sa température corporelle dans un état d'hypothermie, permettant ainsi que le sang circule toujours dans son corps et surtout continue de monter à son cerveau. Le patient est plongé dans un coma profond. Pas de douleur, un métabolisme au ralenti. Conditions idéales pour récupérer. La méthode est audacieuse. Le recours au sérum froid permet de limiter les séquelles cérébrales qu'aurait occasionnées une mauvaise irrigation du cerveau, si l'on avait cherché à réanimer tout de suite le patient et à rétablir de force ses fonctions vitales. Grâce à cette technique, les chances de survie des personnes faisant un arrêt cardiaque et ventilatoire sont ainsi passées de deux à trente-cinq pour cent. Ils ne sont donc techniquement pas ressuscités, mais… ressuscitationnés !

## Peut-on fêter plusieurs fois le réveillon ?

Vous allez trouver cela incroyable, mais ce qui était possible dès 1976 et jusqu'au tout début du XXI<sup>e</sup> siècle ne l'est plus aujourd'hui ! Ou alors dans des conditions particulièrement abracadabrantesques. Indice ? La solution s'appelait Concorde... Pendant vingt-sept ans, du 21 janvier 1976 au 24 octobre 2003, les clients du bel oiseau blanc ont volé essentiellement au-dessus de l'Atlantique à la vitesse de Mach 2.2, autrement dit à près de 2200 kilomètres à l'heure. Dans ces conditions, vous pouviez décoller de Paris le matin aux aurores pour arriver... le matin à New York, plus tôt encore que l'heure de votre départ, tous les hommes d'affaires fortunés ont fait cela au moins une fois. Pour la première fois dans l'histoire de l'humanité, avec l'arrêt de Concorde, les temps de trajet entre deux points se rallongent. Il faut à nouveau au minimum sept heures pour rejoindre New York, quand Concorde faisait le trajet en trois heures trente. Les seuls à permettre encore de parcourir la distance dans un délai si court sont désormais les avions de chasse. Nous y reviendrons tout à l'heure.

Pour fêter le réveillon plusieurs fois, grâce à Concorde, le principe était le même. La compagnie Concorde Spirit Tours of Florida proposait ainsi en l'an 2000 de fêter plusieurs fois le nouveau siècle, en montant à bord d'un vol spécial affrété par elle au départ de Paris. Après avoir fêté le XXI<sup>e</sup> siècle dans la ville Lumière, vous montiez à bord de l'appareil mythique à minuit et demi, en direction de l'ouest, direction, Terre-Neuve, afin d'arriver avant minuit sur place. Et là, re-réveillon.

Un peu moins frais, vous revoilà à bord, cette fois à destination de Vancouver, aberrissage un beu avant biduit. Buis, si vous deniez engore de-debout, vous édiez dranspordé jusqu'aux ziles z'Hawaï. Zouette relafète ! Bais après biduit zette fois, pour voir le lever du zoleil. Enfzin zezayer.

Le drame du 25 juillet 2000, où cent treize personnes trouvèrent la mort près de Gonesse deux minutes après le décollage, marque le coup d'arrêt de l'aventure Concorde. Après quelques mois de reprise des vols, les derniers appareils sont retirés du service commercial les 31 mai et 24 octobre 2003. Terminé le jeu de saute-mouton avec les fuseaux horaires. Totalement ? Non ! Un petit avion résiste encore seul et contre tout à la torpeur du temps de vol. Au cœur de la Russie, à Nijni Novgorod, sur la base de Sokol, le Mig 29 Fulcrum propose encore à une poignée de privilégiés de voler à toute vitesse, cette fois très exactement à Mach 2.8. Après les avoir délestés de seulement douze mille euros... Une paille ! Pour quelques dizaines de milliers d'euros en plus, le Mig 29 vous conduira où bon vous semblera, et même de l'autre côté du fuseau horaire voisin. La Russie en compte pas moins de onze, ce sera facile à trouver...

En attendant, le réveillon à répétition n'est pas pour demain, mais peut-être pour après-demain. Les constructeurs d'avions et agences spatiales envisagent de proposer à nouveau des vols supersoniques d'ici cinq à vingt ans, mais avec une surprise en plus : ceux-ci devraient en prime passer par l'espace, ajoutant à la vitesse la beauté du vol à très haute altitude. Plus vite, plus vite, pilote !

## Pourquoi le rideau de douche me colle-t-il à la peau ?

Non, ne dites pas « facile », en pensant avoir trouvé la réponse tout seul, sous votre douche. Quand le rideau commence à se gondoler, à former une sorte de bulle, enflant vers l'intérieur de la cabine, les pages des manuels d'histoire-géographie expliquant avec force images les bases de la météorologie moderne refont surface. On revoit les zones de hautes ou de basses pressions, ces nuages qui escaladent gaillardement des montagnes et déversent leur pluie à grosses gouttes sur l'adret. Ou bien plutôt sur l'ubac ? On ne sait plus trop. Tout comme on ne sait plus lequel est ensoleillé et lequel est à l'ombre (facile, l'adret chante plus, il respire le soleil, quand l'ubac fait plus sinistre, plus sombre).

Si le rideau vient nous coller à la peau, ce qui est d'autant plus désagréable qu'il est toujours froid, et parfois un peu gluant, c'est à cause de l'eau chaude. Celle-ci, en chauffant l'air dans la douche, provoque une dépression et aspire le rideau. Si le rideau me fait des papouilles, c'est une histoire de mouvement d'air chaud et d'air froid dans la douche. La messe est dite, passez-moi le savon.

Sauf que ce serait trop simple. J'ai saisi que la réponse ne pouvait pas être qu'une bête histoire d'eau chaude et d'eau froide en constatant qu'un pare-douche, en verre, faisait lui aussi mine de s'approcher de moi. Et je vous assure que le pare-douche n'a rien à envier au rideau de douche, quand il se colle sournoisement dans votre dos.

La preuve? Essayez donc de prendre une douche froide: le rideau ou le pare-douche ne sera pas plus discipliné et viendra tout autant vous lécher la jambe.

Dites-vous bien que le problème a fait l'objet d'études très poussées. Un tas de mathématiciens, physiciens, magiciens – oups! – ont planché sur le sujet. Au tournant de l'an 2000, un scientifique américain a même consacré quelques milliards d'opérations mathématiques (heureusement effectuées par son ordinateur) pour simuler le «comportement» d'une douche et essayer de comprendre. Tilt! En faisant tourner son modèle de douche théorique sur un programme conçu à l'origine pour étudier les aérosols (les *sprays* en anglais), il a pu en déduire ce qui se passait avec Mister Rideau. Mouvement d'air? Oui. Problème de température? C'est là qu'est l'os. Comme nous l'avons vu plus haut, et comme vous pouvez l'expérimenter par vous-même, là, maintenant, tout de suite, en allant vous passer la tête sous une douche bien froide, rien n'y change, que vous tourniez le robinet de gauche ou celui de droite. En revanche, les gouttes d'eau tombées de la douche, quelle que soit leur température, ne sont pas, elles, innocentes, chaudes comme froides. Toutes ensemble, elles bousculent l'air qui se trouve dans la douche et aimerait bien y rester. La lutte est inégale, les molécules d'air cèdent du terrain aux gouttes de pluie. Mais tenaces, elles essayent de revenir dans la bataille en formant une sorte de spirale: entraînées vers le fond de la douche par le poids des gouttes de pluie, elles remontent sournoisement par les côtés de la cabine, pour être à nouveau emportées par la pluie. Rien ne se perd, rien ne se crée, tout se transforme: l'énergie cinétique, la vitesse si vous préférez, des gouttes en chute libre se communique aux molécules d'air, qui s'agitent dans un mouvement d'ensemble. S'ensuit la formation d'une sorte de minicyclone (du calme Évelyne, pas de quoi déclencher l'alerte ouragan). Or, qui dit cyclone dit dépression, et qui dit dépression dit rideau de douche qui vous colle à la peau!

Maintenant, vous allez me demander quelle solution apporter à cet abominable drame humain. Il n'y en a pas 36000! Un rideau plus épais, donc plus lourd, aura du mal à danser la lambada avec vous, malgré vous. Sinon, pour éviter que la dépression ne provoque cet effet ventouse, vous pouvez opter pour un rideau en serviette éponge, pour faire d'une pierre deux coups, au risque pourtant que la serviette se détache de son rail, trop vite gorgée d'eau. Ou bien encore, vous pouvez toujours laisser le rideau à moitié ouvert, voire le percer de multiples trous, qui annuleront l'effet de la dépression! Mais dans ces conditions, évidemment, sa mission première ne sera plus tout à fait remplie…

## Pourquoi, lorsque nous faisons couler l'eau du robinet, le bruit est-il différent quand elle est chaude ?

Si vous avez un chauffage central individuel, vous aurez remarqué également qu'il lui arrive de faire certains bruits. Je ne parle pas des glouglous, les bruits que font des bulles d'air qui se trouvent dans le circuit. Non, je parle des « tac-tac-tac » que l'on entend parfois, quand la chaudière tourne. C'est le bruit de la tuyauterie qui, sous l'effet de la chaleur, se détend, un peu comme un pont en plein soleil qui se déforme, d'où les joints de dilatation que l'on peut y voir de loin en loin. Quand l'eau chaude arrive dans le robinet, c'est la même chose : la tuyauterie se dilate légèrement, modifiant le bruit que fait l'eau en s'écoulant du tuyau… Exactement comme lorsque vous modifiez insensiblement la forme de votre bouche en sifflant, pour changer de note !

## Pourquoi roulons-nous à droite ?

Tout ça, c'est la faute à Napoléon. Autrefois, du temps où l'on se déplaçait à cheval (ou à pied), la règle voulait que l'on se croise par la gauche. Pourquoi ? C'est une histoire d'épées. En se croisant par la gauche, deux individus pouvaient décider de se saluer, ou de croiser le fer, pourvu qu'ils soient tous les deux droitiers. Sur les champs de bataille, même chose : les armées s'affrontaient en s'engageant l'une l'autre par la gauche, c'était une convention, tout comme d'inviter l'adversaire à tirer le premier. Napoléon n'avait cure de ces obligations. Il inventa la guerre moderne, sans règles ou presque, et passa son temps à surprendre l'adversaire, notamment en attaquant par la droite. Comme il conquit l'Europe, il put faire imposer par ses préfets la conduite à droite pour les chevaux, chariots et voitures, afin de marquer son temps. Voilà pourquoi, n'ayant jamais été soumis à l'Empire, les Anglais et certains peuples du Commonwealth conduisent à gauche.

## Pourquoi certaines rues sont-elles des avenues et certaines avenues des boulevards ?

Vous vous apprêtez à rendre visite à vos futurs beaux-parents/participer à un entretien d'embauche/visiter la maison de vos rêves, rayez la mention inutile. L'adresse en jette un brin. Boulevard Henri-I, ça doit être dans les quartiers chics de la ville, et un axe majeur encore. Seulement voilà, arrivé sur place, point de grande artère, d'allées ombragées, de grands immeubles, mais quelques maisonnettes serrées les unes contre les autres, dans une rue, en fait, une ruelle. Supercherie ? Snobisme ? Que nenni. Si la règle a été respectée, le boulevard désigne un axe de communication, qui peut n'être qu'une petite rue, reposant sur d'anciennes fortifications ou plus exactement d'anciens remparts. Et pour cause : le mot « boulevard » vient en droite ligne du néerlandais *bolwerc*, qui signifie « rempart »... En règle générale, le boulevard désigne bien un axe relativement important, avec plusieurs voies de circulation et de larges allées piétonnières. Seulement, la petite rue qui contournait une tour desdits remparts était elle aussi légitime pour porter ce nom, puisque les troupes à pied pouvaient l'emprunter pour faire le tour des fortifications. Et vous voilà avec une ruelle en guise de boulevard....

À Paris, et sans doute ailleurs, certains axes dérogent pourtant à la règle, comme le boulevard Saint-Michel, ou le boulevard de Sébastopol qui ne se trouvent évidemment pas situés sur d'anciens remparts. La faute à Haussmann qui fit baptiser un peu vite ces percées, oubliant leur sens premier… Dès 1860, l'erreur sera réparée, ou plutôt empêché d'être répétée, par la création d'une commission de nomenclature qui existe encore à ce jour.

La même chose aurait pu vous arriver avec une avenue. Si vous réfléchissez bien, vous avez déjà aussi eu un rendez-vous dans une avenue qui n'en avait pas l'air. Et pourtant, elle n'avait *a priori* pas usurpé son nom, car une avenue doit conduire à un monument et être plantée d'arbres. Peu importe la taille, pourvu qu'on ait les arbres et la statue…

La rue désigne de manière générale les axes de circulation dans une ville, reliant entre eux les habitations et les commerces, la ruelle désignant la rue particulièrement étroite où les carrosses ne pouvaient pas passer. Pratique, pour éviter de se retrouver piégé… C'est pour la même raison que l'on a pris soin de signaler très tôt les impasses ou cul-de-sac, autrement appelés coupe-gorge. Vous avez déjà essayé de faire une marche arrière avec un carrosse, surtout si des croquants vous sautent dessus pour vous faire les poches ?

# S

# comme…

## Pourquoi les sables sont-ils parfois mouvants ?

Il n'y a pas qu'à Perrin, alias Pierre Richard dans le film *La Chèvre*, que cela arrive. Mais tout de même. L'acteur, veste de costume à la main, s'enlise lentement dans un trou, face à un Gérard Depardieu, perplexe, à un mètre de lui, qui lui lance cette réplique, devenue culte : *« Perrin, y a pas de sables mouvants dans la région... pourquoi vous vous enfoncez... »* C'est vrai qu'il est plutôt rare de trouver des sables mouvants en plein désert sec. Mais ça existe ! Si le sable est fin et plein d'air. Mais alors, on s'enfonce d'un seul coup. Pas le temps de mettre sa veste sur l'épaule. Sauf que ça ne fait pas un très bon gag.

Comme leur nom ne l'indique pas, les *quick sands* (« sables rapides ») contiennent assez peu de sable. À peine plus d'un tiers en fait. Surtout, ils ont besoin de trois autres ingrédients pour se transformer en piège : de l'argile, de l'eau et du sel. Vous ne risquez donc pas de vous retrouver happé par de méchants sables mouvants lors d'une balade en amoureux sur une plage du Midi, ou au bord d'un lac alpin. En revanche, méfiance du côté de la baie du Mont-Saint-Michel, où le cocktail est réuni. Et le mélange possible.

Pour autant, est-ce qu'on risque d'être avalé, englouti, aspiré par ces sables comme le veut la légende ? Au cinéma, oui (dans *Indiana Jones* ou dans *Lawrence d'Arabie*), mais en réalité, non. Ouf ! On se noie dans l'eau, pas dans le sable. En revanche, on peut y rester coincé un petit moment. Jusqu'à ce que quelqu'un vous en délivre.

En fait, le mélange des quatre ingrédients crée une matière molle, ni vraiment solide ni vraiment liquide. Instable donc. Et qui peut changer très rapidement de consistance. Un peu comme un yaourt qui est solide à l'état normal, mais peut devenir liquide quand on le mélange.

Résultat, si vous posez par malheur le pied dessus, vous allez vous sentir tomber dans un trou tout doucement, progressivement. L'angoisse ! Pourtant, le coin avait l'air solide et sec. Laissé au repos, il l'était, en apparence du moins. Vos yeux ne vous ont pas trompé. Mais sous la pression de votre poids, le fluide s'est déstructuré jusqu'à redevenir liquide. Petit à petit, le sable enserre vos pieds, mollets, genoux, hanches, et vous voilà bloqué, aspiré. Comme dans un cauchemar cimenté. Pour ralentir la descente aux enfers mouvants, mieux vaut donc essayer d'agiter ses petons, histoire de fluidifier le tout. Le mouvement permet de décoller les grains de sable les uns des autres, de les faire tomber, et d'introduire de l'eau entre le sable et vos orteils. On recommande aussi d'essayer de s'allonger pour ralentir le processus.

Mais rassurez-vous, encore une fois, il est impossible de se faire avaler tout entier par ces grains de sable traîtres. Je vous le disais : on ne se noie pas dans le sable. Sa densité est d'environ 2 grammes par centimètre cube, quand celle d'un humain est de 1 gramme par centimètre cube. Or la poussée d'Archimède nous apprend que l'on ne peut pas se noyer dans un milieu plus dense que nous. Au final, ceux qui ont malheureusement péri du fait des sables mouvants ont été en fait cueillis par la marée montante, ces bancs étant souvent situés près des estuaires.

Inutile donc de marcher avec des raquettes sur la plage !

## Pourquoi salivons-nous devant certains aliments ?

À cause de Pavlov, un savant russe qui, au début du siècle dernier, a démontré que nous sommes conditionnés par des réflexes, sachant que la salive facilite l'ingestion d'aliments. Pour découvrir ce réflexe, Pavlov sonna des jours durant une cloche avant d'apporter sa gamelle à un chien, et observa que celui-ci, au bout de quelque temps, se mettait à saliver avant même de voir sa nourriture arriver. À cause de la cloche. Vous avez saisi le truc ? Un jour, Pavlov sonna la cloche, sans apporter la pâtée. Médor saliva quand même. C'est ce que l'on appelle aujourd'hui un réflexe pavlovien. Pour nous, c'est pareil. Il suffit d'ouvrir le réfrigérateur et d'y voir des rillettes ou une tablette de chocolat pour se mettre à saliver, même et surtout si une petite voix nous glisse à l'oreille « *Non, ce n'est pas raisonnable !* ». Dix minutes après, assis devant la télé sans la tartine ou le bon dessert en main, vous salivez et parfois... vous succombez à la tentation.

D'ailleurs, je vais aller me faire une tartine, j'en salive d'avance!

## Pourquoi nous saluons-nous en levant la main?

Et pas seulement les militaires! Il vous arrive à vous aussi bien souvent de lever la main pour saluer un ami qui s'approche de vous. La raison est toute simple. Pendant des millénaires, l'homme se baladait avec une arme sous le bras, enfin, plutôt, une épée ou un gourdin attaché à la taille. Lever la main à l'approche d'un inconnu ou même d'un ami est un signe de non-hostilité. Si l'autre ne répond pas du même signe, méfiance, il va peut-être attraper son arme! Comme la majorité des hommes sont droitiers, le salut se fait traditionnellement de la main droite.

## Peut-on changer de groupe sanguin?

Voilà bien la chose dont j'ai horreur: la prise de sang. Aujourd'hui, avec la folie des prix dans l'immobilier, n'importe quel emprunt et crac, vous voilà chez le médecin pour passer dix examens, et au labo pour vous faire arracher deux litres de sang. Et aucune importance si ce sont seulement vingt millilitres qui finiront dans de petits flacons, pour des laborantins des Carpates. Pour vous, cela vous semble une éternité, et la souffrance est atroce. À quand la prise de sang indolore? Tiens, puisque vous me posez la question, je vous donne la réponse. Pour bientôt. On parle d'arriver à prendre le sang par aspiration, à travers la peau, sans avoir à percer avec une grosse aiguille. Vivement que cela arrive. On nous le promettait pour la première décennie du XXIe siècle. Ils sont en retard.

Bon, en attendant, au labo, on vous vole un tube de plus. « *Pour déterminer votre groupe sanguin.* » Comment, à vingt, trente, quarante ans, ce n'est toujours pas fait ? Si, mais pas de carte, pas de groupe sanguin déterminé. Et si vous avez une carte un peu mâchouillée, on recommence. Si elle est d'ancienne génération, omettant certaines informations « *capitales* », on recommence aussi. Tant pis pour le trou de la Sécu.

« *Mais je vous assure, madame, je suis A négatif !* » Négatif, on recommence. Aïe. Et même deux fois aïe. Eh oui ! Des fois que la première prise de sang ne serait pas la bonne, on recommence, en faisant un autre trou, et toujours à l'autre bras.

Vous êtes né A négatif, vous mourrez A négatif. Groupe sanguin d'un jour, groupe sanguin de toujours. Si l'on vérifie régulièrement que vous êtes O positif ou A négatif, ce n'est pas pour guetter un éventuel changement de groupe, c'est afin d'être bien certain de vous faire la bonne transfusion le jour où vous en auriez besoin. Mais vous allez rire, lorsque vous arrivez à l'hôpital, victime d'un accident nécessitant une transfusion, quand bien même les infirmiers trouveraient dans vos affaires votre carte de groupe sanguin, on le détermine à nouveau par précaution, au cas où le portefeuille qui se trouve dans votre pantalon ne soit pas le vôtre, mais celui d'un tiers. Principe de précaution: ce serait trop bête d'aggraver votre état de santé en faisant une mauvaise transfusion.

Mais il y a une exception, depuis peu, à cette règle du groupe sanguin qui ne change pas. Début 2008, les médecins de l'hôpital pédiatrique de Sydney en Australie ont constaté qu'une fillette de neuf ans, Demi-Lee Brennan, atteinte d'une grave maladie, avait changé de groupe sanguin après avoir été transplanté du foie d'un donneur. C'est le groupe sanguin O positif de son donneur, quand elle était O négatif, qui a pris le dessus sur son système immunitaire. Demi a aujourd'hui 15 ans, elle est en parfaite santé.

Non, il n'est pas possible de changer naturellement de groupe sanguin au cours de la vie. Mais oui, désormais, changer de groupe sanguin dans des conditions bien particulières, à savoir à l'occasion d'une greffe, semble scientifiquement possible. Et les chercheurs sont très intéressés par ce phénomène, qui pourrait beaucoup faire avancer les travaux sur certaines maladies incurables.

## Pourquoi les scouts se serrent-ils la main gauche ?

On a tout dit sur la raison pour laquelle les scouts (plusieurs dizaines de millions dans le monde) se serrent la main gauche. Jusqu'à affirmer que Baden Powell, puisqu'il était franc-maçon, avait importé un rite dans le cérémonial scout. Rien n'est plus faux, d'autant que la « poignée de main maçonnique » ne se fait pas avec la main gauche ! Il y a deux raisons toutes simples. D'abord, deux scouts, lorsqu'ils se font face pour se saluer, doivent lever la main droite en faisant le signe de la promesse. Puisqu'ils lèvent la main droite, pour échanger un signe d'amitié, il ne leur reste plus… que la gauche de disponible. Par ailleurs, Baden Powell, qui avait combattu longtemps en Afrique du Sud puis en Inde, reçut un jour la reddition d'un chef de tribu. Sa mission étant de pacifier les zones contrôlées ou conquises, « B. P » tendit la main droite, évidemment, à son adversaire. Celui-ci en retour lui tendit la main gauche, car dans sa tribu, la main gauche était considérée comme la main du cœur.

## Pourquoi le sel fait-il fondre la neige ?

Reprenons les fondamentaux : la neige, c'est de la glace. Autrement dit : de l'eau qui a gelé à la température standard de zéro degré, au niveau de la mer. Pourquoi au niveau de la mer ? Parce que le changement d'état – le passage de liquide à solide, mais aussi de liquide à gaz – d'un liquide, ici l'eau, dépend de la pression atmosphérique, qui varie selon l'altitude. Ainsi, au sommet de l'Everest, les alpinistes qui veulent se faire une petite tisane avant de redescendre n'ont pas besoin d'atteindre 100 °C pour voir l'eau bouillir : 90 °C suffisent ! Avec le sel, c'est à peu près la même histoire. Non qu'il change la pression atmosphérique, bien sûr. Mais en jetant du sel sur la neige, la température à laquelle l'eau se transforme en glace est modifiée, passant à -1 °C, -2 °C, etc., en fonction du volume de sel mélangé à la neige. La mer, par exemple, gèle à -2 °C. Mais s'il fait trop froid, inutile de s'acharner à ajouter du sel ! Pour faire fondre de la neige ou de la glace par une température de -20 °C, il faudrait en effet l'équivalent de deux cents grammes de sel par litre d'eau gelée, autant dire des tonnes de sel pour dégager trottoirs et routes…

## Pourquoi y a-t-il une barre sur le 7 ?

Me revoilà sur les bancs de l'école maternelle, alignant consciencieusement (licence poétique) des lignes de chiffres et de lettres dans un grand cahier à feuilles Seyès. Un jour, je regarderai pourquoi ces feuilles s'appelaient Seyès, d'ailleurs. Sûrement du nom d'un maître d'école bourreau d'enfants qui faisait dessiner des grands carreaux et des marges rouges à ses élèves avant de penser à les faire faire par un imprimeur. Passons. Au milieu de mes lignes d'écriture, des 7. Des 7 auxquels l'on me demandait de faire une barre transversale, quand dans mes livres, ils n'en portaient pas. Pourquoi ? Téléporté trente années plus tard, me voilà aux prises avec les exercices d'entraînement cérébral du professeur Kawashima, sur la Nintendo DS de mon aîné. Les réponses aux calculs se font par écrit, à l'aide d'un stylet. Et quand la réponse est un 7, et que j'ai le malheur par réflexe d'y porter une barre transversale, j'ai assurément droit à une erreur. Kawashima, pas comprendre !

Aussi, j'aimerais bien que l'on se mette d'accord sur ce sujet. Et d'abord, pourquoi y a-t-il une barre sur le 7 ? Pour cela, il faut remonter au XIIIe siècle avant J.-C. À cette époque, le peuple d'Israël a quitté l'Égypte depuis trois mois et se dirige vers la Terre promise. Dieu est soudainement pris d'une envie : sceller une alliance avec lui en dictant ses lois. C'est décidé : Moïse sera son intermédiaire. Mais alors qu'il redescend du mont Sinaï sur lequel il a quand même passé quarante jours, notamment à tailler les tables de la Loi, Moïse est saisi de stupeur : le peuple d'Israël a perdu patience et s'est tourné vers d'autres dieux, dont une idole façonnée avec des bijoux en or, le veau d'or. Furieux, le messager fracasse les deux tables qu'il a mis tant de temps à écrire. Mais Dieu ne l'entend pas de cette oreille et charge Moïse de tailler deux nouvelles tables.

Une fois les tables réécrites, le prophète se présente devant la foule en délire. Il demande le silence et se met à énoncer les 10 commandements :

*« Tu n'auras pas d'autres Dieu devant ma face. Tu ne tueras point. Tu ne commettras point d'adultère… »* Jusque-là, personne n'ose piper mot. Mais au septième commandement, tout bascule. *« Tu ne convoiteras pas la femme de ton voisin »*, annonce Moïse. *« Barre le 7, barre le 7 ! »* crie aussitôt la foule en délire !

Et depuis ce jour, on ajoute une barre au chiffre 7.

Vous auriez aimé que cette histoire fût vraie… Moi aussi ! Mais la réponse est beaucoup plus simple : on ajoute une barre au 7, quand on l'écrit à la main, uniquement pour ne pas le confondre avec le 1. Difficile en effet d'être certain, surtout avec les écritures penchées, que l'on a bien un 7 et non un 1 devant soi. Vous imaginez sur un chèque bancaire, surtout s'il s'agit du premier chiffre ? Aussi, me direz-vous, pourquoi ne pas avoir conservé la barre sur le 7 imprimé ? Car avec les caractères mobiles en plomb, inventés par Gutenberg au XVe siècle, la barre transversale aurait été trop vulnérable, sensible à la casse. Avec l'arrivée de l'informatique, on aurait pu mettre une barre, me direz-vous encore. Pas si simple ! Sur les premiers écrans d'ordinateur, vous vous souvenez, aux caractères verts sur fond noir, il n'y avait tout simplement pas la place pour dessiner la barre du 7, faute de pixels, ces points qui composent les images, en nombre suffisant ! C'est d'une certaine manière encore le cas aujourd'hui sur votre radio-réveil, ou l'horloge de votre magnétoscope/lecteur DVD. On pourrait mettre une barre sur le 7, mais à ce moment-là, le chiffre ressemblerait presque trop à un 3, faute de petite barre centrale. Il n'y a guère que le docteur Kawashima qui soit inexcusable : lui au moins pourrait faire un effort et prendre en compte ma barre !

## Pourquoi les serpents muent-ils ?

À neuf ans, Ambroise en est à sa douzième taille de paire de chaussures depuis sa naissance. Passant du 18 à sa naissance au 37 aujourd'hui. Pourquoi change-t-il de paires de chaussures ? Parce que ses pieds grandissent ! Pour le serpent, c'est pareil, sauf qu'il serait très mal vu de ses congénères s'il allait s'acheter de nouveaux mocassins en peau de croco. Aussi, chaque fois que son costume devient trop étriqué pour lui, le voilà obligé de s'en extirper à force de contorsions. Forcément, il est trop petit ! Cet exercice peut prendre jusqu'à deux semaines. Il attend ensuite que la peau neuve qui se trouvait dessous durcisse et lui fasse office de nouveau costume cravate. Le serpent a un léger désavantage sur nous : sa peau, contrairement à la nôtre, ne se régénère pas en permanence. Nous, notre mue, nous la faisons un peu chaque jour sous la douche. Vous ne me croyez pas ? Essayez de rester quelques jours sans vous doucher, vous verrez…

## Pourquoi les cahiers d'écoliers sont-ils appelés « Seyès » ?

On sent l'angoisse dans cette question. Pour qui n'avait pas acheté les bons cahiers avec les bons carreaux Seyès à la rentrée, l'enfer des colles et autres rodomontades s'ouvrait sous ses pieds ! La marque de cahiers Oxford en revendique, sur son site, l'invention. Mais à bien gratter, on comprend qu'Oxford n'a inventé que les couleurs du papier Seyès, utilisées exclusivement par cette marque, à savoir du violet, du bleu, et du rouge censés rendre le tout plus lisible et reposant pour les yeux. Le véritable inventeur des carreaux Seyès est évidemment un monsieur du même nom, papetier à Pontoise près de Paris, qui déposa à la fin du XIX^e^ siècle au greffe du tribunal de sa ville le prototype de papier d'écolier qui allait devenir un standard, du moins en France : des carreaux de 0,8 cm de côté, découpés à l'horizontale par de fines lignes, tous les deux millimètres. L'outil idéal pour bien former ses lettres ! Grâce donc soit rendue à Jean Alexandre Seyès, inventeur du papier à grands carreaux le 16 août 1892, et accessoirement bourreau de générations d'enfants à l'écriture balbutiante…

## Pourquoi le shampooing mousse-t-il (et pique-t-il ?) ?

Déjà et avant toute chose, pas de méprise : shampooing n'est pas un mot anglais, contrairement à ce que l'on pense d'entrée de jeu. Et se laver les cheveux n'est pas non plus une tradition anglaise. À la cour d'Élisabeth Ire (comme à celle de Louis XIV d'ailleurs), on les cachait sous des perruques poudrées. Des cheveux gras et sales, est-il besoin de le préciser. Quand commence-t-on à se laver les cheveux (sérieusement s'entend), dans l'histoire de l'homme, ou plutôt dans celle de l'Homme ? Nul ne le sait vraiment. Il y en a qui n'ont pas encore commencé d'ailleurs. En tout cas, le mot et le concept descendent de l'indien « chāmpo » [shampoo] qui veut dire… masser ! Ah les massages de Bali, pardon, de Pondichéry…

Vous vous massez. On vous masse les cheveux. Fort bien. Mais aïe ! De la mousse dans les yeux, ça pique, c'est très désagréable ! Seul moyen d'éviter cela, un shampooing pour bébé… Oui mais voilà : c'est une assez mauvaise idée, car ces produits lavants contiennent souvent des agents graissants. On dit même qu'ils sont surgraissants, voyez le tableau. C'est très bien pour bébé, dont les cheveux et la peau du crâne en ont besoin, mais pas les vôtres, pas la vôtre !

Maintenant, vous l'avez certainement remarqué, votre shampooing ne mousse pas tout le temps de la même manière. Certains jours, vous en avez plein les mains (et les yeux), d'autres, vous êtes tenté de remettre du shampooing pour que ça mousse. Stop ! C'est justement le geste à ne pas faire ! Car voilà : lorsque votre shampooing mousse, et mousse beaucoup, c'est qu'il a terminé son travail. Vous avez déjà les cheveux propres. Vous gâchez. Encore plus si vous suivez la notice à la lettre, qui recommande bien évidemment de se laver deux fois de suite les cheveux. C'est un pousse-au-crime, pardon, à la consommation. Pire, ce second lavage a souvent pour effet d'agresser le cuir chevelu et d'exciter les glandes sébacées. Vous pensiez lutter contre les cheveux gras, et voilà que vous aggravez les choses ! Mais revenons à nos moutons, pardon, à notre mousse. En fait, de la mousse, il y a mille et une façons d'en faire. Si au bord de la mer, que ce soit à Arcachon ou à Toulon, les vagues moussent, ce n'est pas forcément parce que l'eau est polluée. Prenez n'importe quelle eau, même minérale, et versez-la dans n'importe quel récipient. Agitez avec la main : hop, des bulles. Composées à 100 % d'eau. Et même si ces bulles sont petites et ne restent pas longtemps en forme, vous avez bien fabriqué de la mousse avec de l'eau et de l'air.

Avec du shampooing, c'est une tout autre histoire. Les bulles vont se trouver renforcées par les molécules de savon, qui se disposent uniformément sur la couche d'eau qui forme leur surface. Je vous passe les explications complexes qui font entrer en jeu des ions négatifs, des ions positifs, des atomes de carbone, d'hydrogène. C'est là qu'entre en scène mon shampooing qui mousse un peu, beaucoup, ou pas du tout, selon les jours. Sa mission, c'est de vous laver les cheveux, pas de faire de la mousse. Quand le savon qu'il contient travaille, en s'attaquant à la saleté de vos cheveux, à la manière des « enzymes gloutons » de la pub pour lessives, ils ne sont pas occupés à faire de la mousse, c'est aussi simple que cela. En résumé : quand ça mousse, c'est que c'est propre, quand ça mousse pas, c'est que ça bosse !

## Pourquoi les sirènes sonnent-elles, dans certaines villes, le premier mercredi du mois ?

C'est sûr que la première fois que vous entendez ça quand vous êtes enfant, ou quand vous accompagnez des enfants, c'est un peu stressant. Est-ce la guerre, une alerte atomique ? Voici quelques semaines, dans ma ville, la fameuse sirène a sonné un soir, pendant plusieurs minutes. Je peux vous assurer que le standard des pompiers a explosé, et le lendemain, on en parlait dans le journal, parce que ce n'était pas « normal ». Le coupable ? Un court-circuit chez... France Télécom, qui achemine le signal de commande des sirènes d'alarme partout en France paraît-il ! En revanche, quand la sirène sonne à midi un peu partout en France, le premier mercredi du mois, c'est plus calme chez les pompiers. Rares sont ceux qui s'inquiètent, même chez ceux qui ignorent qu'il s'agit d'un test mensuel, destiné à vérifier le bon état de marche des sirènes. Elles sont un réseau de 4 500, censées prévenir les populations d'un danger imminent. Le jour où vous entendez la sirène, si ce n'est pas le premier mercredi du mois à midi, allumez la radio…

## Pourquoi a-t-on inventé le SMS ?

Vous allez rire, mais le SMS, ou « Short Message Service », c'est un peu la tarte Tatin du téléphone mobile. Quand le GSM est inventé au milieu des années 1980, les chercheurs imaginent déjà la messagerie vocale, et la notification des messages aux utilisateurs. Pour transmettre l'information « vous avez un message », au téléphone, il faut lui envoyer un code, une série de lettres, qui placées dans un certain ordre activeront une icône sur l'écran, ou feront clignoter une lumière. De même, lorsque le message a été écouté, un autre code permet d'effacer l'icône « message non lu/message reçu ». Ces messages codés, ce seront les… SMS. Autrement dit, le SMS n'est pas conçu à l'origine pour échanger des messages écrits, mais simplement pour notifier à l'utilisateur l'état de son répondeur ! C'est Bouygues Télécom qui lancera le minimessage, qui est en fait le SMS que l'on connaît aujourd'hui, ou Texto, l'appellation commerciale inventée par SFR et qui est rentrée dans le vocabulaire courant. À l'époque, personne ne donne cher de ce service (gratuit à l'origine!), et les autres opérateurs, Itineris (l'ancêtre d'Orange) et SFR donc, mettront plusieurs mois à suivre le mouvement. Le succès est pourtant immédiat. Le tarif du SMS variera des années durant de gratuit à payant (jusqu'à 0,15 € le message), alors même que le service ne coûte rien ou presque. On évalue la marge des opérateurs à... 97 % sur un prix de vente moyen de 0,10 €, hors forfait. C'est pour cela que de nombreuses formules proposent aujourd'hui des options SMS illimités. En 2008, plus de 2300 milliards de SMS ont été échangés dans le monde... Pas mal pour un truc auquel personne ne croyait!

## Pourquoi dit-on « soixante-dix » en France et « septante » en Belgique, en Suisse ou au Québec?

Joker! Si si, moi aussi, j'ai le droit de dire « joker » de temps en temps! Joker, parce que l'on ne sait pas bien pourquoi. Septante, octante et nonante sont la suite logique de cinquante et soixante, mais la sauce n'a pas pris en France, contrairement à la Suisse et à la Belgique, mais aussi au Québec. On sait seulement que l'on utilisait encore septante et sa suite du temps de la Révolution française, en France donc. Deux explications: c'est à l'école républicaine et laïque que soixante-dix aurait supplanté septante. Autre théorie: nos heures étant découpées en soixante minutes, les minutes supplémentaires devaient naturellement s'ajouter à soixante. Et pour quatre-vingts me direz-vous, utilisé par la majorité des francophones, octante ou huitante persistant un peu dans le valais Suisse, et dans des coins reclus de la Wallonie ? La faute au système vigésimal, dans lequel on compte de vingt en vingt et non de dix en dix… Pas satisfaisant ? Eh oui, mais cela arrive souvent, encore aujourd'hui, de ne pas comprendre pleinement le comment du pourquoi de certaines choses !

## Pourquoi le Soleil ne risque-t-il pas d'exploser demain ?

Non. Le Soleil explosera un jour, mais nous avons un peu de temps ! Les scientifiques affirment aujourd'hui que la planète bleue, notre terre, est vieille de cinq milliards d'années. Admirez la précision ! Mais peut-être, dans vingt ans, découvriront-ils qu'elle est plus vieille ou plus jeune de deux milliards d'années, allez savoir… Même chose pour l'explosion inéluctable du Soleil. Inéluctable, car c'est la fin écrite de toutes les étoiles : elles explosent une fois que l'énergie qu'elles contiennent est en grande partie consommée. Le tour du Soleil arrivera quand l'essentiel de son carburant aura été consommé par la fusion nucléaire, le top du top en matière énergétique. Fusion que l'on essayera dans quelques années de reproduire à grands frais dans le fameux réacteur Iter. Mais rassurez-vous, le Soleil a encore du carburant pour un sacré bail : il faudra attendre six milliards d'années au moins, à un ou deux milliards d'années près, pour qu'il tombe en panne… d'hydrogène !

## Pourquoi n'ai-je jamais le temps de prendre le coucher de soleil en photo ?

Ce soir-là n'est pas si différent des autres, mais quand même, vous vous surprenez à admirer ce coucher de soleil sur la montagne, avec bien plus d'attention que d'habitude. Enfin, quoi, il est vraiment magnifique ! Il faut immortaliser ce paysage immédiatement. Vite, fouillez dans votre poche, dans votre sac à dos, montez au chalet, vérifiez dans les tiroirs, il est là ! Ouvrir la pochette de l'appareil, l'allumer, mince ! Il faut changer les piles (encore faut-il les trouver) ! Redescendre, viser… et… il fait déjà presque nuit. Comment est-ce possible ? Là, il devient plus judicieux de censurer la suite parce que vous pourriez dire des choses que vous regretteriez. Surtout que vous êtes en compagnie de Loulou(te), pour votre premier week-end en amoureux. Ce serait dommage de le (la) choquer de la sorte. Un week-end gâché pour une simple photo ! Mais quand même, il était vraiment beau ! C'est pas grave, vous murmurera tendrement Loulou(te), il y en aura un autre demain, et puis avant, il y aura même un lever. Si nous avons des jours et des nuits, c'est grâce à la rotation de la Terre sur elle-même. C'est cette rotation qui donne l'impression que le Soleil se couche. En réalité, il ne se couche pas. Il ne disparaît pas non plus. Le côté de la planète sur laquelle nous nous trouvons passe juste simplement dans la zone d'ombre générée par la Terre elle-même. Mais pourquoi alors cela va-t-il si vite ? À tel point que le temps d'attraper l'appareil photo, il ne reste qu'une petite tache orange derrière l'horizon, autant dire, rien du tout ! Tout simplement parce que la lumière du Soleil met environ huit minutes et demie à nous parvenir. La distance Terre-Soleil étant exactement (pour ceux qui aiment les chiffres précis) de 149 597 870,691 kilomètres (les autres arrondiront à 150 millions de kilomètres), et la vitesse de la lumière étant de 300 000 kilomètres à la seconde, le décalage entre le moment où le Soleil commence à réellement disparaître derrière la montagne et le moment où nous, Terriens, recevons ses rayons, est donc d'à peu près 498 secondes. Autrement dit, lorsque le Soleil commence à attaquer la montagne, ou la mer, il est déjà couché...

## Le Soleil a-t-il parfois rendez-vous avec la Lune ?

Pourquoi le Soleil et la Lune paraissent-ils plus gros à l'horizon que dans le ciel ?

Inutile de discuter, la réponse est non ! Même si vous êtes persuadé que le Soleil ou la Lune, quand ils sont au niveau de l'horizon, paraissent plus gros que lorsqu'ils sont plus hauts dans le ciel, ce n'est qu'une impression, un effet d'optique. Pour s'en persuader, le pied à coulisse, lui, ne ment pas. Le soleil de midi fera le même diamètre que le soleil au coucher, coincé dans un pied à coulisse tenu à bout de bras. Même chose avec la Lune. Pourquoi alors vos souvenirs comme les miens, en rédigeant cette chronique, me restituent-ils des images de Soleil ou de Lune énormes sur l'horizon ? Le débat agite les esprits scientifiques depuis des milliers d'années, on a retrouvé des textes évoquant le phénomène jusque chez les Grecs, et sans doute les chercheurs égyptiens et ceux de bien d'autres civilisations brillantes ont-ils travaillé aussi sur la question. Tout y est passé, de la diffraction provoquée par l'atmosphère en passant par la déformation des rayons lumineux rasant le sol, avec bien sûr son lot de croyances et d'interprétations.

Le seul responsable dans cette affaire n'est pas l'atmosphère ou l'astre lui-même, mais tout simplement notre cerveau. Pour estimer la distance à laquelle se trouve un ami qui vous fait signe du bout de la rue, notre cerveau se sert de points de repères, d'éléments de référence, comme une voiture, un lampadaire, une maison. Par déduction, vous évaluez la distance qui vous sépare de lui, en comparant la taille de votre ami aux objets qui l'entourent. Mais quand la Lune ou le Soleil sont dans le ciel, pas de point de repère ! Vous ne mémorisez pas leur taille dans le ciel, faute d'éléments de comparaison, entendons d'éléments de comparaison récurrents et cohérents. Si nous avions plusieurs satellites comme la Lune en orbite autour de la Terre, ou encore plusieurs Soleils, nous pourrions rapprocher leurs diamètres, dire sans erreur que l'un paraît plus gros que l'autre, et mémoriser cette information. Mais faute de deuxième Lune ou de deuxième Soleil, nous n'avons pas d'image mentale de leur amplitude dans le ciel.

En 1913, Mario Ponzo découvre une illusion similaire, qu'il baptise modestement « l'illusion de Ponzo ». Imaginez les rails d'un chemin de fer, devant vous. Si vous placez une barre jaune à vos pieds, et une deuxième de même taille bien plus loin, eh bien, la barre du haut vous semblera plus grande que celle du bas parce qu'elle couvre une plus grande distance apparente entre les rails. Pour la Lune, c'est pareil : les arbres et les maisons, au premier plan, incitent le cerveau à penser que la Lune est plus grande qu'elle ne l'est en réalité. Mais si vous masquez du bout du pouce ces premiers plans, fini l'illusion !

Pourtant, des pilotes d'avion ont déjà cru voir des pleines lunes particulièrement gonflées, alors que seul l'horizon infini s'étalait sous leurs yeux. Ils se sont fait « illusionner » par la forme du ciel. Dupés, les descendants de Saint-Exupéry ! On croit que l'horizon est lointain, et que les oiseaux volant au-dessus de nous sont plus proches que ceux évoluant à l'horizon. Quand la Lune est près de l'horizon, notre cerveau, habitué à observer des oiseaux, calcule de façon erronée la distance réelle et la taille de l'astre.

Tout en me lisant, vous voyez défiler des souvenirs de couchers de soleil sur des montagnes ou au bord de la mer, ou encore ces magnifiques images de l'astre divin entre les piliers de l'Arc de triomphe. De même, vous vous souvenez d'avoir vu la Lune mangée par un clocher, ou les pieds dans l'eau. Dans tous ces souvenirs, Soleil comme Lune vous paraissent énormes justement parce qu'ils sont au centre de vos images mentales ! Ce dont vous vous souvenez, ce n'est pas du bord de mer ou de l'Arc de Triomphe, mais du Soleil ou de la Lune avec ces paysages ou monuments en arrière-plan. Sur le moment, pris par la beauté de l'image, vous sublimez inconsciemment Soleil ou Lune, les rendant plus importants qu'ils ne sont dans la composition de l'image. Pour vous faire plaisir, il existe une autre explication à la prise de poids supposée de notre Lune. La distance qui nous sépare de notre satellite – en moyenne 384 400 kilomètres – se réduit parfois. En effet, la Lune tourne autour de nous, mais son orbite forme une ellipse et non un cercle parfait. Il lui arrive donc de s'approcher de nous jusqu'à une distance minimale de 356 410 kilomètres, au « périgée » (le point d'une orbite le plus proche de la Terre), et de s'éloigner au maximum de 406 740 kilomètres, à « l'apogée ». Résultat : une pleine lune a un diamètre de 14 % plus important lorsqu'elle est proche du périgée, plutôt que de l'apogée. Mais il faudrait être fortiche pour distinguer cette différence à l'œil nu, vu la taille relative de la Lune dans l'espace ! Sur les photos, le volume de la Lune reste en effet le même où qu'elle soit dans le ciel. Et quand on la regarde, son reflet au fond de notre iris mesure 0,15 millimètre de large. Qu'elle soit basse ou haute, la Lune, contrairement à nous, ne grossit pas.

Vous doutez encore. Et vous avez bien raison. Tout ceci est strictement exact. *Scientifiquement* exact. Mais qu'y a-t-il de rationnel dans les émotions que provoquent la pleine lune ou le coucher du Soleil ?

## Comment marchent les sondages ?

*« Un petit sondage, m'sieur ? »* Que ce soit sur le chemin de l'école, du boulot, ou par le biais

d'un coup de téléphone impromptu un soir de semaine après 19 heures, on s'est tous vu poser cette question fatidique qui en laisse présager beaucoup d'autres... Fatigué et pressé, on dit non. Et puis on pense au pauvre étudiant qui doit essuyer le centième refus de la journée, et qui ne touchera pas sa prime. Alors, on dit banco, surtout si l'étudiant est une étudiante. Ne me dites pas que vous n'avez jamais remarqué... Dans 90 % des cas, vous tomberez non pas sur une étudiante, mais sans le savoir sur un omnibus. Pardon, sur un sondage « omnibus », prière de ne pas descendre en marche !

L'omnibus est un truc inventé par les sondeurs pour faire consommer du sondage aux entreprises, leurs principaux clients. Mettez une kyrielle de questions dans un questionnaire, facturées en moyenne mille euros par item, et vous saurez décortiquer le moindre des comportements, besoins et attentes des sondés. Aussi bien sur la lessive bidule que sur l'agence bancaire truc ou sur le candidat à l'élection législative X ou Y. Mais justement, les sondages politiques font-ils vivre les instituts ? Que nenni, ou alors indirectement. Un sondage est purement politique dans seulement 10 % des cas. Autant dire que les sondeurs, contrairement aux idées reçues, ne vivent pas de cela, mais bien des enquêtes consommateurs. Seulement voilà, si tous les instituts s'affrontent pendant les élections, c'est évidemment pour démontrer la suprématie de leurs savants calculs et surtout de leurs corrections maison sur les résultats estimés des autres. Les autres instituts de sondages bien sûr.

Aussi, c'est à celui qui trouve les meilleures idées de questions.

*«Trouvez-vous que Nicolas Sarkozy en fait trop ?»*, *«Comment jugez-vous la prestation de Ségolène Royal sur le plateau de TF1 hier soir ?»* Super, bien, moyen ou pas terrible, encore fallait-il avoir vu l'émission. Ce type de sondages politiques a tendance à se multiplier ces dernières années. Selon la Commission des sondages, qui s'assure que la loi en la matière est respectée, il y en a eu 111 en 1981 avant l'élection de François Mitterrand, et presque trois fois plus, 293 exactement, pour la présidentielle 2007. Question contrôle, on ne peut en effet pas tout faire dès lors que l'on touche à l'opinion. Par exemple, aucun journal français n'a le droit de publier de sondages dans les dernières vingt-quatre heures qui précèdent le premier ou le second tour d'une élection, pour ne pas *«altérer la sincérité du scrutin»*. Jusqu'en 2002, l'interdiction portait sur la semaine précédente, mais avec l'arrivée d'Internet, il fallait bien lâcher du lest. Résultat, ce sont les journaux belges ou suisses qui diffusent les derniers sondages à la place des Français. Belle hypocrisie en fait ! Sans parler des sondages diffusés sur le Web, toujours depuis l'étranger, obligeant les Français pas «chébrans», comme l'aurait dit François Mitterrand, à surfer sur le Net pour avoir les estimations. De même, aucun média français ne peut diffuser les résultats des sondages «sortie des urnes», qui extrapolent le résultat de l'élection en fonction des bulletins de vote déjà dépouillés avant vingt heures, tant que les derniers bureaux de vote n'ont pas fermé

leurs portes. Mais là encore, pendant l'élection présidentielle de mai 2007, de nombreux sites Internet suisses, belges et même canadiens se sont fait un malin plaisir de publier des sondages sortie des urnes avant l'heure légale française.

Un sondage, ce n'est pas qu'une question, une case à cocher dans un formulaire. Quel que soit le type de sondage, l'institut a pu recourir à deux méthodes pour arriver jusqu'au résultat de son enquête : la première est la technique probabiliste. En gros, vous avez été tiré par hasard et avec vos petits camarades qui consentent à répondre comme vous, vous avez une probabilité, égale ou non, de figurer dans l'échantillon représentatif de la population française. Pour cela, le sondeur interroge les gens dans plusieurs lieux distincts, avant de faire sa cuisine interne.

Ou bien vous avez été choisi en fonction de votre âge, sexe, profession ou catégorie sociale. Et là, c'est complexe. Pour l'enquêteur comme pour vous. « Il est seul, je suis seul, pourquoi il ne me pose pas les questions de son formulaire, je vais le dépasser ! C'est ma cravate ou ma jupe qui lui déplaît ? » Reste le téléphone dont nous parlions plus haut. Saoulant ! Pourtant, il faut y croire : l'immense majorité des sondages ne sont pas entièrement terminés par les sondeurs, dans un café, sur un coin de table…

Comment les analystes corrigent-ils les défauts inhérents aux sondages ? En ne posant pas toujours les mêmes questions en « entrée », pour varier les plaisirs et les connaissances…

Le Net apparaît de plus en plus comme un bon moyen pour sonder les gens. Il existe même un « institut », Opinion Way, spécialisé dans le sondage online. Pour gagner en rapidité et en crédibilité. Car ces dernières années, on s'est rendu compte qu'environ 50 % de la population ne peut pas être sondée, soit parce qu'elle a seulement un téléphone portable, soit parce qu'elle n'est pas présente chez elle aux heures où les sondeurs appellent. Ce qui fait dire au *Canard enchaîné* que le Français des sondages est *« abonné au téléphone fixe »*, a plus de 34 ans, et appartient aux catégories supérieures vivant en métropole. Forcément, si un Français sur deux échappe aux sondeurs, on comprend mieux pourquoi les instituts se trompent souvent. Par exemple, ni l'IFOP, ni TNS, ni Sofres ni BVA n'avaient anticipé le succès de Jean-Marie Le Pen le 21 avril 2002. Toutes les enquêtes d'opinion, y compris celles menées la semaine précédant le scrutin, prévoyaient encore un face-à-face Lionel Jospin-Jacques Chirac au second tour...

C'est parfois aussi la faute des personnes interrogées elles-mêmes. Pas facile de dire à un inconnu au téléphone que vous comptez voter pour le Front national ou la Ligue communiste révolutionnaire aux prochaines élections. Et puis souvent, alors qu'on n'a pas d'opinion claire sur une question, on estime qu'il est de son devoir de se prononcer, et on se trouve embarqué dans une sacrée aventure... Et pour peu qu'on trouve le questionnaire trop long, on s'ennuie, on pense à autre chose et on répond au plus vite pour abréger l'exercice.

Du coup, les statisticiens sont bien obligés de corriger les données obtenues. Alors, ils mesurent, par exemple, l'écart entre l'intention de vote et le vote réel, et en tiennent compte la fois d'après. À terme, les chiffres sont un peu dénaturés.

Les politiques aussi commandent des sondages, et de plus en plus. Les tests ADN, les quotas d'immigration, « la vie chère » : nos leaders ou ceux qui souhaiteraient le devenir font tester auprès d'un panel de Français le plus « représentatif » possible des mesures envisagées ou des slogans pour savoir si l'opinion approuvera.

Bref, qu'il s'agisse de la texture du dernier yaourt ou de la cravate du futur chef du Parti socialiste, tout est soumis au tamis des citoyens. Elle est belle, notre démocratie !

## Pourquoi lance-t-on un SOS ?

...---... Facile, non ? C'est un SOS. Ti-ti-ti-ta-ta-ta-ti-ti-ti, souvenez-vous-en. Trois signaux courts, suivis de trois signaux longs, puis trois courts à nouveau. Un signal aisé à envoyer avec une radio, mais aussi avec une lampe-torche quand on n'a rien d'autre pour communiquer, ou même, avec un miroir renvoyant les rayons du soleil. Lorsque le SOS fut inventé en Allemagne, l'on choisit les lettres les plus faciles à identifier sans risque de les mélanger entre elles. Or, trois points suivis de trois traits puis de trois points, vous pouvez répéter ce signal autant que vous voulez, tout le monde finira par comprendre SOS, même sans connaître le reste de l'alphabet morse. Le SOS allemand deviendra standard international en 1906. À noter que SOS ne voulait rien dire à ses débuts, mais que, rapidement, on voulut lui coller des mots, comme s'il s'agissait d'un acronyme: il peut signifier «*save our souls*», c'est-à-dire «sauvez nos âmes».

## Pourquoi dit-on «À tes souhaits»?

Certaines expressions vont chercher leurs racines bien loin dans notre histoire... Imaginez, il faut remonter aux Grecs pour comprendre celle-ci! Du temps des Grecs, les dieux élisaient domicile un peu partout, un peu dans tout. Zeus, par exemple, créchait dans le roi des arbres, le chêne, d'où l'expression «touchons du bois», pour flatter le dieu suprême. D'autres, comme Zéphyr, se promenaient dans le vent, voire un simple souffle. Vous commencez à saisir? L'éternuement étant un souffle (deux cents kilomètres à l'heure tout de même!) sortant du corps, l'on pensait qu'un dieu se faisait la malle. Avant qu'il ne soit trop éloigné, il fallait faire un vœu, d'où l'expression «À tes souhaits»! Et ça fait trois mille ans que ça dure!

## Les sourds entendent-ils de la musique dans leur tête?

Pour les sourds, les choses sont encore différentes. De grands compositeurs (Beethoven ou Ravel, pour ne citer que ces deux-là) ont continué à créer pendant des années, parfois des décennies, malgré une surdité grandissante puis totale. Beethoven, en raison de troubles digestifs qui ont ruiné par contrecoup son oreille interne. Ravel, à cause de la syphilis. On raconte que Beethoven percevait la musique qu'il composait à travers ses os, quand elle était jouée en sa présence. Pour sentir les notes, il plaçait un crayon entre ses dents, et le collait au piano, pour capter les vibrations. Néanmoins, sa correspondance avec ses amis proches montre bien à quel point sa surdité l'a handicapé dans les dernières années de sa vie. Aurait-il été encore plus prolixe sans cela ? Nul ne peut le savoir. Seulement, si l'on n'a jamais vu d'aveugle peindre, il en va tout autrement pour les malentendants dans le domaine de la musique et du chant. L'abbé de l'Épée, inventeur du langage des sourds-muets et créateur de l'Institut des jeunes aveugles à Paris, avait réussi la prouesse de faire chanter de jeunes sourds devant Louis XV, à Versailles. Chanter juste, évidemment, quand jusqu'ici, les sourds étaient tout juste capables d'émettre des sons disgracieux. On croyait à cause de cela qu'ils étaient habités par le diable.

## Pourquoi les stylos Bic sont-ils troués en leur milieu ?

Combien de Bic avez-vous tenus dans vos mains au cours de votre vie ? En me posant cette question, j'ai pensé aux centaines, aux milliers de stylos Bic qui ont souffert sous Ponce Pilate, mâchouillés, désossés, transformés trop souvent en sarbacanes, engins de guerre scolaire dont l'efficacité était augmentée par le bouchage du petit trou situé à mi-chemin du corps du stylo ! Que celui qui a déjà réussi à conduire un stylo Bic (j'espère que les héritiers du baron vont m'en envoyer une caisse avec la pub gratuite que je leur fais dans ce livre) jusqu'au bout de sa carrière, en usant toute l'encre qu'il contenait, me jette la première boulette.

Forcément, avec tous les mauvais traitements qu'on leur fait subir, rares sont ceux qui finissent à sec !

Mais tout cela ne nous dit pas pourquoi certains stylos à bille sont troués en leur milieu. Eh bien tout simplement pour leur permettre d'écrire ! Regardez bien un stylo Bic cristal. Une pointe bille d'un côté du tube, un petit bouchon en plastique (quand il est encore là) de l'autre, indiquant la couleur du stylo. Au milieu, un fin tube rempli d'encre, dont le niveau diminue à l'usage, jusqu'à ce que le stylo aille se cacher derrière un canapé ou périsse écrasé sous un pied. Pour que le niveau de l'encre baisse, encore faut-il qu'elle soit remplacée par autre chose dans le tube, en l'occurrence de l'air. Sans trou, l'air ne rentrerait pas dans le corps du stylo, et donc dans le tube qui stocke l'encre. En créant une dépression, nerveuse chez l'usager qui n'a évidemment pas d'autre stylo sous la main et tente pourtant de noter un numéro de téléphone hypra important (sur un bloc-notes qui ne se trouve plus à côté du même téléphone), l'encre n'avance plus. Plus d'encre, plus d'écriture, c'est la fin de l'humanité, en tout cas la fin du monde et, vu votre énervement, votre correspondant téléphonique doit l'avoir bien compris. D'autres solutions ont été trouvées sur les autres modèles de stylos-billes : cherchez les trous. Certains se trouvent à la base du système d'écriture, d'autres à l'autre bout du stylo. Ceci vous explique aussi pourquoi certains se mettent à fuir, en particulier après un vol en avion, même si tous les fabricants vous assurent que non, les leurs, niet. Si le jeu de pressions entre l'intérieur du stylo et l'extérieur change un peu brutalement, vous voilà bon pour aller chez le teinturier, ou plus assurément pour acheter un nouveau costume.

Quant au trou qui gratifie depuis pas si longtemps que cela l'extrémité des mêmes stylos du baron Bic, il a une tout autre utilité : après quelques dramatiques cas d'étouffements de très jeunes enfants qui avaient avalé le bouchon, bouchon qui leur était resté en travers de la gorge, la meilleure solution trouvée pour permettre à l'air de continuer à passer a été de faire un trou au bout. Démonstration supplémentaire de la qualité des encres de stylos à bille qui ne sèchent pas, ou en tout cas pas en quelques jours ou quelques semaines.

# T

# comme...

## Pourquoi le tabac tue-t-il ?

Petit interlude ludico-mathématique. Savez-vous que derrière chaque fumeur se cache un potentiel client de la firme allemande Porsche ? Rien n'est plus vrai : à raison d'un paquet de cigarettes par jour, c'est bien le prix d'une voiture de sport allemande haut de gamme qui part en fumée au cours de sa vie.

Fumer, c'est drôlement sexy ? Peut-être, mais pour ma part je n'ai jamais aimé embrasser un cendrier. Sans compter que deux cigarettes fumées dans les heures qui précèdent l'acte sexuel suffisent à réduire l'érection de près de 35 % d'après l'équipe du docteur Le Maitre, du CHU de Rouen. 8 impuissants sur 10 sont d'ailleurs des fumeurs.

Et les fumeuses ? Elles mettent trois à quatre fois plus de temps pour tomber enceintes, et multiplient les risques de grossesse extra-utérine par 1,5, et d'avortement spontané par 3. Si maman fume enceinte, le cœur de son bébé passera de 120 à 160 battements par minute à chaque bouffée de cigarette.

4 000 : c'est le nombre de substances chimiques inhalées avec la fumée de la cigarette, au nombre desquelles de l'acétone, de l'acide cyanhydrique, de l'ammoniac, de l'arsenic, le DDT qui tue les insectes et a été interdit en raison de sa toxicité pour la nature, ou encore du polonium 210 avec lequel on élimine les espions russes ou les chefs d'État ukrainiens encombrants.

Vous voulez de bonnes nouvelles ? J'en ai, rassurez-vous ! Après 24 heures sans tabac, le sang est déjà totalement débarrassé du monoxyde de carbone accumulé en fumant. Les risques d'accident vasculaire cérébral et d'infarctus, augmentés par le tabac, sont déjà en chute libre. Un gros fumeur mettra cinq à dix ans pour récupérer un état de santé identique à un non-fumeur, à âge égal.

*« Quant à savoir si quelqu'un est jamais mort d'une maladie liée au tabac, c'est une question qui n'est pas claire dans mon esprit »,* disait George Bible, le PDG de Philip Morris en 1988.

Cynique : l'industrie du tabac est en effet la seule au monde, avec les marchands d'armes, à tuer la moitié de sa clientèle, et à devoir recruter de nouveaux clients tous les jours. 60 000 personnes en mourront en France cette année, soit dix fois plus que les victimes d'accidents de la route…

## Pourquoi les tartines tombent-elles toujours du côté confiture ?

Vous êtes des millions à vous lever le matin, pas toujours frais, le cheveu hirsute, un peu bougons. Déjà, vous avez dû faire un bond extraordinaire hors du lit pour éteindre le réveil, et dans ce moment de panique matinal, impossible d'éviter l'étagère dans laquelle votre tête a eu la mauvaise idée de se heurter violemment. Ceci n'aurait été qu'un banal accident classé confidentiel et bien gardé entre votre étagère et vous, si vous n'aviez malencontreusement posé le pied sur la brosse qui traînait par terre avant de vous rendre compte que la chasse d'eau ne fonctionnait plus. Immédiatement, cela devient une affaire d'État : hors de question qu'on vous parle ce matin !

Alors, pour vous consoler, vous pensez au petit déjeuner. Oh oui, un bon café bien chaud ! Oh oui, du pain croustillant ! Oh oui, avec de la confiture ! Grognassant (c'est le matin), vous tartinez votre biscotte, mais déjà, on peut apercevoir un léger sourire en coin sur votre visage. Elle va être bonne, cette tartine ! Seulement, vous connaissez votre habileté matinale : sur le point de croquer votre tartine, elle vous lâche (ou plutôt, vous la lâchez) et tombe par terre… face confiture bien sûr ! Aussi, vous ne grognez plus, vous pestez, injuriant en levant le poing la personne qui vous a maudit(e).

Rassurez-vous, personne ne pique d'aiguille dans votre poupée vaudoue, c'est simplement la loi de l'attraction terrestre. Trois hypothèses expliquent ce phénomène. Tout d'abord, avant de rouspéter, avez-vous pensé à toutes les fois où la tartine retombe du bon côté ? Comme quand on s'énerve de rester bloqué à plusieurs feux rouges d'affilée, on ne pense pas à toutes les fois où les feux ont été verts. *Idem* pour les files, dans les bouchons. Pourquoi la file de droite avance-t-elle plus vite que la file de gauche, mince, j'aurais dû me mettre dans l'autre file, maintenant c'est trop tard, on ne me laissera jamais m'incruster… En revanche, quand votre file avance, vous n'avez peut-être pas conscience de la chance que vous avez.

Ensuite, compte tenu de la taille de votre table, en général guère plus haute d'un mètre, la tartine n'a pas le temps d'effectuer un tour complet sur elle-même avant d'atteindre le sol. C'est comme le chat. De coutume, il retombe toujours sur ses pattes. Mais faites-le tomber d'une table : la pauvre bête, même si elle est excellente acrobate, vous fera un joli plat… Alors si vous voulez vraiment vous en prendre à quelqu'un, il faut vous tourner vers celui qui a déterminé la hauteur idéale de nos meubles : Euclide d'Alexandrie, mathématicien grec né en 325 avant J.-C., qui donne une première définition du nombre d'or dans son recueil *Les Éléments.*

Ce nombre d'or (1,61803399…), aussi appelé section dorée ou divine proportion, désigne le rapport arithmétique idéal entre deux dimensions homogènes. Connu et employé depuis la nuit des temps par les architectes, les sculpteurs ou les peintres – on le retrouverait aussi bien dans la construction de la pyramide de Khéops que dans la toile de Salvador Dali, *Sacrement de la dernière cène* –, il est de nos jours utilisé dans le bâtiment et dans l'ameublement. Ainsi, tout meuble qui se respecte est construit sur la base de ce nombre d'or. Votre propre table, dans votre propre cuisine où vous êtes maintenant à genoux avec une éponge, n'y échappe pas !

Mais d'autres experts ont étudié la question de la tartine. La loi de Murphy, considérée comme la loi de l'emmerdement maximal, exprime que si quelque chose peut éventuellement mal tourner, alors cette chose finira obligatoirement par mal tourner. Dans notre cas, une variante de cette loi nous concerne directement : la loi de la tartine beurrée établit qu'une tartine tombera toujours du côté beurre ou confiture. Et pour cause. Poupées vaudoues ou non, vous êtes seul responsable de votre malheur, aussi petit soit-il, car c'est vous et vous seul qui avez tartiné du mauvais côté. Ou bien, un peu plus sérieusement, le côté confiture est tout naturellement un peu plus lourd que l'autre, ce qui fait pencher la tartine du mauvais côté.

## Pourquoi y a-t-il des lettres sur les toits des taxis ?

La question vaut essentiellement pour les taxis parisiens. C'est comme à l'école : plus le chauffeur est bon, moins il a eu d'accidents, et meilleure estsa note ! Les notes vont de A à D, parce que les taxis E, personne n'osait les prendre, de peur du carton… Bon d'accord, je plaisante ! Les lettres sur les taxis permettent de connaître le tarif selon lequel est calculée la course. Mais le passager ne va pas mettre la tête à sa fenêtre pour regarder la lettre, me direz-vous, tout en roulant. Bien sûr que non, d'autant que la lettre est aussi affichée sur le compteur, dans le taxi. Comme beaucoup de corps de métiers, les taxis ont leur propre police, appelée « Boers » dans leur argot. Et les boers traquent les petits malins qui ne font pas payer le bon tarif aux passagers, entre autres délits bien sûr. Ainsi le tarif pratiqué doit-il être affiché à l'extérieur, pour vérifier qu'en fonction de l'heure, et du lieu où se trouve le véhicule, il n'y ait pas d'arnaque...

## Pourquoi appuie-t-on plus fort sur le bouton de la télécommande quand elle ne marche pas ?

Vous descendez à la cuisine en pleine nuit, histoire de boire un verre de lait. Une tape sur l'interrupteur : pas de lumière. Une deuxième, plus appuyée, et la lumière fuse. La plupart des interrupteurs passent d'ouvert (pas de courant) à fermé (le courant passe) grâce à un système à bascule. Et parfois, celui-ci reste bloqué à mi-chemin. Il faut le manipuler une nouvelle fois pour que le mécanisme fonctionne correctement. Par mimétisme, nous insistons donc sur la télécommande de la télévision quand celle-ci ne fonctionne pas, quand bien même elle n'aurait *a priori* plus de piles. Cela ne s'avère pourtant pas toujours totalement stérile. La preuve : parfois, ça marche aussi ! Il y a une raison à cela. Les contacts des touches de la télécommande, avec le temps, ont tendance à s'oxyder. En appuyant plus fort sur la touche, et même, en vous énervant, vous usez sans le savoir la fine couche d'oxydation qui empêche que le contact se fasse, d'autant plus que les piles sont faiblardes. Insistez encore ! Vous pourriez réussir à voir le début du JT !

## Pourquoi le téléphone est-il gratuit ?

« AAAAhhhhh ! C'est quoi, cette facture ! 225 euros pour deux mois de téléphone, on m'assassine ! Sophie (fille aînée), Anne-Lise (Madame), ici tout de suite ! »

Et commençaient alors de longs pourparlers, souvent houleux, destinés à légitimer « 1 heure 45 avec ta sœur à Toulouse, mais tu te rends compte de ce que cela coûte ? Vous n'avez qu'à vous écrire ! » ou encore à justifier « 3 heures avec ta copine Élisa qui habite à 100 mètres d'ici ? Mais qu'avez-vous donc à vous raconter au téléphone que vous n'avez pas eu le temps de vous dire au lycée ? ». Bref.

Scènes vues, vues, et revues pendant des années. En tout cas pour le teléphone fixe, les abonnements des portables ayant largement pris le relais...

Aujourd'hui, une majorité d'abonnés au téléphone disposent de formules tarifaires aux appels illimités vers la France entière et souvent plus de cent pays dans le monde, inclus dans leur forfait mensuel. Pour des sommes, il faut bien le dire, ridiculement faibles (en moyenne 30 euros par mois) quand on sait qu'elles comprennent également un accès à Internet à très haut débit, et des dizaines de chaînes de télévision. Des services qui n'existaient tout simplement pas au début du nouveau millénaire, ou étaient facturés plusieurs centaines d'euros, à une clientèle de pros exigeants. Pourquoi ?

Parce que nous sommes entrés dans l'ère du « tout IP », IP désignant l'Internet Protocol. Tout passer par Internet, et les coûts de transmissions de données, dont font partie les communications téléphoniques, ont incroyablement chuté.

Mais reprenons. Dans les années 60, Raymond Cartier, rédacteur en chef à *Paris Match*, publie *La France en l'an 2000*, ouvrage de prospective dans lequel il doute que la Direction générale des Télécommunications tienne son objectif de 10 millions d'abonnés au téléphone au tournant du siècle. Il faut dire qu'à l'époque la France est partagée entre ceux qui attendent d'avoir le téléphone et ceux qui attendent la tonalité. Le sketch de Fernand Reynaud qui demande «le 22 à Asnières» ne ferait plus beaucoup rire aujourd'hui, mais était très concret à l'époque. Combien coûte le téléphone? Cher: on paie une fortune pour se le faire installer, et les communications nationales et internationales sont absolument hors de prix. Jusqu'à 30 francs la minute pour appeler certains pays, à l'Est, en Asie, ou en Afrique notamment. Mais en revanche, pour appeler son petit copain ou sa maman, pourvu qu'ils soient installés dans la même «zone locale», la communication n'est pas limitée dans le temps! Elle coûte une unité, facturée 0,74 centime de franc, pour une minute, une heure ou toute une journée. Pendant un temps donc, les soirées passées à flirter au téléphone, pourvu que le flirt soit installé dans la même ville, n'avaient pas d'autre conséquence que de bloquer la ligne, sans pour autant ruiner papa maman. Au passage, si l'un de mes lecteurs cherche un sujet de mémoire pour son DESS de sociologie, je suis persuadé que l'on peut établir un lien probant entre le tarif du téléphone de 1970 à nos jours, et le nombre de flirts «longue distance». Combien de couples nés sur une plage, ou éloignés par les aléas des parcours scolaires, ont tenu le choc grâce au téléphone, ou au contraire se sont étiolés puis séparés, parce que 20 francs par jour, pour flirter seulement vingt minutes au bout du fil avec la petite copine nantaise ou le petit copain dijonnais, c'était définitivement hors budget? Aujourd'hui, s'amouracher d'une Brésilienne est financièrement sans risque si l'on se contente de lui téléphoner.

L'histoire ne s'arrête pas là: je cherche, par cet exemple du téléphone, à vous démontrer la relativité de la valeur des choses, ou comment l'on peut parfois nous faire prendre des vessies pour des lanternes.

Au milieu des années 80, l'Europe commençant à titiller les pays dans lesquels la concurrence est absente des services, comme les Télécoms, la Direction générale des Postes et Télécommunications, qui va devenir France Télécom, décide que les communications locales seront limitées dans le temps. Ou plutôt, facturées à la durée. On commence par manger une unité toutes les vingt minutes. Puis, une unité toutes les douze minutes, soit une augmentation de près de 33 %. Les gros parleurs font la tête, encore plus lorsque l'unité est décomptée… toutes les six minutes, à peine un an plus tard! En quelques années, bavarder deux heures avec un copain devient un véritable luxe. Certains se ruinent, d'autres téléphonent moins.

C'est alors qu'arrive… Internet. Les réseaux de communication se développent à vitesse grand V, pour absorber le trafic croissant des données « IP ». Rapidement, une partie des communications longue distance, celles que l'on facturait encore plusieurs dizaines de francs la minute, passent en « Vo IP », en voix sur IP. Conséquence ? Leur coût chute. Pourquoi ? Parce que, entre votre tante Alberte, installée avec son mari à Kuala Lumpur, et vous, jusqu'à l'arrivée d'Internet, la communication passait physiquement de chez vous à chez elle par les fils du téléphone. En payant 30 francs la minute, vous participiez financièrement au travail qui avait consisté à tirer des milliers de kilomètres de câbles sur terre, dans les airs et en mer entre elle et vous. Avec l'arrivée de la « Vo IP », tout est différent. Votre conversation est transformée en petits fichiers informatiques, exactement comme la musique au format MP3, et transportée d'un point à un autre grâce à Internet. Avec des centaines, des milliers d'autres conversations, simultanément. Vous avez compris la suite. Dans le premier cas, un appel bloquait une ligne, et il fallait autant de lignes que de conversations, ce qui faisait que pour avoir les États-Unis, Louis de Funès, dans les films des années 60/70, doit attendre une à deux heures. Il attend son tour... Avec Internet, point d'attente, et un nombre hypothétiquement illimité de conversations simultanées. Et un coût de communication infinitésimal, pour ne pas dire quasi inexistant. C'est pour cela qu'on vous offre, aujourd'hui, le téléphone, même pour appeler au bout du monde.

La morale de cette histoire ? Elle est cynique. La même chose, le même service, à savoir appeler tante Ursule qui vit non loin de chez vous, a été tour à tour gratuit ou quasi gratuit, payant jusqu'à cher voir très cher, pour redevenir ensuite gratuit. Imaginez la même chose avec un bien de consommation courante..., ce que le téléphone est devenu ! Dans le même temps, le coup de fil à Paola, la jolie Brésilienne, est passé de totalement inabordable et déraisonnable, à gratuit.

Et demain ? On annonce la même révolution pour le téléphone mobile. Dans certains pays nordiques, on téléphone déjà avec son portable en « Vo IP », au grand dam des opérateurs. Mais avec ce que je viens de vous raconter, vous comprenez aisément pourquoi ils ne sont pas pressés de permettre l'émergence de ce nouveau service !

## Pourquoi parle-t-on de « téléphone arabe » ?

Figurez-vous que l'expression n'est pas si vieille que ça. Bien sûr, je ne m'attendais pas à ce qu'elle ait deux cents ans, le téléphone ayant été inventé par Antonio Meucci en 1871, et non par Graham Bell en 1875. Le téléphone arabe, lui, a tout au plus cinquante ans ! L'expression nous vient d'Afrique du Nord. Les administrations, services et lieux publics, et quelques rares privilégiés commençaient lentement à s'équiper de téléphones. On savait déjà que cet appareil révolutionnaire permettait de transmettre les nouvelles à toute vitesse, comme... le bouche-à-oreille, dont la caractéristique principale est de déformer progressivement la nouvelle en rumeur. La vitesse de transmission des histoires transformées en rumeurs, spécialité des autochtones en Afrique du Nord, donna le « téléphone arabe » qui amuse tant les enfants encore aujourd'hui.

## Pourquoi la télévision est-elle devenue numérique ?

Souvenez-vous du réglage du poste de télé, autrefois. Il fallait tourner l'antenne et régler la syntonisation sur la télécommande. Ou encore en tourner une molette, jusqu'à trouver le meilleur signal. Il s'agissait d'un signal analogique. Les informations permettant de composer l'image et le son étaient transmises sous forme d'ondes. Mieux ces ondes étaient captées, meilleure était l'image. Avec la télévision numérique, les ondes ne transportent plus l'image et le son directement, mais par une succession de 0 et de 1. C'est exactement comme sur Internet, ou encore comme avec votre téléphone mobile, lui aussi numérique. Avantage, si une partie du message n'est pas correctement reçue, des mécanismes de correction d'erreur permettent de recomposer l'image et le son, jusqu'à un certain point. Inconvénient, s'il manque trop de 0 et de 1, plus d'image, plus de son, là où avec la télévision analogique on pouvait encore voir quelque chose, même au milieu de la neige à l'écran ! L'autre avantage de la télévision numérique, c'est le multiplexage.

Qu'est-ce donc ? Eh bien, comme on a transformé l'image en suite de 0 et de 1, et comme des morceaux entiers de l'image se ressemblent, le codage d'une telle image est simple, donc économe en place. Même chose pour la personne qui présente le JT. Étant donné qu'elle ne bouge pas beaucoup lorsqu'elle vous parle, il suffit de coder sa bouche et ses yeux, le reste de l'image ne change pas beaucoup. Conséquence, avec la place gagnée grâce à l'encodage numérique, on peut diffuser plus de chaînes sur la même fréquence. Dans les faits, jusqu'à huit chaînes numériques sur le canal d'une seule chaîne analogique ! Voilà pourquoi la TNT nous apporte aujourd'hui plus de 33 chaînes, et bientôt plus encore, sur les mêmes canaux que feu nos six chaînes hertziennes…

## Pourquoi dit-on « au temps pour moi » ?

Alors là, il y a débat ! Certains historiens et grammairiens contestent la légitimité du « au temps pour moi », et affirment qu'il est tout à fait possible d'écrire « autant pour moi ». Selon *Le Robert* et le *Littré*, néanmoins, « au temps pour moi » fait partie du vocabulaire militaire. L'officier ou le sous-officier commandant une manœuvre exige le respect du rythme, donné par le chant ou la marche au pas, en criant *« au temps ! »*. Mais si l'ordre est mal donné par le même officier ou sous-officier, c'est lui, à son tour, qui se réprimande et s'excuse par la locution *« au temps pour moi »*. Pour ma part, j'avais également entendu dire que l'expression venait de l'italien *« al tempo »*, toujours dans le même contexte militaire, expression qui en traversant les Alpes devient naturellement « au temps », rendant l'hypothèse de la graphie « autant » improbable…

## Pourquoi compte-t-on par 15, 30 et 40 les points au tennis ?

J'ai un aveu à vous faire : j'ai peut-être lu dix fois et à dix endroits différents l'origine de l'arbitrage des points au tennis. Pourquoi 15 précède 30 qui précède 40 qui précède, ne l'oublions pas, l'avantage. C'est aussi un point, mais un point que l'on peut perdre ou regagner à l'infini… On dit que le record de longueur d'un jeu, au tennis, est de près d'une heure, en tournoi international !

Pourtant, j'ai toujours eu un mal fou à retenir l'explication du comptage des points. Sans doute parce qu'elle n'est pas forcément évidente, mais aussi parce que les explications qu'il m'a été donné de lire manquaient peut-être un peu de clarté.

Et puis, s'il en est un qui est légitime pour vous expliquer les règles du tennis, ou plus exactement de son ancêtre, le jeu de paume, c'est moi, moi, moi et personne d'autre ! Pardi, je vis à quelques centaines de mètres de la fameuse salle du Jeu de Paume, celle-là même où le 20 juin 1789, les 577 députés du tiers état, alors empêchés par Louis XVI de se réunir à l'hôtel des Menus Plaisirs, se retrouvent. Dans cette salle, évidemment immense pour permettre à près de 600 hommes de tenir (un peu à l'étroit quand même), ils ne jouent pas au tennis, pardon, au jeu de paume. Ils prennent un risque immense en faisant le serment de ne se séparer qu'une fois la Constitution élaborée. Ce Serment marque les préludes de la Révolution française. Et fera entrer la salle du Jeu de Paume dans l'Histoire.

Très prisé au XVII$^e$ siècle, le jeu de paume est alors pratiqué par la noblesse, après avoir été au XVI$^e$ siècle un sport pratiqué essentiellement par le peuple. On compte en 1598 pas moins de 1 800 salles ou terrains de jeu de paume, rien qu'à Paris ! Nicolas Creté, paumier ordinaire du roi, a l'idée en 1686 de faire construire une salle afin que la cour s'adonne à ce loisir, rue de Lorge, à 200 mètres du château de Versailles, rue rebaptisée dès lors rue du Jeu de Paume. Louis XIV y joua, comme beaucoup d'autres personnages illustres. Mais les modes sont éphémères et le jeu de paume tombe rapidement aux oubliettes. La salle ferme ses portes jusqu'au fameux 20 juin 1789. On n'y rejouera plus jamais à la balle. Les autres salles à Paris ou ailleurs en France périclitent également. La Révolution, puis l'Empire sont passés par là, les préoccupations quotidiennes ont changé. De plus, la nouvelle classe dirigeante, issue de la bourgeoisie, n'a pas le jeu de paume dans ses habitudes. La France perd ses joueurs quand dans le même temps le Royaume-Uni ou les États-Unis sont conquis par le jeu… qui deviendra le tennis.

C'est là qu'arrive l'explication du nom de cet héritier direct du jeu de paume. Pour avertir qu'il allait lancer la balle, le joueur criait « tenez ! » à son adversaire. Vous devinez la suite : à l'export, *tenez* devient rapidement « tennis », tout comme *Was ist das* deviendra « vasistas » (à la même époque d'ailleurs, fin XVIII$^e$, et non pendant la

Première Guerre mondiale comme le veut la légende).

Mais les points, dans toute cette histoire : comment ça marche ?

Contrairement au tennis actuel, où le bénéfice procuré au joueur qui mène par 30 à 0 est exclusivement numérique – il n'a plus que deux points à remporter pour gagner le jeu –, le joueur de paume avait aussi un bénéfice technique. Menant par 15 à 0, il était invité à avancer de quinze pas en direction du filet, et ce dès le service ! Bien entendu, l'avantage vaut dans l'autre sens pour le joueur qui mène 0 à 15, mais avec le risque de se faire lober. Au score donc, 15, valait quinze pas, 30, trente pas, et 40, bien évidemment 40 pas ! Et pourquoi pas plutôt 45 ? Tout simplement parce que le joueur avançant de 45 pas se serait retrouvé… contre le filet, position réservée à l'avantage ! C'est clair et limpide désormais. 15, 30, 40 sont autant de pas en avant en direction du filet, en fonction du score du joueur. Et l'avantage, ce sont ces 5 pas supplémentaires accordés au joueur. Vous comprenez aussi pourquoi le français est traditionnellement la langue d'arbitrage du tennis, même si de plus en plus de tournois étrangers ont tendance, ingrats, à l'oublier !

Au fait, histoire de prendre l'avantage, savez-vous d'où vient l'expression « Épater la galerie » ? La réponse est dans la question, ou plutôt ci-dessus. C'est au jeu de paume que l'on doit cette locution. Lorsque le John McEnroe d'alors (pour les jeunes qui n'ont pas connu ses exploits, disons, le Federer du XVIIIe siècle) faisait un joli coup, il épatait les spectateurs installés dans les gradins d'autrefois, une ou deux galeries placées de chaque côté du jeu. Ça vous épate, non ?

## Pourquoi ne sentons-nous pas la Terre tourner ?

« *J'ai la tête qui tourne* », me confie une collègue au bureau, alors qu'elle est bien assise sur son fauteuil à roulettes, complètement immobile. Sa tête ne bouge pas, c'est à l'intérieur que ça se passe. Normal, c'est une image, une expression. Mais alors, quand on dit que la Terre tourne, c'est aussi une image ? Là, non. Notre planète est une toupie géante, qui virevolte à toute allure, perpétuellement. Sans effet secondaire sur ses passagers.

D'abord, il faut distinguer les différents mouvements que fait la Terre : la rotation, quand elle effectue un tour complet sur elle-même, toutes les 24 h – ce qui donne les jours et les nuits – et la révolution, quand la Terre tourne autour du Soleil en 365 jours un quart environ, ce qui donne notamment les saisons.

Et au fait, de quel côté tourne la Terre, question que l'on se pose à vrai dire rarement puisque de toute façon, nous n'avons pas conscience que le globe bouge ? Dans le sens inverse des aiguilles d'une montre.

Démonstration. Imaginons que nous soyons dans une fusée, très haut dans le ciel, juste au-dessus du pôle Nord, et que nous regardions la Terre. On la verrait alors tourner sur elle-même et autour du Soleil de gauche à droite. Et à quelle vitesse ? Cela dépend, mais elle fonce ! À l'Équateur, la planète bleue tourne sur elle-même à environ 1 700 kilomètres à l'heure. Mais plus on s'éloigne de l'Équateur vers les pôles, plus la vitesse diminue, parce que la circonférence est plus petite. C'est un peu comme dans *Ben Hur*: les chevaux situés à l'extérieur du virage, lorsque les attelages font le tour d'honneur, doivent galoper pour rester en ligne avec les autres, quand ceux situés à l'intérieur du virage marchent eux au pas. Voilà pour la vitesse de rotation de la Terre. Mais la Terre fait sa révolution dix fois plus vite, à 108 000 kilomètres à l'heure. Et en hiver, elle tourne encore plus rapidement parce que son orbite est elliptique.

Pourtant, on ne sent pas cette course perpétuelle. Je suis toujours assis sur ma chaise, vous aussi peut-être d'ailleurs, ou au fond de votre lit, et vous avez comme moi le sentiment d'être immobile. Alors que rien qu'en lisant ces dernières phrases, la Terre a déjà tourné sur elle-même de vingt-huit kilomètres. Si on ne le sent pas, c'est en fait parce que, autour de nous, tout tourne à la même vitesse, y compris les molécules de l'air que l'on respire. Sur la Terre, c'est la force de gravitation (celle-là même qui nous colle au siège dans les manèges de fête foraine) qui nous scotche au sol. Si nous n'en avons pas conscience, c'est parce que ce qui nous entoure tourne à la même vitesse : les maisons, les villes, les pays. Et comme cette vitesse est régulière, on ne sent pas la Terre tourner. C'est comme une mouche se déplaçant dans un avion volant à 900 kilomètres à l'heure, tout lui paraît normal. Le mouvement uniforme est comme nul.

La nuit venue, quand vous regardez la Lune, un brin romantique, vous avez l'impression qu'elle aussi est immobile, alors qu'elle tourne également sur elle-même, mais tout doucement, à environ dix-sept kilomètres à l'heure. Et elle fait sa révolution autour de nous, dans le même sens que nous, en vingt-sept jours environ, soit à un kilomètre par seconde. Cela peut paraître incroyable, mais depuis des millénaires, nous voyons toujours la même face de la Lune parce que ses mouvements de rotation et de révolution se font en même temps. Retournant...

## Pourquoi y a-t-il un entracte au théâtre ?

Le rideau se baisse. Ouf, vous dites-vous, enfin je vais pouvoir me dégourdir les jambes, écouter le message vocal sur mon portable qui s'obstine à vibrer ou, plus prosaïquement, faire un tour aux toilettes. Ou les trois mais alors il faudra faire vite, l'entracte au théâtre ne durant qu'une vingtaine de minutes.

Mais saviez-vous que cette pause, qui interrompt la pièce entre deux actes, au milieu de la représentation, n'a pas été conçue dans un souci de confort des artères ou des vessies !

Elle a plutôt vu le jour pour une raison de lanterne.

En fait, à l'origine, l'entracte a une justification matérielle, il permet de changer les décors, mais surtout de « moucher » les chandelles qui éclairent la scène. Autrefois, les théâtres étaient éclairés par des chandelles, posées sur des lustres. Leur durée de vie était mécaniquement limitée à moins d'une heure. Il fallait bien les faire descendre, à la manivelle, pour enlever la cire dégoulinante et les remplacer, sans quoi la salle se serait retrouvée plongée dans l'obscurité en plein spectacle. Quand l'électricité est arrivée, les entractes sont restés. Par tradition. Au XVII^e^ et au XVIII^e^ siècle, on a essayé de remplir l'entracte par des ballets ou des intermèdes de chant et de danse, pour occuper le public.

Mais dans l'histoire du monde, l'entracte est né pour d'autres raisons.

Chez les Romains, qui donnaient leurs spectacles de jour et furent les premiers à partager réellement les pièces en plusieurs parties, c'était davantage pour que l'attention des spectateurs puisse se relâcher. On faisait même venir des joueurs de flûte pour divertir le public par la musique.

Chez les Grecs, l'entracte était plus un temps de repos accordé aux acteurs. Du coup, c'est le chœur qui prenait le relais en déclamant et en chantant, rendant la tragédie grecque plus douce.

Au Japon, l'entracte servait à détendre l'atmosphère. Le célèbre théâtre No, joué là-bas, est un art théâtral dramatique particulièrement stylisé, chanté et dansé, joué le plus souvent masqué. Pas facile de rester concentré. Alors, les Nippons ont imaginé introduire au milieu de la solennité et de l'intensité dramatique du No des occasions de divertissement avec le *kyôgen* : une forme de théâtre parlé, composé de saynètes humoristiques voire satiriques, présentant des situations de la vie quotidienne.

Et au cinéma, me direz-vous, pourquoi y avait-il des entractes, dans le passé ?

Mais voyons, c'est évident : pour changer de bobine au milieu du film quand il n'y avait pas deux projecteurs dans la salle, et surtout pour vous faire acheter des esquimaux !

## Pourquoi dit-on « côté cour », « côté jardin » au théâtre ?

*Le mariage de Figaro.* Nous sommes en 1784. La pièce n'est pas encore accompagnée par la musique de Mozart, il faudra attendre deux ans. Beaumarchais a connu bien des misères avec son œuvre. Présentée une première fois à la Comédie-Française en 1781, elle reçoit un accueil enthousiaste. Mais Louis XVI interdit qu'on la joue à nouveau. Tout y est trop agressif, trop érotique aussi et, en fait, trop dangereux. Après avoir arrondi les angles, expliqué le sens de son texte à une commission *ad hoc* dite « tribunal de décence et de goût », Beaumarchais est finalement autorisé à montrer la pièce au Français.

Mais pour la répéter, les sociétaires sont à l'étroit. On fait des travaux à la Comédie-Française, il faut réviser aux Tuileries, face à la Seine.

Or la pièce, si vous l'avez vue, repose sur un jeu d'acteur très précis. Beaumarchais en a même fait tout un paragraphe dans l'introduction de son œuvre. Impossible de ne pas savoir très précisément où, quand et comment se placer.

Plus à droite Marceline, non, cette droite, mais cette droite-là ! À gauche, Figaro. Non à gauche, par là, voilààà ! Non, de l'autre côté, comme cela, oui ! Du côté de la cour du palais des Tuileries. Et vous du côté du jardin qui se trouvait déjà à la même place…

Vous l'avez compris, « côté cour », « côté jardin » sert à remplacer droite et gauche. Que l'on soit placé dans la salle ou sur la scène, la cour et le jardin seront toujours du même côté. Tout comme bâbord et tribord à bord d'un navire, qu'il avance ou qu'il recule, que l'on regarde devant ou derrière. Et pour savoir de quel côté se trouvent le côté jardin et le côté cour, pensez à Jésus-Christ. J, à gauche, pour jardin, et C, à droite, pour cour.

Exactement comme dans batterie : bâbord, à gauche, tribord, à droite, dans le sens de la marche.

## Où va l'eau des toilettes ?

Inutile de vous mentir. Cette question-là ne m'est pas tombée du ciel. Il n'y a guère qu'un enfant pour me l'avoir posée, en l'occurrence mon numéro 2. Mais avec un air tellement sérieux, la main sur la tirette des toilettes, qu'au lieu de l'envoyer bouler avec sa question à deux balles, je me suis aussitôt demandé quelle réponse *intelligente* j'allais bien pouvoir lui faire. Mais oui : cela paraît tellement naturel d'appuyer sur le bouton, de fermer le couvercle et de claquer la porte des WC, que l'on ne se pose évidemment aucune question sur la *chose*. Et en tout cas, pas celle-là…

Le plus fou, c'est qu'Alix, le personnage fétiche du dessinateur Jacques Martin, aurait pu se poser la même question voici plus de deux mille ans, à Rome ou à Lutèce. Les premiers égouts furent en effet creusés à Paris par les Romains, dans le quartier… latin, forcément. On en trouve à la même époque dans la plupart des autres cités gallo-romaines, de Marseille à Bordeaux en passant par Lyon. Des égouts souterrains, faut-il le préciser, quand, au Moyen Âge, obscur comme il se doit, les égouts étaient plutôt à ciel ouvert, au milieu de la chaussée. Le cloaque permanent, à l'origine de la propagation de bien des épidémies de peste et de choléra.

Mais aujourd'hui, maintenant que j'ai potassé le sujet, la réponse à faire à Louis-Melchior (mon numéro 2) est la suivante : l'eau des cabinets, en tout cas à Paris, va s'apprêter à parcourir quelques-uns des… 2400 kilomètres du réseau développé par le baron Haussmann au milieu du XIXe siècle. 2400 kilomètres, soit deux fois la distance entre Marseille et Lille ! Des milliers de canalisations, de quelques dizaines de centimètres de diamètre à plusieurs mètres de large. Certains canaux sont larges comme les rues sous lesquelles ils circulent. Ensuite, puisqu'il me faut tout expliquer jusqu'au bout, pas question de rejeter l'eau dans la Seine ou un quelconque autre fleuve. Je sais, je sais, ça se faisait, avant. Avant que Jacques Chirac, alors qu'il était maire de Paris, s'engage à se baigner dans la Seine. On attend toujours d'ailleurs ! On aurait tort de ne pas le faire. Savez-vous que l'on trouve plusieurs dizaines d'espèces de poissons dans la Seine, à Paris même ? Et que l'eau est réputée être redevenue assez propre, à tel point que l'on parle vraiment d'y autoriser la baignade ?

En attendant, l'eau des cabinets et tout le reste prend le chemin des stations d'épuration. On en compte plus de 13 000 en France métropolitaine et quatre immenses pour desservir Paris, dont la deuxième plus grosse station d'épuration au monde, la première d'Europe. On a les motifs de fierté que l'on peut ! Maintenant, vous voilà paré pour répondre à cette question désarmante. À charge pour vous d'arriver à placer tout cela dans un dîner mondain !

## Pourquoi le 13 porte-t-il malheur (ou bonheur, c'est selon !) ?

Si vous n'avez jamais fait attention en prenant l'avion, regardez bien la prochaine fois : il y a peu de chance que vous teniez un jour dans vos mains un billet vous proposant de vous installer à la place 13 E, pour la bonne et simple raison que la rangée 13… n'existe pas ! De même dans certaines tours, le treizième étage cède sa place au quatorzième. Pourtant, vu de l'extérieur, forcément, l'immeuble a bel et bien un 13e étage ! Poussée à l'extrême, cette superstition a conduit la Norvège à diviser son territoire en vingt comtés, sans toutefois affubler l'un d'entre eux du numéro 13... Un peu comme si les Bouches-du-Rhône portaient le numéro 14 !

S'il est inconcevable d'être treize à table, c'est évidemment parce que Judas était celui-là, le treizième, qui dénonça Jésus. Nul n'a envie d'avoir un traître assis à dîner avec lui. Cependant, les mythologies grecques comme romaines donnaient déjà au chiffre 13 une connotation négative. C'est d'ailleurs ces influences qui ont donné douze apôtres à Jésus, comme il y a douze dieux olympiens, douze signes du zodiaque et, bien entendu déjà, douze heures le jour, et douze la nuit...

Mais alors, pourquoi faire spécialement du vendredi 13 un jour noir ? Là encore, en référence à la tradition chrétienne, qui veut que Jésus ait été crucifié un vendredi. Au passage, notez que, mathématiquement, il ne peut pas y avoir plus de trois vendredis 13 dans une année, tout comme il ne peut pas y en avoir zéro. Cependant, en année glissante, le plus long intervalle entre deux vendredis 13 est de 426 jours, ce qui fait le malheur des jeux de loterie en tout genre, qui convainquent ce jour-là des millions de joueurs occasionnels de tenter... leur chance.

Leur chance ? Alors que le vendredi 13 est justement un jour noir pour les superstitieux : les statistiques officielles révèlent que le nombre d'arrêts de travail ou de jours de récupération posés à cette date-là est supérieur de 5 à 8 % à la moyenne des autres jours. Pour comprendre, il faut chercher la réponse du côté du Père Noël rouge à barbe blanche. Que vient-il faire ici, celui-là ? Comme le vendredi 13, c'est un des fils que Dame Marketing a eus avec Monsieur Histoire. Coca-Cola a inventé ce Père Noël. Les loteries nationales ont transformé le vendredi 13 en jour de chance. Mais tous les enfants du couple n'ont pas connu le même destin glorieux : voyez le petit Halloween…

## Pourquoi les tremblements de terre sont-ils difficiles à prévoir ?

C'est un fait inéluctable. Malgré tout ce que l'on peut lire sur le sujet, et notamment malgré tout ce qui a été dit après le tsunami qui a frappé le Sud-Est asiatique en 2002, le tremblement de terre d'Haïti en 2009, ou le tremblement de terre et le tsunami qui ont dévasté le Japon en 2011, non, un séisme n'est pas prévisible. Tout au plus certains chercheurs déclarent-ils *a posteriori* qu'un faisceau de signes distincts mais convergents aurait pu permettre de détecter une activité sismique à venir. Mais de là à prédire une petite secousse ou une grosse catastrophe, il y a une faille pour l'instant impossible à franchir ! Les animaux s'agitent avant ? Oui. Un chercheur a en effet démontré qu'une perruche d'une certaine espèce était systématiquement plus excitée dans les jours qui précédaient un séisme. Mais ce que le chercheur oublie de dire, c'est que la perruche est aussi régulièrement excitée pour d'autres raisons, qui n'ont rien à voir avec un futur tremblement de terre ! Des appareils de mesure en passant par l'observation des animaux, ou la lecture des cartes géologiques sur lesquelles apparaissent les failles et les plaques, l'homme est pour l'instant seulement capable de dire qu'un tremblement de terre aura lieu un jour à tel ou tel endroit. Mais de là à dire quand…

## Pourquoi dit-on « se mettre sur son 31 » ?

*« Samedi soir je sors, c'est ma toute première soirée avec cette charmante personne que j'ai rencontré(e) l'autre jour !! Il va falloir assurer, je me mets sur mon 31. »*

*« Ce soir c'est le gala, la grande réception du siècle, il y aura du monde, s'il te plaît, chéri, fais un effort, il faudra nous mettre sur notre 31. »*

Traduisez : aujourd'hui je réserve mon après-midi entier pour me préparer. Coiffeur, manucure, épilation (pour les dames), rasage de la barbe de trois jours (pour les messieurs), bain moussant et débarbouillage (pour les enfants), douche avec mille produits « pour une peau plus douce », « effet irrésistible », crèmes et compagnie… Ça, ce n'est que la première étape. Après, il y a l'habillage. Quelles chaussures, quelle couleur, quels accessoires, quelle chemise, quels bijoux ? Et ma jupe, elle va avec mon sac ? Et ma cravate, est-elle assortie à ma veste ? C'est toute une histoire, de se faire beau ! Car après tout, se mettre sur son 31, c'est enfiler ses plus beaux atours. De nos jours, on a tendance à en faire un peu… trop.

Bien sûr, le but reste d'être élégant. On n'arrive pas en jean-basket à un gala ou à un vernissage. On n'arrive pas non plus en tenue du dimanche (à chacun la sienne) pour un premier rendez-vous. On ne garde pas sa barbe de trois jours et son tee-shirt préféré mais tout crasseux pour rendre visite à belle-maman.

Chose encore plus curieuse, alors que nous autres, Français, disons « Se mettre sur son 31 », les Québécois disent « Se mettre sur son 36 », et les Anglais « To get dressed up to the nines » (S'habiller jusqu'au neuf). Si l'origine de l'expression est assez controversée, il en demeure plusieurs.

Une première viendrait tout droit de la Prusse, qui célébrait les 31 du mois (au nombre de 7 dans l'année) en donnant un supplément de solde aux troupiers. À cette occasion, on donnait une grande fête dans les casernes ; en gros, tous les deux mois, sauf en été où juillet et août comptent double. Il fallait donc faire briller les médailles, briquer le grand uniforme… d'où, par habitude, l'idée qu'il fallait se mettre sur son 31.

Une autre explication date du XIXe siècle où, dans les milieux populaires, régnait un jeu très en vogue nommé *le trente et un*. Un jeu de pari, basé sur le Black Jack, le but étant d'obtenir trente et un points le premier pour l'emporter. Ce point gagnant était le meilleur, et le plus enviable, d'où l'idée que se mettre sur son 31 était un jeu gagnant, et par extension, un signe de future richesse.

Mais la plus probable des explications est linguistique. Nous pourrions tout aussi bien dire « Je m'habille sur mon 31 ». Car jadis, l'expression « se mettre sur » signifiait « mettre sur soi », autrement dit… « s'habiller ». Ainsi, quand un courtisan disait « Je me mets sur mon trentain ce soir », il voulait dire par là qu'il enfilerait son trentain, un tissu de qualité supérieure et fort coûteux entre le XIIe et le XVIe siècle. Un luxe réservé à l'élite. En effet, à cette époque, les tisserands devaient obéir à un règlement qui fixait le nombre de fils dont devait se composer le tissu. Suivant la qualité de ceux-ci, la trame était alors composée soit de 1 400 fils, soit de 1 800 fils. Mais pour le drap de luxe, le nombre des fils était de trente fois cent fils, soit 3 000 fils, d'où le nom de « trentain ». Déformé par le temps, trentain serait devenu 31. *QED.*

## Pourquoi cogne-t-on les verres pour trinquer ?

Klink, à la bonne vôtre ! Celui qui déroge à la tradition est forcément regardé de travers, et pour cause. Il faut remonter loin pour retrouver l'origine de cette pratique, jusqu'au Moyen Âge en fait. En ces temps-là, empoisonner un adversaire en versant une potion dans son verre était un sport assez pratiqué dans les banquets, entre seigneurs et vassaux, jusqu'à la cour du roi. Trinquer, en cognant ostensiblement les gobelets, afin que les boissons giclent en l'air jusqu'à se mélanger, était le moyen de montrer à l'autre que l'on n'avait pas l'intention de l'empoisonner.

# U

# comme...

## Pourquoi ne sommes-nous pas au centre de l'Univers ?

« *Bioman, héros de l'univers, les forces du mal du vide sidéral, Bioman, Bioman, tu sauras les briser...* » ressassait le générique d'un dessin animé de mon enfance, devenu culte chez les trentenaires et les quadras. Mouais. En vérité je vous le dis, Bioman n'était pas plus le héros de l'Univers que vous ou moi. Déjà, parce que l'Univers, c'est tout et rien. La maison, le chat, la Terre, la Lune, les supernovas, les galaxies et même les poussières d'étoiles composent l'Univers. En fait, personne ne sait encore trop ce qu'est ce vaste tout, autour de nous. Alors, de là à savoir où est le centre du monde... mission impossible. Quelques siècles avant Jésus-Christ, les célèbres philosophes Platon et Aristote pensaient que la Terre – donc l'homme – était au centre de l'Univers. Au fil des découvertes, Aristarque de Samos puis Copernic comprirent qu'en fait, c'était le Soleil qui était au cœur du système planétaire. Donc pas nous.

Imaginer que l'Univers puisse avoir un centre revient à imaginer qu'il ait des côtés. Mais alors, qu'y aurait-il de l'autre côté du cube, un autre univers ? Certains scientifiques le pensent, estimant qu'il existe plusieurs univers parallèles. Mhmh. Avec des p'tits bonshommes verts ? En même temps, on sait aujourd'hui que notre univers s'agrandit, qu'il est en pleine expansion puisque certaines galaxies s'éloignent de la nôtre. Mais quel espace grignote-t-il ? Vaste question, sur laquelle les scientifiques planchent encore.

En tout cas, une chose est sûre : l'Univers – pas toujours impitoyable – dans lequel nous nous trouvons est immense. Rien que l'Univers observable par l'homme contient déjà environ sept fois 1 022 étoiles, répandues dans environ 1 011 galaxies. Les nombres en abscisse sont autant de zéros alignés les uns derrière les autres... Le nombre de galaxies pourrait être même encore beaucoup beaucoup plus grand, d'après le télescope Hubble.

À défaut d'avoir un centre, dans l'espace, notre univers a un début dans le temps. Un âge en quelque sorte. Tenez-vous bien, notre univers a environ 13,7 milliards d'années (à 0,2 milliard d'années près, ne chipotons pas). Sa « naissance », c'est le fameux Big Bang : un violent mouvement d'expansion plutôt qu'une explosion, qui a accouché ni plus ni moins d'un univers. Qui dit mieux ! Mais avant, il y avait quoi ? Rien, ou quelque chose, on ne sait toujours pas exactement. Et s'il meurt un jour, il y aura quoi ? On sait que son contenu, les objets galactiques, ont une fin : le Soleil, par exemple, devrait s'éteindre dans cinq milliards d'années. Les autres étoiles mourront aussi. Dans 20 milliards d'années environ, aucun astre ne s'allumera plus, l'Univers sera peuplé d'étoiles éteintes et les galaxies se désagrégeront. Quant à l'espace, le contenant, certains estiment qu'il va se contracter puis s'effondrer. C'est la théorie du « big crunch ». D'autres pensent au contraire qu'il va continuer à s'agrandir à jamais.

En fait, quand on parle d'Univers, on évoque souvent l'Univers observable, celui qu'on voit de nos yeux, ou grâce à nos outils sophistiqués qui se baladent dans l'espace. Donc d'une certaine manière, on peut dire que nous, modestes Terriens, sommes au cœur de l'Univers… et tac !

# V

# comme...

## Comment ça roule, un vélo ?

J'aurais plutôt dû dire « Comment ça tient en équilibre, un vélo », mais un vélo qui tient en équilibre sans rouler, ça n'existe pas... Rouler sans tenir en équilibre non plus, me direz-vous. Un point pour vous. Mais c'est moi qui marquerai les suivants, car l'équilibre du vélo, c'est pas du gâteau.

Voilà encore un de ces sujets sur lesquels la science, ou plutôt les scientifiques se sont creusé les méninges, arraché les cheveux, retourné les ongles. Trop facile, donc pas si simple.

Les premiers penchés sur le sujet, mais pas trop de peur de tomber du vélo, ont appelé la stabilité gyroscopique à la rescousse, induite par la force centrifuge. Les gyroscopes sont ces espèces de roues métalliques tournant à très grande vitesse sur un axe central, et qu'il est particulièrement difficile à changer d'angle. On trouve des gyroscopes dans les avions, les bateaux, certains GPS haut de gamme, évidemment à bord des satellites, ou encore dans les Segway, ces espèces d'engins à deux roues qui tiennent en équilibre on ne sait trop comment. Ben si, grâce aux gyroscopes, à un ordinateur de bord, et à des petits moteurs qui font osciller les deux roues de l'engin à toute vitesse, créant un équilibre virtuel !

Bon, sauf que là, notre bête vélo, il n'a pas d'ordinateur de bord ni de moteur.

Tablant sur le fait que le vélo, ou plutôt le vélo en équilibre avec son passager dessus, fonctionnait sur le même principe, profitant de la stabilité gyroscopique, on procéda à des essais. Notamment pour voir si un vélo équipé d'une seconde roue, tournant en sens inverse (mais sans toucher le sol, bien entendu, sinon impossible d'avancer), serait ingérable. En tournant en sens inverse, la seconde roue annulait en effet l'effet gyroscopique, ce qui aurait dû rendre le vélo instable. Maldonne : l'engin se révéla presque aussi aisé à piloter qu'un vélo normal, annulant les hypothèses sur la vertu de la force centrifuge pour assurer la stabilité des deux-roues non motorisés (et motorisés aussi, comme on le verra plus loin). L'on s'intéressa alors à la forme du vélo. Vous aurez déjà remarqué que les vélos hommes sont différents des vélos dames. La barre horizontale qui caractérise les deux-roues masculins accroît la solidité du cadre, et limite les déformations mêmes légères, qui sont consommatrices d'énergie (« rien ne se perd, rien ne se crée, tout se transforme », souvenez-vous). Mais là ne se trouve pas la clef de la stabilité. Une grande partie du boulot est effectuée par la fourche. Vous êtes-vous déjà demandé pourquoi le bout de la fourche n'est pas droit, mais coudé ? Non ? Vous auriez dû. C'est là qu'est l'os, pardon, le truc. La forme de la fourche, et sa manière de tenir la roue, c'est déterminant. Prolongez mentalement, ou avec une ficelle (si si, relevez-vous, allez, le savoir est à ce prix !) la fourche, jusqu'au sol. 100 % de chances que j'aie raison : votre ficelle ou votre trait virtuel rencontrera le plancher des vaches devant la roue. Autrement dit, vous pourriez glisser un à deux doigts entre le bout de ficelle et le pneu. Il a fallu du temps et des essais pour découvrir ça, de manière empirique, mais une partie non négligeable du truc se trouve là. Si le pneu touchait le sol avant votre brin de ficelle réel ou virtuel, le vélo serait nettement moins incontrôlable. Nettement moins, mais pas totalement. Alors ?

Le vrai truc, c'est vous. On apprend à faire du vélo. On cherche l'équilibre, exercice qui prend quand même quelques heures, étalées sur plusieurs jours, plusieurs semaines, ou plusieurs mois. Voici quelque temps, j'ai croisé un homme d'une cinquantaine d'années qui, lors d'une activité de team-building à vélo électrique, était resté en arrière de ses collègues. Forcément, il ne savait pas faire de vélo, son père le lui ayant interdit après avoir eu lui-même un accident ! Le vélo, ça s'apprend, ce n'est pas inné. Autrement dit, le principal truc qui permet de tenir un vélo en équilibre, c'est son conducteur.

L'homme, comme tous les animaux d'ailleurs, est particulièrement habile en matière d'équilibre. Pourquoi je vous parle des animaux ? Parce que dans les cirques, on montre des chiens, des singes, et sans doute encore d'autres animaux, auxquels on a appris à faire du vélo. Parfois même du vélo à une roue. Une fois l'engin apprivoisé, l'homme comme l'animal pilote d'instinct le vélo, compensant instantanément par de micro-mouvements la perpétuelle chute du vélo d'un côté ou de l'autre. La preuve que le vélo tombe en permanence ? Essayez donc de rouler sur une ligne droite, sans jamais en dévier. Vous verrez que l'exercice est pour le coup quasiment impossible, le vélo n'en fait qu'à sa tête, sauf à rouler dans un vélodrome, dont l'angle empêche mécaniquement de tomber d'un côté... et voilà de retour la force centrifuge, mais dans un autre contexte! Par extension, tout ce qui est deux roues, motorisé ou non, sauf le Segway, fonctionne sur le même principe. Ce qui assure l'équilibre, c'est vous. À ce sujet, mon quinqua, il a enfourché le vélo sans hésitation après avoir discuté un moment avec lui, savez-vous pourquoi? Parce qu'il savait justement faire de la moto! Or, la moto, ce n'est ni plus ni moins du vélo, mais avec un moteur (un gros). Si l'on vous reproche de ne pas faire de sport, mais si vous allez au bureau en scooter, vous savez ce qu'il vous reste à dire: tous les deux-roues, c'est du sport!

## Pourquoi mon Vélosolex ou ma Mobylette marchent-ils mieux le soir tard, ou le matin tôt, en été?

Si vous n'avez jamais vadrouillé sur les routes de campagne, à la fraîche, en faisant le grand écart avec vos jambes comme si vous vous envoliez avec votre Solex, vous n'avez pas vécu, qu'on se le dise! Tournez la page ou posez la question à un aîné. Vous pourriez en théorie observer la même chose avec une voiture... Sauf qu'aujourd'hui, l'électronique embarquée, qui contrôle l'injection et le réglage air-essence du moteur, compense les différences, ce que le Solex ne sait pas faire, lui. Tant et si bien qu'en été, le matin tôt, ou le soir tard, «à la fraîche» comme on dit, votre deux-roues carbure mieux qu'en «plein cagnard»! Forcément, le mélange étant plus riche en air, plus dense à ces heures du jour ou du soir, il carbure mieux. Vous pouvez aussi vous en rendre compte avec une tondeuse à essence. Mais n'allez pas tondre à 5 heures du matin ou à minuit le soir en disant que l'idée vient de nous !

## Pourquoi une ventouse mouillée colle-t-elle mieux ?

Nul n'est parfait, y compris la ventouse. Essayez de placer une ventouse, autrement appelée débouche-lavabo, sur le mur carrelé de la salle de bains. Pour peu que le carrelage ne soit pas parfait, le caoutchouc non plus, et avec un peu de poussière en prime, votre ventouse se décollera plus ou moins facilement. Mais si vous trempez la même ventouse dans l'eau préalablement, d'abord, fini la saleté et, surtout, la fine pellicule d'eau agira comme un film isolant, empêchant l'air de se glisser sous la ventouse, même là où le carrelage a un défaut. Si vous remplacez l'eau par de l'huile, l'effet isolant sera démultiplié, en raison de la viscosité (épaisseur) de l'huile, largement supérieure à celle de l'air, puisqu'elle est en fait inexistante !

## Pourquoi notre visage devient-il tout blanc ou tout rouge quand on se sent mal ?

Si vous vous étouffez, c'est plutôt le rouge que vous risquez de voir apparaître sur votre visage, en raison d'un afflux massif de sang dans les vaisseaux sanguins qui l'irriguent. Même chose si vous vous exposez au grand froid. De retour à la maison, vous aurez les joues toutes rouges, le sang y affluant pour les réchauffer au plus vite. Et quand on devient tout blanc, alors ? C'est la même chose, mais à l'envers ! Lorsque vous tournez de l'œil, de fatigue ou de faim (comme les mannequins qui pèsent 38 kg toutes habillées), le sang reflue vers les organes nobles : cerveau, cœur, poumons. Et vous voilà tout blanc !

## Pourquoi, avec les vitres teintées, voit-on mieux d'un côté que de l'autre ?

Tout dépend de quel côté se trouve la lumière ! Si la limousine de Paris Hilton – aux vitres teintées – passe devant vous un soir, et que Paris allume le plafonnier à l'intérieur, vous l'entrapercevrez. Je dis bien « entrapercevrez », car il faudrait beaucoup plus de lumière pour que vous puissiez la voir distinctement. Les plafonniers des voitures fonctionnent en effet avec des ampoules de... cinq watts, soit dix à douze fois moins que votre lampe de chevet, par exemple. En revanche, si un cameraman montait à bord de la limousine de Paris, et allumait sa torche, vous verriez sans problème et la torche et le sujet éclairé. En fait, les vitres teintées fonctionnent exactement comme des lunettes de soleil. Lorsque vous les portez sur le bout du nez, vos interlocuteurs ont du mal à distinguer vos yeux derrière, faute de lumière en quantité suffisante pour les rendre visibles. Mais dès que vous éloignez un peu les lunettes de votre visage, vos yeux sont mieux éclairés par la lumière ambiante, et l'on peut voir vos yeux. Et tout comme certaines lunettes de soleil peuvent avoir un aspect métallisé/miroir, certaines vitres teintées de voitures sont aussi légèrement métallisées, pour renvoyer encore plus de rayons de soleil, et limiter ainsi le recours à la climatisation en été.

## Pourquoi une voiture consomme-t-elle plus au démarrage ?

Ce n'est pas un peu plus, mais beaucoup plus ! Si votre véhicule est doté d'un ordinateur de bord fiable, vous constaterez que lors des premiers kilomètres, indépendamment des ralentissements ou feux rouges, votre voiture consomme deux à trois fois plus qu'en temps normal. Et c'est un drame, car la plupart des trajets en voiture, en ville en tout cas, font moins de quatre kilomètres. Sur cette distance, le moteur n'a pas le temps de... chauffer. Un moteur de voiture n'est en fait qu'une grosse chaudière, d'ailleurs on appelle cela un moteur thermique. Moins de 15 % de l'énergie fournie par le carburant est convertie en mouvement, le reste est perdu en chaleur et en frottements. Sauf que le moteur est conçu pour fonctionner de manière optimale à une certaine température. En dessous de celle-ci, l'huile est froide et freine les mouvements, tous les organes du moteur résistent, bref, pour mettre en branle votre véhicule, il faut dépenser plus d'énergie, donc, plus d'essence. Une preuve supplémentaire ? On consomme plus en hiver qu'en été. Vous pouvez regarder vos moyennes, sauf si vous abusez un peu trop de la clim !

## Pourquoi les voitures explosent-elles dans les films et pas dans la réalité ?

Pour vous épater, pardi ! Une voiture que l'on tamponne avec un camion et qui n'explose pas, c'est pas marrant du tout. Dans la vraie vie, les voitures peuvent prendre feu, et parfois assez rapidement, mais cela reste très rare – il faut pour cela qu'une durit, le tuyau qui conduit le carburant au moteur, se mette à fuir, et cela sur le moteur très chaud, pour qu'éventuellement le feu se déclenche ; quant à exploser comme des bombes, c'est encore plus improbable ! Ceci dit, si vous voyez un jour une voiture accidentée qui fume, et les pompiers débarquer, vous serez peut-être surpris de les voir donner des coups de hache dans le capot pour l'ouvrir : ils cherchent en fait la batterie, qui peut provoquer un court-circuit et déclencher un incendie, mais aussi exploser, si elle est touchée par le feu, et répandre de l'acide partout !

## Pourquoi fermons-nous les yeux quand nous éternuons ?

Essayez un peu d'éternuer sans fermer les yeux, c'est tout bonnement impossible ! Pour vous forcer à éternuer, massez-vous les ailes du nez, sans trop appuyer vous devriez sentir le chatouillement caractéristique qui précède l'éternuement. Sinon, un bon pot de moutarde fera l'affaire. Nous fermons les yeux parce que l'éternuement est une forme d'évanouissement. Pendant une fraction de seconde, nous perdons connaissance. L'air expulsé de nos poumons sort en effet à près de 200 km/heure de notre nez et c'est cette vitesse-là qui nous fait défaillir, ne serait-ce qu'un quart de seconde.

# Y

# comme...

## Pourquoi ouvre-t-on (presque) toujours les yeux juste avant la sonnerie du réveil ?

D'abord, et avant toute chose, vous ne vous posez cette question que lorsque, effectivement, vous vous réveillez avant la sonnerie… Dans *Pourquoi les rayures ont-elles des zèbres,* je répondais à ceux qui se demandent pourquoi la file d'automobiles dans laquelle ils se trouvent, dans un embouteillage, va toujours moins vite que la voisine ; ici, c'est la même chose ! Si vous dormez comme une masse et êtes systématiquement arraché à votre lit par la sonnerie stridente du réveil, sachant que la radio vous berce plus qu'elle ne vous sort du brouillard, alors, tournez la page. Mais je suis serein. Cela vous est arrivé au moins une fois d'ouvrir les yeux deux minutes avant l'heure fatidique et de vous en étonner. En fait, cela vous arrive même assez régulièrement !

Comme votre réveil, votre cerveau est programmable. La nuit, comme le jour. Il n'y a aucune raison objective pour que vous puissiez vous souvenir d'un rendez-vous pris le matin même pour le soir, et ne puissiez pas faire confiance à votre cerveau pour vous réveiller le lendemain matin. Penser le contraire serait croire que le cerveau est à l'arrêt la nuit, ce qui est loin d'être le cas. Seulement, l'arrivée du réveille-matin dans nos vies, c'est un peu comme les chaussures : si nous n'avions pas d'autre choix que de marcher pieds nus, nous serions protégés par la corne qui pousse sous la plante. Comme c'est le cas d'ailleurs pour les trois quarts de la planète. Trois quarts de la planète qui vivent également très bien… sans réveille-matin !

Reprenons. Votre cerveau est programmable. Il retient (en théorie) le rendez-vous avec Marc ou Clémence à 16 heures. Les chemises à prendre au pressing avant 19 heures. Le dîner rasoir chez les Dubon à 20 heures 30. Et la réunion de présentation commerciale pour Q2/Q3 à 8 heures 30, vous obligeant à vous lever une demi-heure plus tôt que d'habitude, à 6 heures 30. En vous couchant, vous re-paramétrerez le réveil, et inconsciemment, votre cerveau. 6 heures 26 ! Vous ouvrez les yeux avant que le réveil ne sonne. C'est magique, c'est automatique. Pour cela, votre cerveau, qui mesure assez précisément le temps qui passe, a déclenché vers cinq à six heures du matin l'arrêt de la production de mélatonine, hormone somnifère, et déclenché la production de cortisol, hormone antistress. Si vous vous réveillez plus tôt que prévu, ou encore, si vous avez un rendez-vous important dans la journée, entretien d'embauche, réunion stratégique, examen, vous aurez droit en prime à une dose d'adrénaline, hormone du stress. Dans tous les cas, vous voilà réveillé, et bien réveillé, beaucoup mieux que par la sonnerie du réveil ! Mais alors, me direz-vous, pourquoi n'est-ce pas systématique, automatique ? À cause du réveil justement ! En jouant le rôle de sécurité, il déresponsabilise également le cerveau et, avec lui, son propriétaire. Et qui prendrait le risque de couper son réveil plusieurs jours de suite, pour voir s'il se réveillera bien à temps ? Ajoutez à cela une vie agitée, avec une heure de coucher à géométrie variable et, forcément, l'hypothalamus, qui a pour job la sécrétion des hormones, s'y perd un peu… Bonne nuit !

## Pourquoi avons-nous les yeux rouges sur les photos ?

Vous avez mis toutes les chances de votre côté, la pose, le sourire, le cheveu bien peigné, un joli maquillage pour ces demoiselles... Clic, la photo est prise. Vous jetez rapidement un œil sur le résultat, sûr de votre coup, et là *damned* ! Pas de chance, il va falloir recommencer l'opération ! Vous avez les yeux aussi rouges que le pull de tante Gilberte ! Vous pestez contre votre appareil, alors que vos yeux sont bleu caraïbes, pourquoi apparaissent-ils rouge rubis ?

Pas de panique : votre œil, autrement appelé globe oculaire, est une sorte de bille, dont le fond est tapissé de récepteurs photosensibles, ce que l'on appelle la rétine. Si vous regardez vos yeux de très près dans le miroir de la salle de bains, vous ne verrez... rien ou plutôt une tache noire, au milieu de votre iris. Iris plus ou moins dilaté en fonction de l'éclairage de la pièce dans laquelle vous vous trouvez. Mais pourquoi le fond de l'œil est-il, en apparence du moins, noir ? Parce que la lumière qui lui arrive dessus à plus de 300 000 kilomètres à l'heure est entièrement absorbée par les récepteurs du fond de l'œil. Or le noir n'est ni plus ni moins que l'absence de lumière...

Mais cela ne nous donne pas le coupable des yeux rouges. La faute au flash. Quand la lumière manque, tout au moins pour faire des photos de qualité acceptable, l'appareil photo décide de déclencher le flash, pour réduire le temps de pose. Si vous forcez l'interdiction du flash, comme la plupart des appareils permettent de le faire, les couleurs seront chaudes, les photos contrastées, mais si l'un des sujets de la photo à la mauvaise idée de bouger, parfois même insensiblement, il sera flou. Le flash remédie à cela. En éclairant violemment la scène pendant un centième de seconde, il fige hommes et objets sur la pellicule. Enfin, de nos jours, sur la carte mémoire de l'appareil. Seulement, manque de chance, l'iris de votre œil, pour permettre à un maximum de lumière ambiante de rentrer dans l'œil afin d'aller frapper la rétine, était grand ouvert au moment du déclenchement du flash. Et vous voilà avec des yeux de lapins, ceux que l'on surprend la nuit en voiture, dans les phares, sur les petites routes de campagne. Mêmes causes, mêmes effets !

Vous attendiez plus de moi qu'une simple explication ? Ah, vous voulez un remède aux yeux rouges, mais je ne suis pas fabricant d'appareil photo ! Sachez seulement que l'option anti-yeux rouges, présente sur la plupart des appareils, envoie trois éclairs, les premiers ayant pour mission de rétracter l'iris pour que la quantité de lumière qui pénétrera dans l'œil lors de la photo soit la plus réduite possible. Mais le défaut du mode anti-yeux rouges, c'est qu'il y a toujours un petit malin qui aura cligné des yeux (bien souvent inconsciemment) entre le deuxième et le troisième flash. Raté. Autre solution : la prochaine fois que vous prenez une photo dans l'obscurité, pour éviter les yeux rouges, n'orientez pas directement le flash face aux yeux, ainsi, vous ne photographierez pas la rétine de vos sujets. Autre solution, si vous êtes équipé d'un matériel de pro, avec flash orientable, dirigez-le vers le plafond. La lumière renvoyée par celui-ci (pourvu qu'il soit blanc ou clair !) suffira sans doute à éclairer la scène.

# Z

# comme...

## Pourquoi les rayures ont-elles des zèbres ?

Il est de mon devoir de vous prévenir tout de suite afin d'éviter toute frustration : il n'y a pas une, mais plusieurs réponses valables à cette question ! J'ajouterai que cela a quelque chose de rassurant de savoir que certaines énigmes scientifiques n'ont pas encore trouvé de réponse définitive. Cela laisse encore un peu de travail aux générations à venir, et cloue le bec à tous ceux qui ont affirmé à un moment ou un autre de l'histoire de l'humanité que tout avait été découvert et expliqué.

Si l'on vous parle des zèbres dans un dîner, commencez par briller en affirmant qu'ils appartiennent à l'ordre des périssodactyles, et à la grande famille des équidés. Ça en jette. Ensuite, si les zèbres – et en particulier leurs rayures – restent au menu, évitez de suggérer qu'ils ont bronzé derrière un bosquet. Vous ne seriez plus réinvité, ou alors le mercredi soir, avec tout un tas d'inconnus aux hobbies extravagants.

On a d'abord pensé que les rayures des zèbres jouaient un peu le rôle de nos empreintes digitales, permettant à ces animaux de se reconnaître entre eux. Seulement, dans le règne animal, des tas de bestioles vivent en société et arrivent à se distinguer les unes des autres, avec ou sans rayures. Autre hypothèse, les rayures joueraient un rôle dans la reproduction : seulement voilà, aucune statistique ne permet d'affirmer que les zèbres à grosses rayures ont plus de succès que les autres, ou vice versa. Et d'ailleurs, ces dames zèbres aussi ont des rayures, et l'on n'a pas trouvé chez certaines rayées plus de sex-appeal que chez les autres.

Plus drôle, les rayures feraient office de camouflage. Quand on visualise mentalement une plaine plate et déserte, la fonction semble difficile à imaginer ! Il est cependant exact qu'avec la chaleur qui brouille les images au loin par un effet bien connu (le même que celui qui brouille la vision au-dessus de la flamme d'une bougie ou d'un radiateur), le zèbre devient flou et donc plus difficile à distinguer de loin qu'une masse uniforme et unicolore. Seulement là où le bât, pardon, la rayure blesse, c'est que le principal ennemi du zèbre, le lion, n'attaque son plat favori que lorsqu'il est à proximité du troupeau. Les rayures troublent le lion quand il court plusieurs lièvres, pardon zèbres à la fois ? Que nenni : les zèbres tombent statistiquement autant que les autres proies du lion entre ses griffes.

Je vous passe les théories sur les avantages thermiques des rayures – l'alternance de blanc et de noir permettant d'après certains de rafraîchir l'animal, théorie assez fumeuse je dois dire.

Pour corser un peu la chose, là encore je fais appel à votre imagination. Visualisez un peu de braves périssodactyles dans la savane, par une belle nuit de pleine lune. Attention les rayures fluo. Elles n'ont rien à envier à la robe rayée d'une midinette en boîte de nuit sous la lumière noire. C'est presque un pousse-au-crime, d'autant plus que le grand méchant lion – comme le grand méchant dragueur – aime justement chasser la nuit.

C'est de la nuit d'ailleurs que vient peut-être la solution. De la nuit, ou plutôt de l'activité nocturne traditionnelle, le sommeil. Les rayures du zèbre, loin d'éloigner le lion comme nous venons de le voir, perturberaient en revanche le travail d'un autre prédateur tout aussi redoutable : la mouche tsé-tsé ! Le terrible insecte – qui infecte chaque année plusieurs millions d'Africains, et qui pique aussi les animaux, provoquant chez eux la maladie du sommeil qui se traduit par un affaiblissement qui peut leur être fatal – n'arriverait à distinguer que les formes... uniformes. Et il est vrai que nos z'amis les zèbres sont moins piqués et donc moins malades que les autres. Question subsidiaire : ne faudrait-il pas envoyer des tenues de bagnards en Afrique, pour lutter efficacement contre la maladie du sommeil ?

# Table des matières



## A

## B

## C

## D



## E

## F

# G



# H



# I

## J



## K



## L

# M

## N



## O

## P

## R

# S

## T



## U

## V



## Y



## Z

Impression CPI Firmin Didot en février 2022
ISBN : 978-2-36075-632-2
N° d'impression : 168967
Dépôt légal : janvier 2019
Imprimé en France